新工科大数据与人工智能专业人才培养系列教材

大数据分析与应用
(微课版)

彭文波　郭远威　编　著

清华大学出版社
北　京

内 容 简 介

本书紧跟大数据技术的最新发展，采用简明易懂的语言和逐步深入的案例，系统地讲解了大数据分析的相关知识。本书的主要内容包括：大数据分析概论、需求分析与指标体系构建、大数据存储与管理、云计算与大数据的集成应用、网页结构分析与 Python 编程基础、大数据采集、大数据预处理、大数据与机器学习基础、大数据可视化、金融客户数据案例分析以及交通大数据综合案例分析。书中通过常见的数据分析工具，详细展示了大数据分析技术在多个实际案例中的应用。

本书适合高等院校商务数据分析、大数据技术与应用、人工智能等相关专业本科生，以及高等职业院校相关专业的学生阅读。同时，它也适合作为数据分析爱好者的自学指南和参考手册。

图书在版编目(CIP)数据

大数据分析与应用：微课版 / 彭文波，郭远威编著. --北京：清华大学出版社，2025. 3.
(新工科大数据与人工智能专业人才培养系列教材). -- ISBN 978-7-302-68639-2

Ⅰ. TP274

中国国家版本馆 CIP 数据核字第 2025XZ2561 号

责任编辑：张　瑜
封面设计：李　坤
责任校对：周剑云
责任印制：丛怀宇
出版发行：清华大学出版社

网　　址：https://www.tup.com.cn, https://www.wqxuetang.com
地　　址：北京清华大学学研大厦 A 座　　**邮　　编：**100084
社 总 机：010-83470000　　**邮　　购：**010-62786544
投稿与读者服务：010-62776969, c-service@tup.tsinghua.edu.cn
质量反馈：010-62772015, zhiliang@tup.tsinghua.edu.cn
课件下载：https://www.tup.com.cn, 010-62791865

印 装 者：北京同文印刷有限责任公司
经　　销：全国新华书店
开　　本：185mm×260mm　　**印　　张：**14.25　　**字　　数：**345 千字
版　　次：2025 年 4 月第 1 版　　**印　　次：**2025 年 4 月第 1 次印刷
定　　价：59.00 元

产品编号：106628-01

前　言

随着互联网技术的发展，数据分析已经成为我们日常工作的重要内容。2019 年 4 月，中华人民共和国人力资源和社会保障部等部门发布文件，明确了“人工智能工程技术人员”等新兴职业的职责和工作内容。2024 年 2 月，人社部、商务部共同发布了“商务数据分析师”国家职业标准。面向大数据的分析处理能力，正成为新时代数字经济、电子商务等专业人才培养的核心要素。

一、特色内容

本书紧跟最新行业发展趋势，全书内容与相关岗位需求密切相关。全书共分为 11 章，其中，前 9 章是基础知识，分别介绍：大数据分析概论、需求分析与指标体系构建、大数据存储与管理、云计算与大数据的集成应用、网页结构分析与 Python 编程基础、大数据采集、大数据预处理、大数据与机器学习基础、大数据可视化；第 10 章和第 11 章内容是大数据案例分析。本书讲解循序渐进，通过通俗易懂的语言和操作案例，帮助读者快速掌握大数据分析的相关知识。

二、本书特点

(1) 在知识点讲解和案例设置上，本书充分考虑数据分析的系统性，注重数据分析方法的融合。本书按照大数据分析的基本流程，各个环节层层相扣，帮助读者快速掌握相关知识。在案例分析环节，与国家最新职业标准相结合，注重提升数据素养和解决实际问题。

(2) 在工具选择上，本书充分考虑管理学科的特点，结合商业分析的典型应用场景，使用通俗易懂的语言，通过 Excel、Python、MySQL 等工具的结合使用，将知识点与日常学习紧密相连。

(3) 在体例上，本书注重数据分析的方法应用。每个章节都设置了思考目标，按照“课前自学+课中实训+课后拓展”的结构模式，提供案例数据，完成驱动式任务。通过案例操作实训，倡导“分享式”“卡片式”学习方式，帮助读者体验数据分析的乐趣。

(4) 在配套资源上，本书提供了配套 PPT 课件和教学视频，方便教学和学习。

三、读者对象

本书适合高等院校大数据技术与应用、商务数据分析、人工智能及数字经济相关专业的本科生，高等职业院校相关专业学生阅读，也可以作为数据分析爱好者学习大数据分析的参考书。

本书由武昌理工学院彭文波老师负责组织与编写。广州物联网研究院副总工程师、前华为大数据工程师、阿里云云计算 ACP 专家、MongoDB 中文社区联席主席郭远威参与编写，并对全文进行了审读。本书是湖北省高校人文社会科学重点研究基地“湖北教师教育研究中心”2024 年度开放课题一般项目《生成式人工智能对教师专业发展的影响研究》

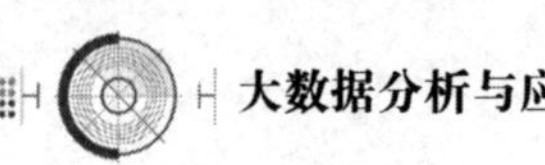

(jsjy202407)和 2024 年武昌理工学院科研发展基金项目《数智化时代应用型本科高校教师数字素养提升路径探究》(项目编号：X2024YS002)的研究成果，也是 2025 年中国商业会计学会产教融合分会课题《产教融合背景下会计专业教师数智能力提升研究》(项目编号：CBAICJ202505063)的阶段性研究成果。

本书编写过程中，参考了相关网站或文献资料，在此对所有原作者表示衷心的感谢。由于大数据技术发展日新月异，书中难免存在不足之处，恳请广大读者批评指正。

编　者

目　　录

第1章 大数据分析概论

数据分析的作用，好比是“拔云见日”，帮助用户从复杂的数据中找到规律。尤其是在人工智能加速应用的场景下，人们往往需要从海量有序或无序的数据中准确找到问题的原因。比如，有效地管理、存储和组织不同来源的数据，从原始数据中提取有意义的特征；根据用户或客户的具体需求，提供个性化的服务或产品推荐；找出影响价格波动、成本增加或销量下滑的原因，提供精准的改进对策。

本章学习目标：

- 掌握数据、大数据的概念与基本特征。
- 通过岗位数据分析典型案例，提升职业素养。
- 了解大数据技术架构、开发规划方法，建立对大数据分析的初步认知。

课前思考：

- 数据和大数据有什么区别？
- 平时接触的数据类型有哪些？
- 平时使用过哪些大数据分析工具？

课 前 自 学

一、数据及其分类

1. 数据

数据是对我们所在的客观世界事实或观察结果的符号化表达，它提供了一种量化和描述客观世界的方式。数据的形式包括数字、文字、图像、声音、视频等。下面，我们来列举一些生活中常见的例子。

案例一：慕课学习数据。当需要了解某门课程学习进展的时候，我们往往会观察每个模块的完成情况，如“章节学习次数”“课程积分”“作业完成率”“总讨论量”。学习者根据现有数据指标，决定下一步应该加强哪些模块的学习。

案例二：股票价格数据。当观察某一只股票的时候，我们往往会看它的 K 线图。当价格降低到心理价位时，快速买进；当价格上涨到心理价位时，快速卖出。

案例三：店铺商品数据。商家需要时刻关注平台的交易记录，判断市场变化趋势，从而增加或减少商品库存。

可见，数据对人们的衣、食、住、行等日常生活的影响无处不在。数据本身是没有意义的，只有经过加工和分析，才能挖掘出有价值的信息。数据可以是结构化或非结构化的，也可以是离散的或连续的。然而，小规模的数据与大规模的数据相比，在分析方法、存储形式等方面，仍然有巨大的差异。

2. 数据的分类

对数据进行分类，首先要考虑数据的共同属性或特征，将相同内容、相同性质的数据集合在一起。

(1) 按照来源，可以分为：原始数据(一手数据)和间接数据(二手数据)。

(2) 从性质上看，可以分为：定性数据和定量数据。

(3) 从表现形式上，可以分为：数字数据和模拟数据。

(4) 从数据计量层次，可以分为：定类数据、定序数据、定距数据、定比数据。

(5) 按存储形式，可以分为：结构化数据、非结构化数据和半结构化数据。

3. 数据集

随着大数据技术的发展，与规模化数据相关的岗位数量不断增加。同时，也出现了很多专业的数据集分享平台，如阿里云天池、UCI 机器学习库、Kaggle 等网站。在人社部发布的“大数据工程技术人员”岗位中，提供了这样的岗位定义：“从事大数据采集、清洗、分析、治理、挖掘等技术研究，并加以利用、管理、维护和服务的工程技术人员。”这里的大数据清洗、分析及挖掘就与数据集的处理和分析直接相关。

数据集(data set)又称为资料集、数据集合或资料集合，是针对某一特定主题或研究领域，由经过组织的数据所组成的集合。数据集通常用于存储大量的数据，并且可以用来进行各种数据分析、机器学习和数据挖掘等任务。与简单的数据相比，数据集通常具有以下特点。

(1) 组织性。一个组织良好且结构化的数据集，对提升数据分析的效率与精确度具有显著影响。数据集通常是为了实现特定目的而创建的，往往会以一定的结构形式存在，如表格、矩阵或图等。这种结构使得数据易于处理和分析，同时有助于发现数据中的关联和模式。同时，对数据实施分类、加密和访问控制等安全措施，有助于提升数据的安全性和隐私性。

(2) 多样性。数据集可以是单一类型，也可以是跨类型的集合。现实世界具有复杂性和动态性，而多样性的数据则能够进一步反映真实的世界。一个涵盖广泛来源、领域、时间跨度和环境条件的数据集，对于提高数据模型在面对未知数据时的表现至关重要，这直接关系到模型的泛化能力。

(3) 结构性。数据集可以是结构化的，如关系数据库中的表格；也可以是非结构化的，如文本库、视频库或音频库。结构性优良的数据集，其组织架构明晰，涵盖了明确的字段划分、数据类别和格式规范，不仅便于解读，同时简化了数据预处理流程，有助于减少数据中的错误和歧义。

(4) 规模性。数据集的规模不等，从少量的几个数据点，到百万级甚至亿万级的数据点，都有可能。大规模的数据集，可以为机器学习、人工智能提供基础数据，有助于验证假设、实现智能推荐。

(5) 可访问性与隐私性。被授权的用户可以畅通地访问数据集。对于包含敏感信息的数据集，则需要遵守相应的数据保护法律，在确保隐私安全的前提下使用。

(6) 高质量。高质量的数据集往往标注了数据来源、收集时间、数据格式等，便于提高模型训练和数据分析的准确性。数据集的高质量表现在，应准确无误、完整、一致且具有代表性。其中，准确的数据能够确保分析结果的可靠性，完整的数据能够减少偏差或不确定性，一致的数据有助于减少错误和歧义，有代表性的数据则能反映目标群体或现象的实际情况。

二、大数据的概念

1. 什么是大数据？

数据是广义上的概念，而大数据是数据的一个子集，指的是拥有特定属性的大规模数据集合。大数据不仅是指体量庞大的数据集，更代表了一种能够将数据转化为价值的技术集合。它超越了传统数据库的范畴，涵盖了结构化数据以及来自社交网络、传感器、日志等的非结构化数据和半结构化数据。

与小规模数据集相比，大数据因其规模庞大、增长迅速且类型多样，难以在有限时间内通过传统软件工具进行有效捕捉、管理与处理。可见，大数据的概念超越了数据量的巨大，它实质上涵盖了一整套旨在实现数据价值化的技术和方法。

2. 大数据有哪些特征？

在通常情况下，大数据具有体量大(volume)、速度快(velocity)、类型多(variety)、价值高(value)等特点，也就是通常所说的“4V”特征。

(1) 数据体量大。大数据的“大”，并不仅仅指容量上的“大”，更包括类型上的“大”。大数据无法用传统的数据处理和存储技术进行处理和管理，其数据量通常以 TB 甚至 PB、EB 级别统计。在类型上，不仅包括结构化数据，还包括非结构化数据和半结构化数据。

(2) 数据产生速度快。大数据的生成速度非常快，数据的更新和变化频率很高，它需要在较短的时间内进行处理和分析，要求数据处理系统具备高速的计算和存储能力。例如，社交媒体平台、传感器网络和金融交易系统，都能够以惊人的速度产生和处理大量的数据。

(3) 数据类型多。大数据涵盖了多种不同类型的数据，包括结构化数据(如数据库中的表格数据)、半结构化数据(如日志、XML 文件)以及非结构化数据(如文本、图像、音频和视频等)。这些数据具有不同的格式、形式和来源。

(4) 价值密度低。大数据中可能存在大量的冗余、无用或噪声数据，需要通过筛选、清洗和整理，从而获取有价值的信息。因此，在大数据的“4V”核心特征中，value(价值)扮演着至关重要的角色。它呼吁采用创新的处理模式，以提升决策力、洞察力和流程优化能力，从而挖掘其潜在的巨大价值。

除此之外，大数据还有实时性要求高、可扩展性要求高、安全性和隐私性要求高、价值挖掘和预测性要求高等特点。这些综合性的特征使得大数据分析面临更多的挑战和机遇，需要采用专门的技术和工具来应对，在一定程度上，也推动了大数据的采集、存储、处理和分析技术的发展。

三、大数据产生的原因

大数据到底是如何产生的呢？大数据的产生是多个因素的综合作用，导致数据量的指数级增长。总体来看，大数据的产生主要有以下几个方面的原因。

1. 互联网技术的普及

随着 TCP/IP 协议、SSL/TLS 协议、Web 服务器、搜索引擎、HTML/CSS/JavaScript 等核心技术的应用，互联网应用日益普及，互联网用户的数量急剧增加。尤其是社交媒体、博客、论坛等在线平台的爆炸性增长，导致用户生成内容(UGC)急剧增加，人们在社交媒体和平台上的活动生成了社交关系、用户习惯等数据信息。

2. 终端硬件设备的发展

(1) 移动终端设备。智能手机和其他移动设备的普及，增加了数据的各种来源，包括位置数据、应用使用数据、消费习惯和兴趣偏好等。

(2) 物联网传感器。各种传感器的应用，如智能家居、智能工厂、物联网设备等应用日益频繁。这些设备可以收集来自物理世界的数据，并将其转换为可以被处理和分析的数字信号，从而产生庞大的数据。

3. 云计算技术的成熟

云计算技术极大地推动了大数据相关技术的发展。互联网技术的广泛应用推动了云计算的发展，它提供了灵活可扩展的存储和计算资源，使得人们能够更加高效地处理和存储庞大的数据集。借助于 Hadoop、Spark 和 Flink 等分布式计算框架，大规模数据集的处理速度得到了显著提升，从而使得大量数据的获取和保存变得更加便捷。

4. 人工智能和机器学习的进步

人工智能和机器学习技术的不断发展，使得从大量数据中提取知识和模式成为可能。这在现状评估、趋势预测等方面发挥着重要作用。例如，在电商、金融、社交媒体和流媒体服务中，利用 AI 技术分析用户行为生成个性化推荐，从而创造了大量用户互动数据；应用 NLP 技术可以处理和理解大量的文本数据，从社交媒体、新闻、客户反馈中提取有用信息，生成新的数据集。

5. 计算机图形学和图像处理技术的发展

计算机图形学和图像处理技术的进步，使得数据可以更有效地转换为图形或图像，并在屏幕上进行交互显示。用户可以通过更自然的方式与数据可视化界面进行交互，如多点触控、手势识别等，这增强了用户体验并提升了数据处理效率。同时，随着处理器性能的持续增强，特别是多核和并行处理技术的进步，平台处理大数据集的能力得到了进一步加强。这些技术的进步共同为大数据的可视化提供了强有力的支持，使得从海量数据中提取有价值信息并将其转化为直观的可视化展示变得更加可行。

此外，社会各个行业数字化的转型、政府和公共数据的建设、科学和研究的促进，以及互联网经济的发展，也对大数据的生成产生了重大影响。目前，大数据正在经历由概念向产业化过渡的过程，大数据产业链包括数据采集、治理、传输、存储、安全、分析、呈现和应用。上述各项技术共同构成了大数据时代的技术基础，促进了数据的生成、收集、存储和分析。

【小思考】大数据与数据集。数据集有多种类型，包括结构化数据、半结构化数据以及非结构化数据。大数据规模巨大、类型多样、更新迅速，它超出了传统软件工具在特定时间内捕捉、管理和处理的能力。一个数据集是否可以被归类为大数据，取决于其固有的特性和规模。例如，社交媒体上记录的用户行为、在线销售平台上的商品交易信息以及医疗领域中的电子健康记录，都具有大数据的典型特征，因此它们通常被视为大数据的一部分。

四、大数据的作用

不管面对小规模的数据，还是大规模的数据，数据分析正在成为一种方法论，它通过一套系统化、结构化的方法和过程，从数据中提取有用信息和洞察力，可以为企业带来极大的便利性。数据分析的作用体现在以下几个方面。

1. 战略决策和预测支持

快速收集、整合以及深度分析大量的数据，不仅能够挖掘数据间的复杂联系和隐藏的规律，而且能显著提高预测的精确度。例如，在宏观经济管理领域，政府部门利用大数据分析技术能够更精确地把握市场消费动向，理解价格波动的根本原因，进而在政策制定和经济调节中扮演至关重要的角色。

2. 推动各行各业高质量发展

大数据技术的应用已经广泛渗透到零售、电子商务、医疗保健、电信、教育、交通运输和能源等关键行业，并持续产生着深远的影响。例如，在电子商务领域，商家利用大数据工具对消费者的购买行为和偏好进行深入分析，从而能够更精确地个性化推荐商品。这不仅能提升用户的购物体验，也能刺激他们的购买欲望。在交通安全管理方面，大数据技术有助于管理部门深入挖掘交通流量数据，为制定有效的交通管理策略和缓解措施提供坚实的科学基础。

3. 关键业务流程的优化

关键业务流程是确保企业能够有效执行其战略目标并维持运营效率的关键环节。利用大数据分析技术，可以快速找到生产和运营过程中的瓶颈及焦点问题，优化业务流程、改进生产效率、降低成本等。从业务流程的角度来看，利用大数据分析技术有助于优化数据获取渠道，实现数据集中使用，达到信息化、智能化、数字化的目的。

4. 用户的个性化推荐与决策

依托于大数据技术的个性化推荐平台，商家能够精准捕捉用户的兴趣点、偏好倾向以及过往行为轨迹，进而制订高度个性化的商品推荐和营销方案。此类系统的应用范围极为广泛，不仅在商业领域发挥着重要作用，也助力个人通过深度分析海量数据集获取关于健康、财务及职业发展的关键信息。这些信息为用户个人在规划和决策未来发展方向时，提供了明智的参考依据。

5. 风险管理和预测

大数据分析可以帮助企业发现和预测风险，并及时采取措施进行应对。通过大数据分析，可以发现异常情况，增加预警系统，提高风险管理的准确性和效率，保护企业的利益和稳定。

五、大数据对科学研究的影响

大数据技术为人们提供了大量的科学数据，这些数据可以用来指导各种研究工作，为人们提供有效的分析依据。大数据对科学研究主要有以下影响。

1. 数据获取和分析

随着数据使用场景的演变，研究问题正趋向于更加全面、多样化和深入的探索。在此背景下，单一数据源已不足以满足复杂的分析需求，因此，整合多个数据源变得至关重要。大数据的兴起为科研工作带来了前所未有的丰富资源。研究人员可以利用大数据技术获取海量数据，再结合尖端的数据分析方法和工具，挖掘出有价值的信息和模式。

2. 改进实验和观测方法

依托大数据技术和相关理论，科学家能够有效消除主观偏见，避免因算法或技术手段的差异而产生技术性偏差。这使得研究人员能够将传统的定性分析转变为更加精确的定量分析，从而提升实验结果的可靠性与准确性，加速科研工作的进展。

3. 模型验证和预测

大数据技术显著提升了科学模型的验证能力与预测能力。通过广泛收集和深入分析海量数据，科学家能够更准确地检验并优化现有的科学理论及模型。此外，借助大数据分析，科学家还能够构建更为精确的预测模型。这一过程不仅能加深科学家对研究问题本质的理解，也能增强研究结果的可靠性，从而为科学研究提供坚实的数据支持。

4. 跨学科合作和发现

共享和整合不同学科领域的数据集，有利于发现不同领域之间的相关性和互补性，促使社会科学研究向跨学科、跨领域拓展。这种跨学科的合作与发现有助于扩大研究的视野和深度，推动科学研究的创新和进步，如图 1-1 所示。

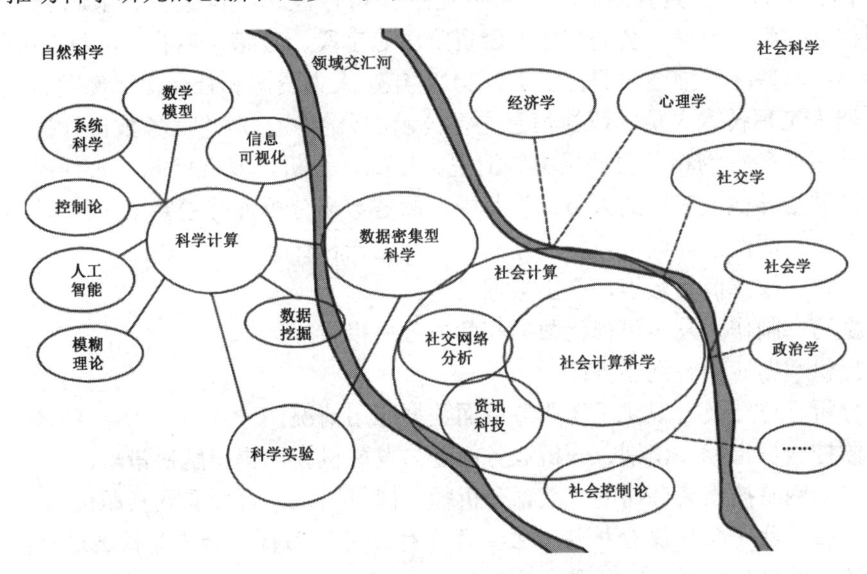

图 1-1 大数据背景下的跨学科发展

【小知识】**数据分析的范畴**。数据分析的概念范畴包括狭义数据分析和广义数据分析。狭义数据分析是指根据分析目的，采用描述统计和图形可视化等分析方法，运用对比分析、分组分析、交叉分析和回归分析等分析方法，对收集的数据进行处理与分析，提取有价值的信息，发挥数据的作用，得到一个针对不同统计量的统计结果的过程。广义数据分析包括了数据挖掘。数据挖掘则是从大量的、不完全的、有噪声的、模糊的、随机的实际应用数据中，通过应用聚类、分类、回归和关联规则等技术，挖掘潜在价值的过程。

课中实训：岗位数据采集与分析

通过采集岗位数据，熟悉数据分析的基本概念和一般流程，掌握需求分析、岗位数据采集、简单数据分析及词云图展示的方法。

任务 1：人才供需现状分析

【任务描述】

结合人社部发布的文件《关于对拟发布机器人工程技术人员等职业信息进行公示的公告》(2022)、《关于发布人工智能工程技术人员等职业信息的通知》(2024)，搜集招聘和求职岗位数据，搜集体验数据关键字段，了解数据分析人才供需现状。

(1) 求职者就业需求。从岗位名称、职位要求等方面，搜集至少三个最感兴趣的岗位。

(2) 企业招聘需求。从岗位职责、学历、薪资待遇、区域等方面，了解企业需求现状。

【操作步骤】

步骤 1：通过问卷星平台(http://www.wjx.cn)，面向用户调查热门岗位。

步骤 2：打开招聘网站搜索岗位。输入某招聘网站的网址，搜索热门岗位。以“数据分析师”岗位为例，在查找过程中，可以通过公司行业、职位类型、求职类型、工作经验、薪资待遇、学历要求、公司规模、融资阶段等字段，对感兴趣的岗位数据进行筛选。

步骤 3：典型职位描述与职位要求。2022 年，人力资源和社会保障部发布了《关于对拟发布机器人工程技术人员等职业信息进行公示的公告》，对“商务数据分析师”进行了定义：“从事商务行为相关数据采集、清洗、挖掘、分析，发现问题、研判规律，形成数据分析报告并指导他人应用的人员。”其中，商务数据分析师的主要工作任务为：

(1) 采集、清洗企业商务数据，建立商务数据指标体系；

(2) 分析、挖掘商务数据，产出数据模型；

(3) 撰写、制作、发布可视化数据和商务分析报告；

(4) 提供数据应用咨询服务；

(5) 分析、总结及可视化呈现业务层面数据应用情况；

(6) 监控数据指标，识别、分析业务问题与发展机会，提出解决策略。

通过求职网站搜索某公司的“数据分析师”岗位需求，可以看到其职位描述。

我们正在寻找一位数据分析师，主要负责对公司产品行为和质量情况进行归因分析，以及对产品异常进行挖掘。职位要求：

(1) 至少熟练掌握一门开发语言，以及其他数据分析工具和技术，如 SQL、Python、JavaScript 等；

(2) 具备较强的数据挖掘和分析能力，能够对数据进行归因分析、异常检测、趋势预测等；

(3) 具备基础的开发经验，了解使用 Git、IDE、Linux 等工具，了解常用的编程语言和框架，如 Python、Java、VUE 等；

(4) 能够独立完成数据分析和开发任务，并能够为业务决策提供有效的数据支持；

(5) 具备良好的沟通能力和团队协作能力，能够与不同部门的同事进行有效沟通和协作。

为了进一步了解数据分析人才的需求现状，这里提供一个“慕研数所”的分析结果案例。该数据的采集时间为 2022 年 7 月 26—27 日。该机构在 BOSS 直聘网站搜索关键词“数据分析”后，采集了北京、上海、广州、深圳、杭州、厦门、苏州、武汉、天津、西安、长沙、郑州、重庆、成都 14 个城市的招聘信息，共获得 2709 条有效数据，分析结果如图 1-2 所示。

对分析的结果生成词云图，如图 1-3 所示。可以看到，企业对数据分析人才的职业技能需求，尤其对 SQL、Python、Excel、Tableau、SPSS 等技能要求较高。

技能	频数	技能	频数
SQL	1180	Spark	148
Python	1101	回归分析	138
Excel	661	数据挖掘	136
数据分析	546	Power	127
Tableau	258	Hive	124
SPSS	255	决策树	120
BI	192	多元统计分析	111
SAS	174	商业分析	110
R	167	Hadoop	108
相关分析	164	Java	94

图 1-2　数据分析关键能力词频分析

图 1-3　数据分析关键能力词云图

【小提示】针对上述关键词，通过网络查询，并了解其含义，建立对数据分析的初步认知。

任务 2：数据采集与处理

【任务描述】

获取人才供需数据的方法有很多，比如，通过问卷星或者网站人才库，获取求职者信息；通过招聘网站，了解职位需求信息。下面，以八爪鱼软件为例，演示如何在站点采集数据。

【操作步骤】

步骤 1：登录某招聘网站。面向“全国”范围，在搜索框中输入“数据分析”关键词，单击“搜索”按钮。进入搜索页面，复制搜索地址到剪贴板。

步骤 2：下载并安装八爪鱼软件。安装完成后，将复制的地址粘贴到主界面的采集文本框中，单击“开始采集”按钮，如图 1-4 所示。

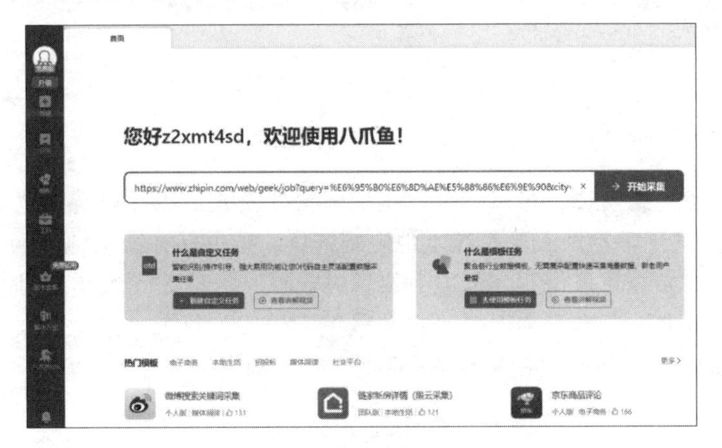

图 1-4　八爪鱼采集主界面

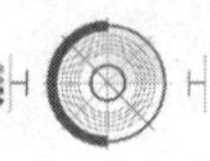

步骤 3：设置采集指标。首先需要自动识别网页内容。通过鼠标点选网页内容，或单击“自动识别网页内容”链接，配置采集内容，如图 1-5 所示。根据所关注的职位信息，可以随时切换识别结果。设置完毕，单击“生成采集设置”按钮，如图 1-6 所示。

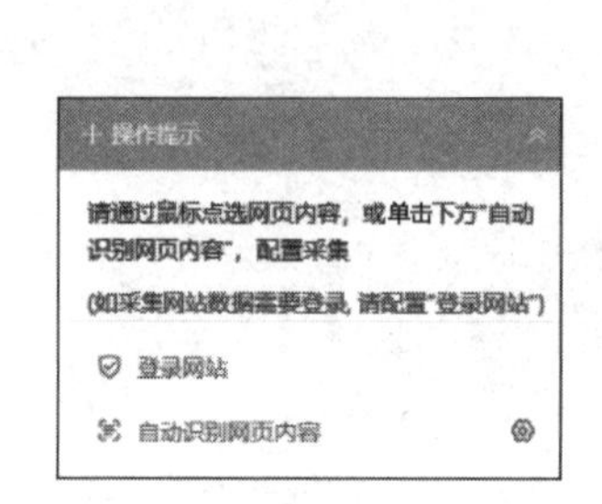

图 1-5　自动识别网页内容

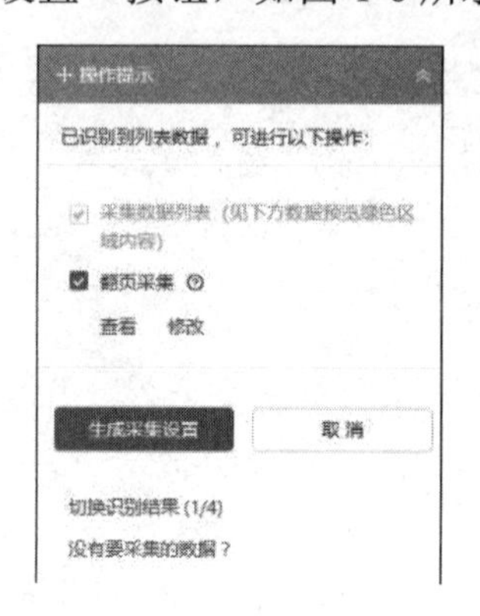

图 1-6　生成采集设置

步骤 4：配置采集参数。生成采集基本参数后，可以单击网页的内容，进行翻页或多页设置，单击“保存并开始采集”链接，如图 1-7 所示。

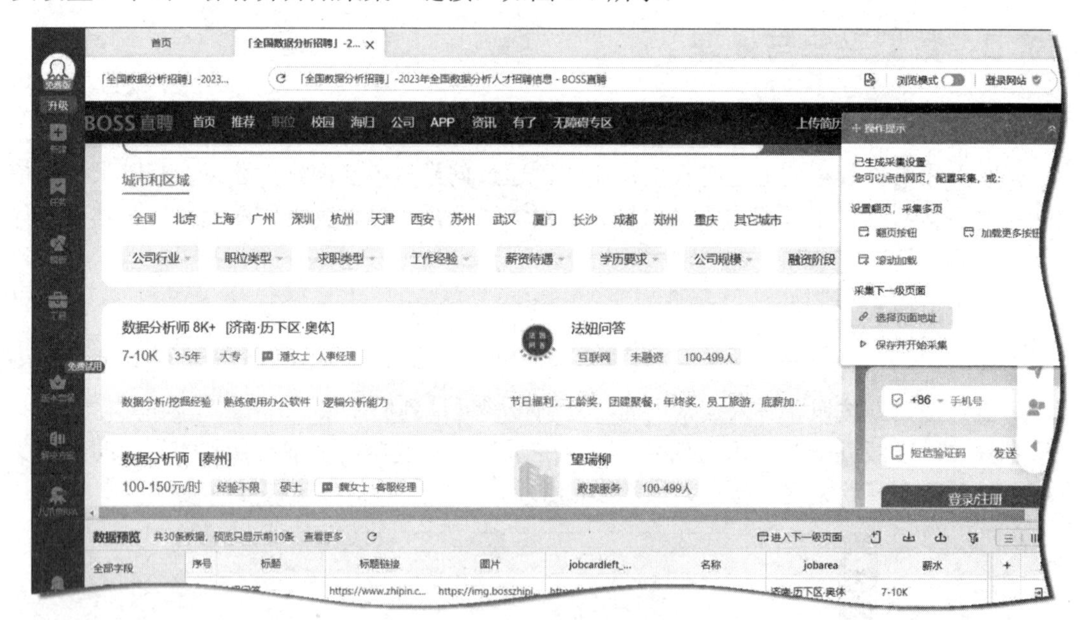

图 1-7　保存并开始采集

步骤 5：选择采集模式。可以选择“本地采集”模式，也可以选择“云采集”模式，如图 1-8 所示。其中，本地采集是在本地电脑采集，数据保存在本地电脑上；云采集是在云服务器中采集，数据可以保存在云服务器随时查看，同时支持 API 调用。

步骤 6：开始采集。本例中选择“本地采集”模式。单击“本地采集”模式，进入采集界面，如图 1-9 所示。采集完毕，可以将文件导出到本地文件夹中。

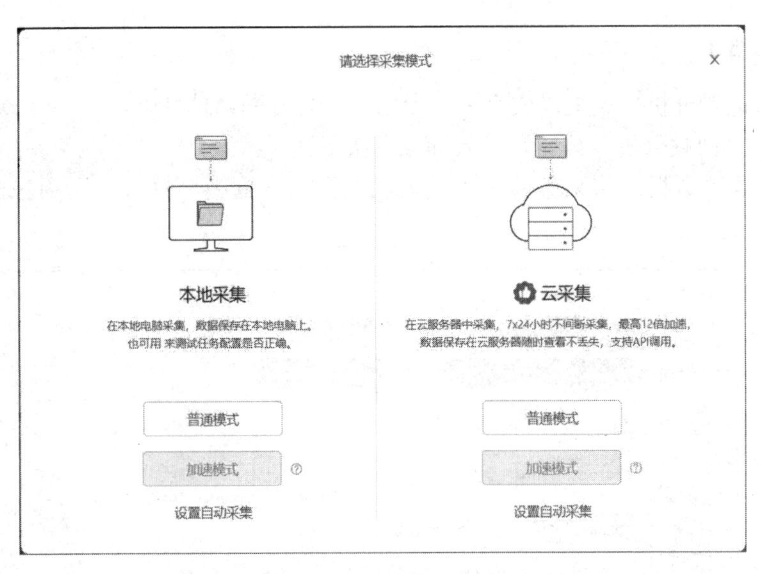

图 1-8　采集模式选择

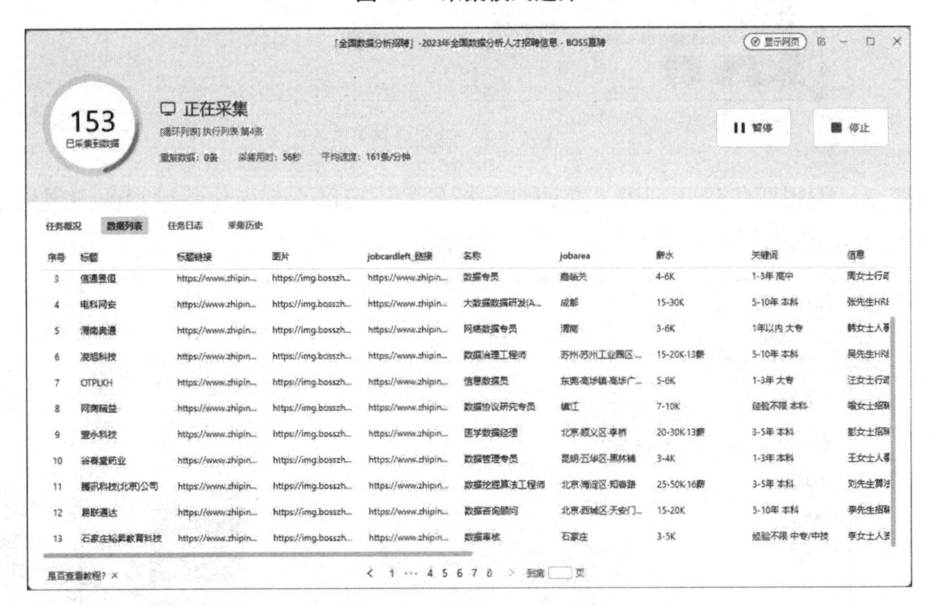

图 1-9　数据采集界面

【小提示】本数据采集仅供教学测试使用。使用工具采集网站数据时，应确保该数据不被用于其他未经授权的领域。

任务 3：词频统计与分析

【任务描述】

(1) 使用文字云(https://www.wenziyun.cn)、微词云(https://design.weiciyun.com)等平台生成关键词统计表，制作词云图。

(2) 根据不同的岗位，对最热门的三个岗位的关键词词频进行统计，对数据进行清洗、分组、转化、验证等处理，并制作词云图。

【操作步骤】

步骤 1：词频分析。这里以文字云平台为例。打开网站地址(https://www.wenziyun.cn)，登录后，单击“词频分析”按钮，进入词频分析界面。

步骤 2：导入数据。将采集的字段数据粘贴到文本框中，单击“词频分析”按钮，如图 1-10 所示。

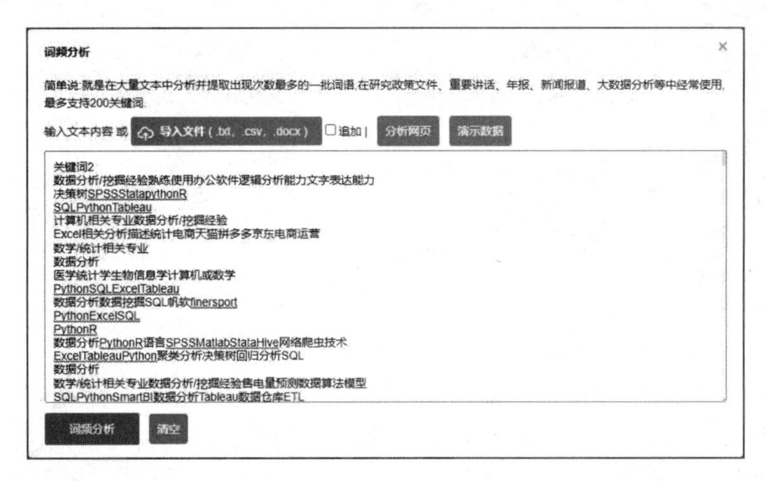

图 1-10　词频分析

步骤 3：编辑职位词频列表。在词频分析界面，可以看到岗位关键词的出现频率，如图 1-11 所示。根据关注的岗位特点，可以去除无关的词语。

图 1-11　词频列表

步骤 4：编辑后，生成词云图，如图 1-12 所示。这些关键词可以反映出招聘单位对求职人员的基本能力要求。

步骤 5：结合实际情况，对职位选择倾向、薪资待遇、工作地点等进行分析。

图 1-12　数据分析岗位词云图

除了上述平台，还可以通过微词云平台进行分词。获取词频数据之后，还可以分析特定词汇的出现频率，尤其是情感词汇，以确定文本的整体情感倾向。

课 后 拓 展

结构化、非结构化与半结构化数据

大数据时代，数据的类型越来越复杂。按照数据是否有强的结构模式来分类，大数据主要包括结构化数据、非结构化数据和半结构化数据三种类型。严格来讲，结构化数据与半结构化数据都是有基本固定结构模式的数据。随着互联网技术的发展，半结构化数据和非结构化数据增长速度越来越快。区分半结构化数据与非结构化数据的意义在于，对两者的处理方法是不同的，非结构化数据大多采用内容管理方法，而半结构化数据基本没有有效的管理方法。

1. 结构化数据

结构化数据以其固定的格式和明确的结构特点，便于计算机进行高效处理和分析。这种数据遵循预定义的模式，通常存储在关系型数据库(如 MySQL、Oracle 等)中，可以用二维表的形式逻辑地表达和组织。例如，学生信息可以通过姓名、性别、年龄等具体字段进行结构化存储。由于其规范性，结构化数据不仅由应用程序生成，也广泛应用于数据交换和预测建模等任务。在关系型数据库管理系统(RDBMS)中，数据以行和列的形式存在，每一行代表一个实体的详细信息，而所有行共享相同的属性集合。通过 SQL(结构化查询语言)语句，可以高效地查询和获取这些以键值形式存储的结构化数据。

表 1-1 中展示了某月的电视机销售记录，prod_id 列表示该产品的 id 号，通常为数值型或字符型数据；prod_title 列为该产品的标题，通常为字符型数据；prod_price 列为该产品的价格，通常为数值型数据；prod_num 列为该产品的销售数量，通常为数值型数据；prod_fav_num 列为该产品的收藏量，通常为数值型数据。

表 1-1　结构化数据

prod_id	prod_title	prod_price	prod_num	prod_fav_num
1	电视 A32 金属全面屏 2024 款	799	13862	13326
2	电视机 70 英寸液晶平板挂壁	2579	411	324
3	43 英寸高清家用全面屏电视	1088	873	2336
4	电视 EA65 英寸智能语音	2499	149	8592
5	电视 A75 英寸 2+32G 大内存	3199	201	184

2. 非结构化数据

非结构化数据以其灵活的形态和多样化的格式，如文本文档、图片、视频和音频文件等，为计算机处理和分析带来了挑战。它们不遵循数据库中常见的二维逻辑表结构，通常存储于文件系统或对象存储系统中。由于缺少固定的格式，非结构化数据以原始形态直接存储，如文本以自然语言形式、图像以像素阵列形式存在。尽管这些数据不像结构化数据那样易于解析，但技术的进步已经极大地提升了人们处理非结构化数据的能力，使其在文本挖掘、图像识别和情感分析等应用领域发挥着重要作用。此外，非结构化数据的增长速度远超结构化数据，其存储和分析的技术难度也相应更高，这就需要采用更先进的技术和方法来挖掘、利用这些宝贵的信息资源。结构化数据与非结构化数据对比情况，如表 1-2 所示。

表 1-2　结构化数据与非结构化数据对比

对比参数	结构化数据	非结构化数据
特征	预定义的数据模型 具有明确定义 容易访问 容易分析	没有预定义的数据模型 没有明确的定义 较难获得 较难分析
存储	关系数据库 数据仓库 电子表格	NoSQL 数据库 数据湖 数据仓库
分析方法	回归、分类、聚类	数据挖掘、自然语言处理、向量的搜索
用例	在线预订、自动售卖机、库存系统	语言识别、图像识别、文本分析
例子	名字、日期、地址 电话号码、学籍号	电子邮件信息、健康记录 图片、音频、视频

3. 半结构化数据

半结构化数据是一种位于完全结构化数据和完全非结构化数据之间的数据形式，它具有自描述特性，数据的结构和内容相互交织，不易分离，例如 XML 文档。与完全结构化数据不同，半结构化数据通常包含可变长度的字段，能够灵活地存储多样化的信息。如员工简历，其中每份简历包含的教育背景、工作经历等信息可能各不相同，这种数据可以通过 XML、JSON 等格式的文件进行有效存储和处理。

半结构化数据模型之所以吸引人，主要是因为其灵活性，特别是其无模式的特性。它允许数据携带有关自身结构的描述信息，且这种结构可以随着时间在单一数据库内发生变化，而不需要进行复杂的模式变更。这种灵活性的优势在使用大数据时尤其明显，因为它允许更自由地适应新的数据需求和结构变化。

(1) HTML 文档。HTML 网页是利用 HTML 语言编写的文档，一般由自描述的数据的结构和内容混在一起，二者没有明显的区分。HTML 文档是一种典型的半结构化数据表现方式。应用 HTML 文档，可以在标签中组织不同类型的数据。结构特征可以归纳为树状结构、层次结构和框结构三种。

(2) XML 文档。在 JSON 出现之前，人们一直用 XML 来传递数据。因为 XML 是一种纯文本格式，所以它适合在网络上交换数据。XML 本身不算复杂，但是加上 DTD、XSD、XPath、XSLT 等一大堆复杂的规范以后，即使是经验丰富的软件开发人员碰到 XML 也可能会感到棘手。

XML 比较适合存储半结构化数据，将不同类别的信息保存在 XML 的不同节点中即可。下面是一个典型的 XML 文档格式。

代码 1-1　XML 文档格式示例

```
<myclass>
   <student>
      <name>A</name>
      <age>19</age>
      <gender>female</gender>
   </student>
   <student>
      <name>B</name>
      <age>20</age>
      <gender>male</gender>
   </student>
</myclass>
```

(3) JSON 文档。2002 年，道格拉斯·克罗克福特发明了 JSON 这种超轻量级的数据交换格式。JSON 是 JavaScript Object Notation 的缩写，它是一种数据交换格式。JSON 是一种轻量级的数据交换格式，可以将数据以键值对的形式进行存储和传输。在 JSON 中，数组是一种常见的数据结构，可以存储一组有序的数据。为了统一解析，JSON 格式规定字符串必须用双引号包裹，Object 的键也必须用双引号包裹。JSON 数组可以存储不同类型的元素，如字符串、数字、布尔值、对象甚至其他数组。

可以通过类似格式转换平台，如 https://cdkm.com/cn/xml-to-json，将 XML 格式转换为 JSON 格式。JSON 数组在中括号“[]”中书写。中括号保存的数组是值(value)的有序集合。一个数组以左中括号“[”开始，右中括号“]”结束，值之间使用逗号“，”分隔。下面是一个典型的 JSON 文档格式。

代码 1-2　JSON 文档格式示例

```
{
   "myclass": {
      "student": [
         {
```

```
                "name": "A",
                "age": "15",
                "gender": "female"
            },
            {
                "name": "B",
                "age": "16",
                "gender": "male"
            }
        ]
    }
}
```

通过上述案例可以看到，JSON 格式简洁清晰，能够高效编辑，使用起来也十分方便。

从半结构化的视角来看，由于没有模式的限定，数据可以自由地流入系统，还可以自由更新。这更便于客观地描述事物。在使用的时候，模式再发挥作用，也就是说，使用者想获取数据就应当构建需要的模式来检索数据。由于不同的使用者构建不同的模式，数据可以最大化地被利用。这才是最自然的使用数据的方式。

本 章 小 结

通过本章内容的学习，可以初步理解数据、数据集和大数据的基本概念，熟悉数据分析的基本流程。结合人社部发布的相关文件，从职业规划的角度可以了解各行业对数据分析人才的需求，形成对数据分析师岗位的基本认知。

第 2 章 需求分析与指标体系构建

需求分析是一个深入探究特定问题或业务需求的过程，旨在明确系统或解决方案应具备的功能和特性。它涉及数据的搜集、整理、分析和阐释，旨在从数据中提炼出有价值的见解和知识。这一过程将抽象的业务需求转化为具体的、可操作的需求规范，从而提高了需求的明确性和可执行性。

本章学习目标：

- 熟悉数据分析的基本流程和方法。
- 理解数据分析的基本指标，掌握数据的描述统计基础知识。
- 掌握基于 MECE 的需求指标体系构建方法。

课前思考：

- 要想了解 1000 名学生的网络购物现状，你会重点考虑哪些指标？
- 思考一下，你在日常学习中进行数据分析的流程是什么。

课 前 自 学

一、数据分析的基本流程

通过数据分析师岗位的数据采集案例，可以大概理解数据分析的基本流程，主要包括需求识别、数据采集、数据预处理、数据分析、数据可视化展示、数据分析报告撰写。数据分析的基本流程如图 2-1 所示。

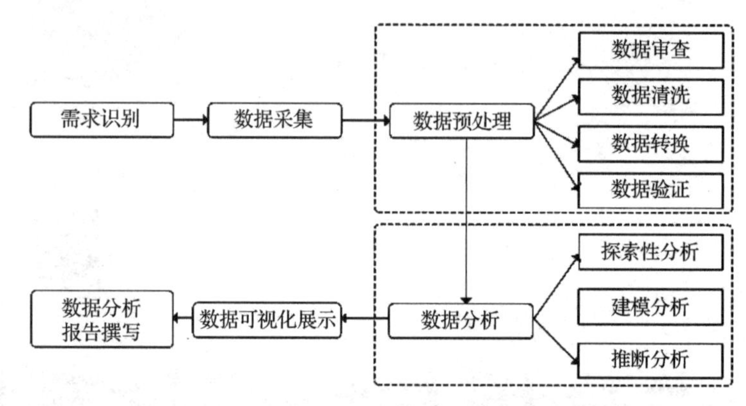

图 2-1　数据分析的基本流程

1. 需求识别

在日常生活中，人们常用“靶子”来比喻具体的目标，这是解决问题的关键步骤。目标的设定可以基于不同的职位或工作需求，它们可能是明确的，也可能是概念性的。例如，如果业务目标旨在增加利润，那么数据分析能够帮助识别影响利润的关键因素，并帮助制定提升利润的有效策略。

2. 数据采集

在进行数据采集时，必须精心设计数据指标体系，审慎挑选数据源，并选择恰当的数据采集技术。在这个过程中，首要步骤是将业务目标细化为明确的数据指标。随后，基于这些目标，挑选合适的数据来源，可能涉及内部资源、外部资源、公开资源以及私有资源。接着，根据既定目标和数据源，挑选适宜的数据采集技术，包括但不限于传感器监测、网络爬虫抓取、系统直接导入或人工数据输入等。对于需要连续采集的数据，定期的数据更新和补充是必不可少的，以维持数据的时效性和精确度。

3. 数据预处理

在采集数据后，需要进行数据审查、数据清洗、数据转换、数据验证等处理，去除重复、错误或缺失的数据，确保数据的准确性和完整性。这有助于提高数据分析的可靠性和有效性。

4. 数据分析

数据分析通常包括探索性分析、建模分析和推断分析，以挖掘数据中的规律、趋势和异常，为决策提供支持。

5. 数据可视化展示

在数据可视化展示阶段，可以借助丰富的图表工具，展示数据分析的结果。

6. 数据分析报告撰写

将分析结果以报告的形式呈现，包括文字、图表和其他相关内容，对结果进行详细的解释。报告应该简洁、清晰、易于理解，能够让决策者或其他相关人员了解分析结果，并据此做出决策。

二、数据分析指标体系

数据分析指标贯穿在数据分析的整个阶段，指标体系的质量会影响后面的所有工作。

1. 指标体系的作用

在日常工作中，要想准确描述一件事还是比较麻烦的。试想，某公司想投资某个电子商务店铺，目前有A和B两个店铺在待选名单中，那我们该如何衡量这两个店铺的经营状况与盈利能力呢？如表2-1所示。

表2-1 店铺的经营状况与盈利能力对比

项　目	A店铺	B店铺
收入/万元	500	5000
成本/万元	400	3000
利润/万元	100	2000
利润率/%	20	40
总投资额/万元	500	12000
投资回报率/%	20	16.7

大多数人会这样讨论：

A用户：“我们应该评估哪家店铺的销售收入更高。”

B用户：“实际上，我们更应关注利润，因为利润的多少才是衡量盈利能力的关键。”

C用户：“我们应该考虑利润率，即利润与收入的比率，这能更准确地反映盈利效率。”

D用户：“投资回报率也是一个重要的指标，它可以判断每投入一定资金，两家店铺分别能产生多少收益。”

其实，上面几个用户所提到的，都是单一指标。针对这个案例，可以从以下几个指标进行分析：

收入与盈利能力：B店铺在收入和盈利方面显著超越A店铺，具体而言，B店铺的收入是A店铺的10倍，而利润则是A店铺的20倍。

成本管理：虽然B店铺的总成本超出A店铺，但其成本与收入之比为60%，低于A店铺的80%，这反映出B店铺在成本管理上更为有效。

盈利效率：B 店铺的盈利效率(利润率为 40%)是 A 店铺(20%)的两倍，这一数据强化了 B 店铺在盈利能力上的优势。

投资回报率：A 店铺的投资回报率达到 20%，意味着每投资 1 万元可获得 0.2 万元的收益。相较之下，B 店铺的投资回报率为 16.7%，每投资 1 万元收益 0.167 万元。尽管 B 店铺的总投资额远超 A 店铺，但其投资回报率却低于 A 店铺，这暗示 A 店铺在资本运用上更为高效，能够以相同投资额获得更高的收益。

对于投资者而言，选择投资哪一家店铺，取决于更看重规模和绝对收益(B 店铺)，还是资金利用效率和投资回报率(A 店铺)。这种分析可以帮助店铺管理层了解各自的优势和劣势，从而制定相应的策略来提高经营效率和盈利能力。

单一指标倾向于直接针对问题进行分析，而一个系统化的指标体系则能够考虑问题的背景，整合不同指标，并通过多维度的分析来制定更加精准的优化策略。商业运营和管理是一个复杂的过程，面对特定问题时，需要进行多角度的分析。可见，依赖单一指标来全面评估店铺的盈利能力是不充分的。系统化的指标体系不仅能够提供有针对性的解决方案，而且在面对异常情况时，能够迅速追踪问题的根源。因此，在数据分析领域，一个精心构建的指标体系对于快速、准确地识别问题至关重要。

2. 指标体系的构成

通俗来说，指标是用于衡量事物发展程度的方法，一般用数据表示，被广泛用于衡量目标，例如人数、收入、利润、升学率等。简单来说就是将某个事件量化，且形成数字，从而衡量目标。在日常工作中大家都会用到。

指标主要由维度、汇总方式、量度三要素构成。其中，维度是“从什么角度去衡量”，汇总方式是“用什么方法去衡量”，量度则是“用来衡量的计量单位”。例如，对于某个店铺“2023 年会员新增人数”这个指标，维度就是会员人数，汇总方式为 2023 年所有新增会员人数的总和，量度就是计量单位“人”。明确指标体系的构成，有助于实现企业战略目标。

3. 无穷拆解：基于 MECE 方法的指标体系

MECE(mutually exclusive collectively exhaustive)，中文意思是“相互独立，完全穷尽”。MECE 是由麦肯锡的资深顾问巴巴拉·明托在其著作《金字塔原理》中提出的一个关键分析工具。“相互独立”意味着问题的细分是在同一维度上并有明确区分、不可重叠的，“完全穷尽”则意味着全面、周密。也就是说，对于一个重大的问题，能够做到不重叠、不遗漏的分类，而且能够有效把握问题的核心并解决问题。MECE 的核心作用是，协助分析人员全面识别影响目标达成或预期效益的所有关键因素，并探索所有可行的解决方案。

通常的做法分为两种。一种是在确立问题的时候，通过类似鱼刺图的方法，在确立主要问题的基础上逐个往下层层分解，直至所有的疑问都找到。对问题进行层层分解，可以分析出关键问题和初步解决问题的思路。另一种方法是结合头脑风暴法找到主要问题，然后在不考虑现有资源的限制基础上，考虑解决该问题的所有可能方法。在这个过程中，要特别注意多种方法的结合有可能是个新的解决方法，然后再往下分析每种解决方法所需的各种资源，并通过分析比较，从上述多种方案中找到目前状况下最现实、最令人满意的答案。

在企业指标体系搭建的过程中，要遵循以下原则。

- 用户第一原则：指标体系的核心是为实际业务服务，所以首先要考虑用户的业务目标是什么，再考虑要实现这些目标需要怎么做、哪些做法能够支撑目标，最后找出相关指标来支撑数据指标体系的构建。因此，指标不是越多越好，更不需要“虚荣指标”。
- 典型性原则：尽量选择比较典型、具备代表性的指标，确保这些指标能够反映业务的真实情况。
- 系统性原则：指标体系需要强调系统性，常见的就是找到核心原子指标，然后延伸，最终形成类似二叉树的树状结构指标体系，让每个指标有根可循。
- 动态性原则：数据指标体系是随着业务发展变化、数据分析需求而变化的，因此需要不断地去做指标体系的维护与迭代更新。

4. MECE 分析法的步骤

MECE 用最高的条理化和最大的完善度理清了分析的思路，其解决方案就是从最高层次开始，列出所必须解决的问题的各项组成内容，如图 2-2 所示。

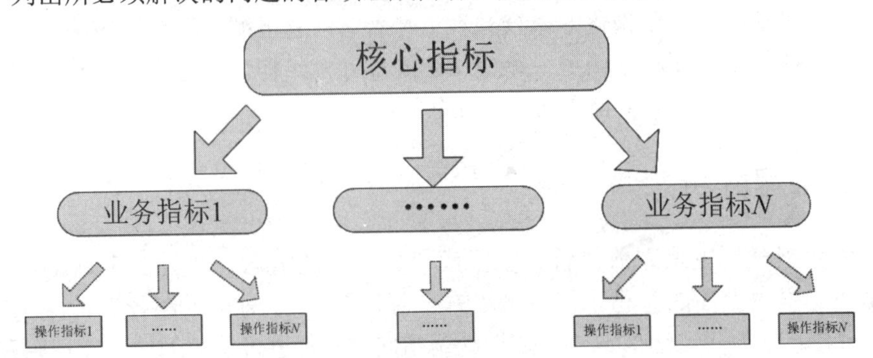

图 2-2　MECE 指标分析法

步骤一：确认问题是什么，即确定核心指标。

位于指标体系顶层的核心指标，应与公司年度的总体业务目标相匹配。该指标旨在支持业务发展，全面映射业务的整体趋势。鉴于在某个特定的时期内，应专注于单一的工作重点，核心指标的数量尽量设置为一个，这样可以清晰地展现公司业务的完成度和进展。在特殊情况下，核心指标的数量也不宜超过三个，以确保焦点明确，避免分散注意力。确定核心指标可参考以下标准。

标准 1：产品的核心价值是什么？

标准 2：核心指标要具备典型性，能够看出该指标一段时间的变化情况与表现情况的好坏。

标准 3：如果这个指标变好了，是不是能说明整个公司是在向好的方向发展？

标准 4：这个指标是不是很容易被整个团队理解和交流？

标准 5：这个指标是一个先导指标，还是一个滞后指标？

标准 6：这个指标是不是一个可操作的指标？

步骤二：寻找 MECE 的切入点，即二级业务指标。

二级指标旨在支持核心目标的实现，它们通常涉及多个业务维度的关键行动。为达成核心目标，必须从不同的业务视角出发，因此，二级指标用于评估这些关键业务领域的绩效。这要求对顶层核心指标进行细化，根据各个业务流程，识别并构建关键的过程性指标，即业务指标。确立了业务指标后，每个业务领域便拥有了指导其发展的中心指标。

步骤三：分析细分的操作指标。

业务指标的成功实现，根本上取决于各项行动下任务的执行质量，而任务的执行质量与最基层的岗位和业务活动紧密相连。因此，第三级指标是从业务指标细化而来的，这类操作性指标旨在监控日常业务成果，并通常会具体到基层岗位和执行人员，用以评估基层业务人员日常工作的表现和效率。

步骤四：确认分割有无遗漏和错误。

经过前面三步，已经从顶层拆分到了底层，如果业务比较复杂，也可以再做拆分，一般拆分为三层比较合适，容易溯源和追踪。最后，需要进行梳理、整合、排查、演练，输出完整的指标体系结果。

实际上，在分析事实、创建假设、证明或证伪假设的每一步骤中，都贯穿着 MECE 的思维准则。结构化思维的本质就是逻辑，其目的在于对问题的思考更完整、更有条理。但“结构”不是“解构”，结构化的思维并不意味着对问题机械、简单地肢解。在分析过程中，客户的问题像是一团相互纠缠、纵横交织的乱麻，结构化的思维在于帮助我们找到线头，理清思路，而不是否认事物之间的相互联系。

三、基础数据分析方法

学习大数据分析方法之前，首先要了解“方法”的概念。“方法”这个词，顾名思义，就是“怎样去做”的意思。其中，“方”可以看作 “方向或路径”，“法”则可以理解为“办法或规则”。因此，“方法”就是指向目标行进时所遵循的具体规则和路径。

在科学研究、工程、教育、管理等领域，方法论是一个比较宏观的概念，它不仅包括具体的操作步骤，还包括理论框架、研究设计、数据收集和分析方法等。方法论为研究和实践提供了系统性的指导，确保活动的有效性和可靠性。基础数据分析方法包括以下几种。

1. 对比分析法

对比分析法主要是指将两个或两个以上的数据进行比较，用于比较不同对象或不同方面之间的差异和相似之处。它可以帮助我们更好地理解和评估各种因素、对象或选项之间的差异，并做出相应决策。对比分析法是一种常用的分析方法，对比分析法的基本内容包括以下方面：

(1) 确定对比对象。首先，需要确定参与对比的对象或因素，可以是不同产品、不同公司、不同方案等。

(2) 确定对比标准。针对对比对象，明确对比的标准或指标。这些标准可以是数量化的指标，如价格、销售额、市场份额等，也可以是质量、性能、服务等方面的评价标准。

(3) 数据收集与整理。收集和整理与对比对象相关的数据和信息，可以通过市场调研、统计数据、实地考察等方式来获取数据。

(4) 进行对比分析。根据收集的数据和信息，进行对比分析，可以采用表格、图像等工具，将各个对象或因素的差异和相似之处进行清晰可见的展示。

(5) 分析结果解读。根据对比分析的结果，进行结果的解读和评估。结合对比标准和实际需求，评判各个对象或因素的优劣，并做出相应决策或改进方案。

在使用对比分析法时，比较不同时间、地点或条件下的数据，可以评估数据的增减趋势或差异。同时，要借助辅助工具，如表格、图像等，综合考虑各个指标的整体情况，使对比分析的结果更加直观、清晰、便于理解和比较。在撰写报告时，需要明确指出对比的对象和得出的结论。

2. 平均分析法

平均分析法是一种常用的数据分析方法，通过对一组或多组数据中的各个数值进行平均计算，得出这些数据的平均值，从而获得这组数据的整体特征和规律。平均分析法是通过分析数据，得到数据的平均数、中位数、众数、几何平均数、调和平均数等参数，从而反映数据的集中趋势或离散程度的方法。平均分析法的基本内容如下。

(1) 确定数据集。首先明确要分析的数据范围和数据类型，例如一组产品的销售额、一组客户的年龄或一组员工的工资等。

(2) 数据清洗和整理。在收集到数据后，需要进行数据清洗和整理，以消除错误和异常值。这可能包括处理缺失值、删除重复值或根据需要进行数据转换。

(3) 计算平均值。根据确定的数据集，计算这些数据的平均值。这通常可以使用简单的算术平均数、加权平均数或其他更复杂的计算方法来完成。

(4) 分析平均值。根据计算出的平均值，分析数据的整体特征和规律。这可能涉及比较不同数据集的平均值、观察数据分布情况或进一步进行其他统计分析。

(5) 解释和呈现结果。根据分析结果，制定相应的策略。这可能包括调整产品定位、优化营销策略或制订新的发展计划等。同时，需要将分析结果以清晰、易于理解的方式呈现给相关人员。

平均分析法的使用要点如下。

(1) 确定合适的平均数类型。根据数据分析的目的和数据的性质，选择合适的平均数类型，如简单平均数、加权平均数等。例如，简单平均数适用于一般数值型数据，加权平均数适用于具有不同贡献的数据。

(2) 注意数据的清洗和整理。在进行平均分析前，需要对数据进行清洗和整理，以确保数据的准确性和可靠性。

(3) 结合其他分析方法。平均分析法可以与其他数据分析方法结合使用，例如对比分析法、趋势分析法等，以更全面地了解数据的特征和规律。

(4) 考虑数据的分布情况。通过计算中位数、众数、四分位数等指标，了解数据的分布情况。如果数据分布不均匀，平均值可能会掩盖某些极端值或异常值的影响。对于一些异常值，需要进行处理或剔除，以避免对分析结果产生不良影响。

计算数据的平均数，可以了解数据的集中趋势。在撰写报告时，需要描述数据计算的过程和平均数的意义，并讨论可能存在的异常值或极端值。

3. 交叉分析法

交叉分析法是一种数据分析方法，它通过对两个或多个变量之间的相关关系进行分析，从而得出科学结论。交叉分析法通常用于研究两个变量之间的关系，例如研究不同产品销售额和客户年龄之间的关系。交叉分析法的基本内容如下。

(1) 确定分析的变量。选择要进行分析的变量，通常包括自变量和因变量。自变量是指能够影响因变量的变量，而因变量则是指受到自变量影响的变量。

(2) 收集数据。收集与所选变量相关的数据。这可能涉及从数据库、报表或社交媒体平台等不同来源获取数据。

(3) 进行交叉分析。将自变量和因变量进行交叉分析，以探究它们之间的关系。这可以通过计算相关系数、卡方检验或其他统计方法来完成。观察交叉表格中各个单元格的数据，可以分析变量之间的关联性和规律性。在分析结果时，要考虑数据的分布和样本大小，避免误导的结论。

(4) 解释和呈现结果。根据交叉分析的结果，制定相应的策略。这可能涉及调整产品定位、优化营销策略或制订新的发展计划等。同时，需要将分析结果以清晰、易于理解的方式呈现给相关人员。

交叉分析法的使用要点如下。

(1) 确定合适的分析方法。根据数据的性质和分析的目的，选择合适的交叉分析方法。例如，可以使用卡方检验分析分类变量之间的关系，使用回归分析研究连续变量之间的关系。

(2) 注意数据的清洗和整理。在进行交叉分析前，需要对数据进行清洗和整理，以确保数据的准确性和可靠性，例如处理缺失值、删除重复值或根据需要进行数据转换等。

(3) 考虑数据的分布情况。在分析交叉分析的结果时，需要考虑数据的分布情况。如果数据分布不均匀或有异常值，可能会影响分析结果的准确性。

(4) 结合其他分析方法。交叉分析法可以与其他数据分析方法结合使用，例如对比分析法、趋势分析法等，以更全面地了解数据的特征和规律。

将两个或多个不同的数据集进行交叉分析，可以获得更全面的信息。在撰写报告时，需要描述交叉分析的过程和得出的结论，并讨论可能存在的局限性。

4. 分组分析法

分组分析法是一种常用的数据分析方法，它通过对数据分组和汇总，帮助人们更好地理解及分析数据的分布和规律。分组分析法的使用要点如下。

(1) 确定合适的分组标准。根据分组标准将数据分成若干组，并对每组进行命名和标识。要根据分析目标和数据特点来确定合适的分组标准，确保分组合理、清晰、不重叠。

(2) 合理选择分组方式。对各个组别的数据进行统计分析，以了解各组之间的差异和联系。这可能涉及计算平均数、方差、比例等统计指标，以及进行卡方检验、回归分析等统计方法。

(3) 注意数据的分布特征。在分析数据时，要关注数据的分布特征，如偏度、峰度等，以便更好地了解数据的分布情况。通过对每组数据进行分析和比较，发现数据的分布规律和异常情况，为决策提供依据。

(4) 借助其他分析方法。分组分析法可以与其他数据分析方法结合使用，如回归分析、聚类分析等，以更深入地挖掘数据中的信息。对分析结果要进行合理的解释和呈现，将分析结果以图表或文字的形式呈现给决策者或使用者。

将数据按照某种特征或标准进行分组，可以更好地理解数据的分布和关系。在撰写报告时，需要明确指出分组的依据和得出的结论，并讨论可能存在的信息损失或误解。

5. 结构分析法

结构分析法是一种通过分解复杂系统，并分析其组成部分的结构来理解整个系统的分析方法。它通常用于识别系统的组成部分以及它们之间的相互作用。使用结构分析法时，利用图表或流程图等方式将问题、子问题、解决方案等可视化，便于理解和交流；在分析销售额和新零售智能销售设备数量之间的关系时，借助结构分析法作图，能够进行可视化处理，从而可以更直观地看到两种要素之间的关系。

结构分析法的基本内容如下。

(1) 确定分析的对象。明确要分析的数据范围和类型，例如一个公司的销售额、一个地区的家庭人口数等。在指标的选择上，要能够反映所分析对象性质和目的，确保计算出的结构值能够充分反映数据的特征和规律性。

(2) 数据收集。收集与分析对象相关的数据。这可能涉及从数据库、报表、调查等不同来源获取数据。

(3) 数据清洗和整理。在收集到数据后，进行数据清洗和整理，以消除错误和异常值，确保数据的准确性和可靠性。

(4) 计算结构指标。根据所分析数据的性质和目的，选择合适的结构指标进行计算。常见的结构指标包括比重、比率、频数等。

(5) 分析结构关系。根据计算出的结构指标，分析数据内部各部分之间的关系。这可能涉及比较不同时间段、不同地区或不同群体的数据，以揭示其内部结构的差异和趋势。

(6) 结果解释和呈现。根据分析结果，制定相应的策略。这可能涉及调整产品定位、优化营销策略或制订新的发展计划等。同时，需要将分析结果以清晰、易于理解的方式呈现给相关人员。

分析数据的内部结构，可以了解数据的组成和关系。在撰写报告时，需要描述数据的内部结构和得出的结论，并讨论可能存在的其他因素或关系。

四、描述统计

在数据分析中，最常用的分析方法便是描述统计。描述统计是将研究中所得到的数据加以整理、归类、简化或绘制成图表，以此描述和归纳数据的特征及变量之间关系的一种最基本的统计方法。描述统计主要用来反映数据的集中趋势、离散程度和分布状态。

1. 数据的集中趋势

用来反映数据的一般水平，常用指标有平均数、中位数和众数等。

- 平均数(mean)：所有数据值的总和除以数据的个数，是最常用的集中趋势度量。
- 中位数(median)：将数据集从小到大排序后位于中间位置的数值。对于偶数个数据，通常取中间两个数值的平均数。
- 众数(mode)：数据集中出现次数最多的数值。

2. 数据的离散程度

数据的离散程度用于描述数据点相对于其平均值的分散情况，它衡量的是数据的波动性或者数据分布的范围。离散程度越大，表明数据点越分散，平均值的代表性越弱。常用的离散程度的度量包括极差、方差、标准差和四分位距等。

- 极差(range)：数据集中最大值与最小值之差，是最直观的离散程度度量。
- 方差(variance)：衡量数据点偏离其平均数的程度，计算方法是每个数据值与平均数差的平方的平均数。
- 标准差：方差的平方根，与原始数据在同一量纲上，便于解释。
- 四分位距(interquartile range，IQR)：上四分位数与下四分位数之差，反映了中间50%数据的分布范围。

3. 数据的分布状态

假设样本所属总体的分布属于正态分布，需要用偏度和峰度两个指标来检查样本数据是否符合正态分布。

- 偏度(skewness)。衡量数据分布的不对称性。偏度为 0 表示数据分布是对称的，偏度大于 0 表示数据向右偏斜，偏度小于 0 表示数据向左偏斜。
- 峰度(kurtosis)。是统计学中用来描述数据分布形状的度量，特别是数据分布的尖锐度或平坦度。正态分布的峰度值为 0。相比之下，如果峰度值大于 0，表示数据分布比正态分布更尖锐，有更重的尾巴，这种分布称为“尖峰分布”。如果峰度值小于 0，表示数据分布比正态分布更平坦，有更轻的尾巴，这种分布称为“平峰分布”。

课 中 实 训

任务 1：城市跨境电商指标体系设计(以 W 市为例)

如今，以贸易数字化为特征的跨境电商正成为全球贸易增长的重要动力。跨境电子商务涉及报关活动，具备国际贸易合同特征，与外贸出口、互联网技术相关产业的发展息息相关。广义电子商务在进出口贸易及零售中的应用，主要包括进出口跨境电商和相关建站、SAAS、供应链、物流、海外仓、支付、金融等。截至 2023 年年底，中国已经批准建立 165 个跨境电商综合试验区。在跨境电商综合试验区绩效评估中，跨境电商交易额是一个非常重要的风向性指标。那么，如何构建这个指标的分析体系呢？许多研究者利用灰色关联分析法、钻石模型等方法，对跨境电商产业竞争力水平进行测度。本文以 W 市为例，对跨境电子商务交易的重要影响因素进行分析。

1. 基于钻石模型的初步指标体系构建

考虑到样本的典型性，本文选择 W 市跨境电商交易额作为分析对象。引入波特的钻石模型，主要从生产要素、市场需求、产业聚集、组织竞争与合作、政策环境等维度尝试构建指标，如表 2-2 所示。

表 2-2　与跨境电子商务交易额相关的观测指标

一级指标	二级指标	三级指标	数据来源
跨境电商交易额	跨境电商交易额	跨境电商交易额/亿元	W 市统计公报
生产要素	跨境基础设施	x1 中欧班列数量/列	中欧班列网站
		x2 中欧班列发送箱数/箱	中欧班列网站
		x3 全社会货运输量——公路/万吨	JH 市统计年鉴
		x4 全社会货运输量——铁路/万吨	JH 市统计年鉴
		x5 全社会货运输量——航空/万吨	JH 市统计年鉴
		x6 商贸货运量/万吨	W 市统计公报
		x7 商贸货运量——公路货运量/万吨	W 市统计公报
		x8 商贸货运量——铁路到发量/万吨	W 市统计公报
		x9 商贸货运量——航空货运量/万吨	W 市统计公报
	人力资源	x10 W 市常住人口/万人	W 市统计公报
		x11 W 市户籍人口/万人	W 市统计公报
		x12 教育支出/万元	W 市统计公报
		x13 新增大学生/万人	W 市统计公报
	资本	x14 GDP 总额/亿元	地区统计年鉴
		x15 第三产业增加值/亿元	地区统计年鉴
		x16 地区 R&D 经费投入/亿元	地区统计年鉴
市场需求	交易市场	x17 社会消费品零售总额/亿元	W 市统计公报
		x18 W 市・中国小商品景气指数	中国小商品指数网站
市场需求	交易市场	x19 中国小商品成交额/亿元	W 市统计公报
		x20 W 市・中国小商品价格指数	东方财富网
		x21 进出口总额/亿元	W 市统计公报
		x22 进口额/亿元	W 市统计公报
		x23 出口额/亿元	W 市统计公报
		x24 电子商务交易额/亿元	W 市统计公报
	消费者	x25 移动互联网用户/户	W 市统计年鉴
		x26 跨境电商占比/%	根据指标计算
		x27 城镇常住居民人均可支配收入/元	W 市统计公报
产业聚集	仓储邮政及电商支持	x28 国际邮件互换局业务量/万件	W 市统计公报
		x29 快递业务量/亿件	邮政行业统计公报
		x30 快递业务收入/亿元	国家邮政局
		x31 市场采购贸易方式出口额/亿元	W 市统计公报
		x32 科学支出/万元	W 市统计年鉴
组织竞争与合作	企业竞争与合作	x33 专利申请授权量	地区统计年鉴
		x34 涉外经济主体	W 市统计年鉴
		x35 外商出入境人次	W 市统计年鉴
政策环境	市场信用指数	x36 W 市市场信用综合指数(YMCI)	中国小商品指数网站

上面是初步设想的数据指标体系。根据上述指标，设计表格，完成数据的搜集与整理。

2. 数据采集

数据采集渠道包括市统计局、中国小商品指数网站、国家邮政局、东方财富网等平台。按以下原则采集数据：①时间序列的完整性，重点采集 2018—2023 年数据比较齐全的特征值；②对部分缺失或错误的数据指标进行修正。

3. 指标体系的优化

在数据采集过程中，观测哪些指标与跨境电商交易额的关联度比较好。在数据收集过程中，逐步优化指标体系。

【小思考】分析表 2-2 中的数据指标，哪几个数据指标与跨境电商交易额的关联度比较好？哪些指标数据有重复？

任务 2：设置数据分析工具库

Microsoft Excel 自带了一个强大的数据分析附加组件，可以用于执行各种统计和数据分析任务。

步骤 1：准备数据。打开 Excel 表格，确保数据已正确输入，尤其是数据类型正确。在 Excel 界面中，依次选择“文件”→“选项”菜单，在弹出的“Excel 选项”对话框中，单击左侧的“加载项”选项卡，如图 2-3 所示。

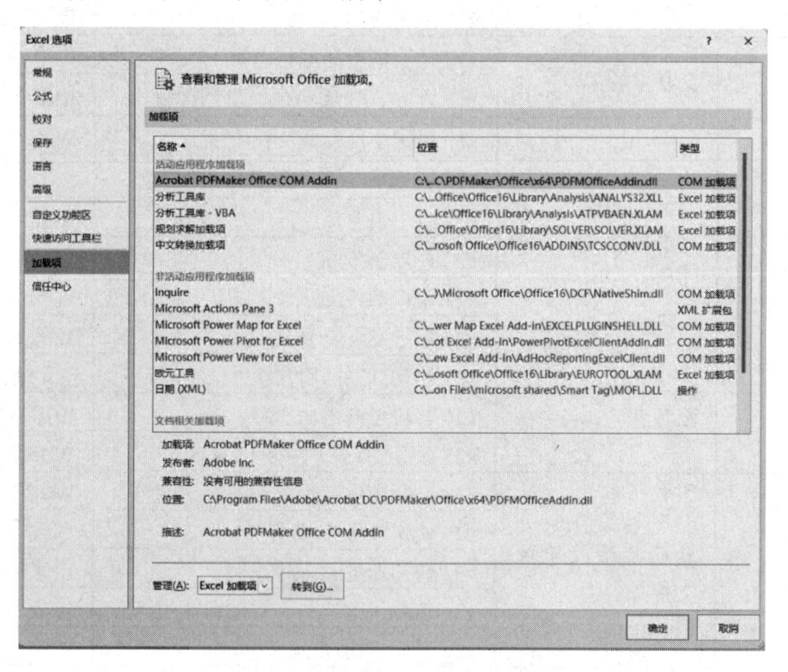

图 2-3 “Excel 选项”对话框

步骤 2：设置数据分析工具库。在“加载项”页面中，在下方“管理”下拉列表框中选择“Excel 加载项”选项，单击“转到”按钮。在弹出的“加载宏”界面中，选中“分析工具库”复选框，单击“确定”按钮，如图 2-4 所示。

步骤 3：查看“数据分析”工具按钮。设置完毕，返回 Excel 界面，单击“数据”菜单，即可看到工具栏右侧的“数据分析”按钮。单击该按钮，即可看到“数据分析”对话框，这里列出了数据分析的各种实用工具，如图 2-5 所示。

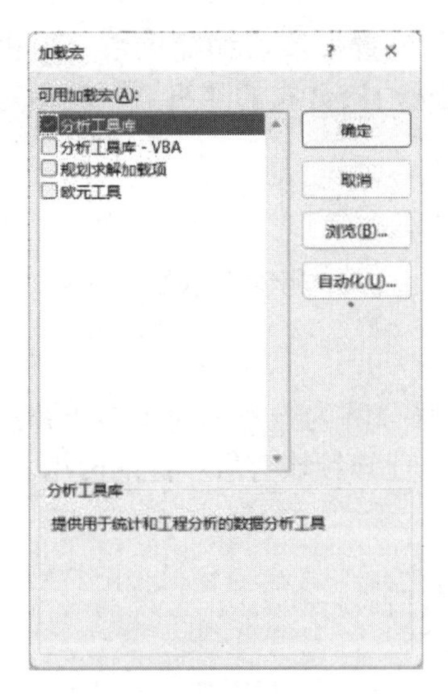

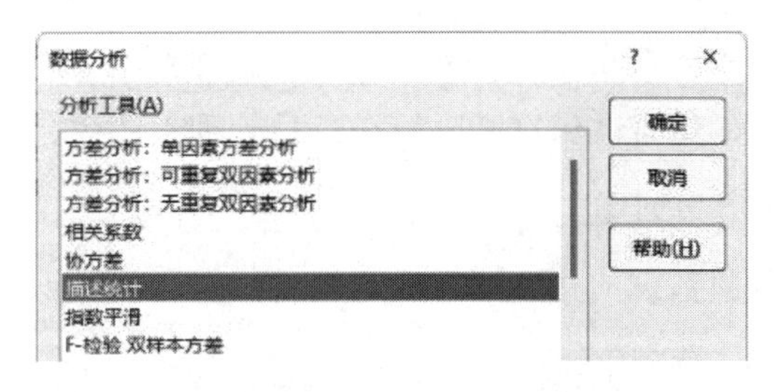

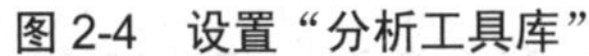
图 2-4 设置“分析工具库”

图 2-5 “数据分析”对话框

在数据分析工具库中，包含了许多实用的数据分析工具或方法，简单介绍如下。

1. 方差分析

方差分析是一种统计方法，通过分析组间和组内的变异性来判断不同组之间是否存在统计学上的显著差异，用于比较三个或更多组数据的均值是否存在显著差异。方差分析主要有单因素方差分析、双因素方差分析。

2. 相关系数

相关系数用于评估两个变量之间的线性关系强度。可以计算皮尔逊相关系数或斯皮尔曼等级相关系数。

3. 协方差

计算两个数据集之间的协方差，以衡量它们之间的变化关系。如果两个变量的变化趋势相同，即一个变量增加时另一个变量也增加，那么这两个变量之间的协方差是正的；如果一个变量增加而另一个变量减少，那么它们之间的协方差是负的。

4. t-检验

t-检验用于比较两组数据的均值是否存在显著差异。包括单样本 t 检验、独立样本 t 检验和配对样本 t 检验。

5. F-检验

F-检验通常是作为方差分析(ANOVA)的一部分来实现的。F-检验是一种统计方法，用于检验两个或多个总体的方差是否存在显著差异。在 Excel 中，F-检验可以通过执行单因素方差分析或多因素方差分析来完成。

6. 描述统计

描述统计用于计算数据集的基本描述统计量，如均值、中位数、众数、标准差等。

7. 随机数发生器

用户可以选择所需的随机数发生器类型，并根据需要设置参数，如随机数、随机整数、服从正态分布的随机数、服从二项分布的随机数、服从泊松分布的随机数、在指定范围内均匀分布的随机数、服从 F 分布或 t 分布的随机数等。

8. 回归

执行线性回归分析，以确定自变量和因变量之间的关系，并预测未来的数据点。

9. 傅立叶分析

傅立叶分析是一种数学工具，用于将复杂的周期性信号分解为一系列简单的正弦波和余弦波的组合。傅立叶分析在信号处理、图像分析、音频处理等领域有着广泛的应用。

10. 直方图

创建数据的直方图，以可视化数据分布和识别任何异常值。

11. 移动平均

移动平均是时间序列分析中一种常用的平滑技术，旨在消除短期波动的影响，从而清晰地展示数据的长期趋势。移动平均通过对一系列连续的时间点数据进行平均来实现平滑效果，可以用于预测、趋势分析、数据平滑等多种场景。

12. 指数平滑

指数平滑是一种时间序列预测方法，它基于历史数据，使用不同的平滑技术(如简单移动平均、指数移动平均等)来预测数据的趋势。这种方法的核心思想是，最近的数据点比旧数据点更能反映未来的趋势。

13. 抽样

用户可从较大的数据集中选择一部分数据(样本)，以进行分析或实验设计。

通过这些工具，用户可以更好地理解数据，发现数据中的模式和变化趋势。在实际应用中，工具使得方法的应用变得更加容易和高效，而方法的发展又推动了工具的创新和升级。无论是使用 Excel、R 语言还是 Python 语言，关键在于选择合适的工具来实现有效的数据分析，以支持决策和解决问题。

任务 3：跨境电商数据描述统计

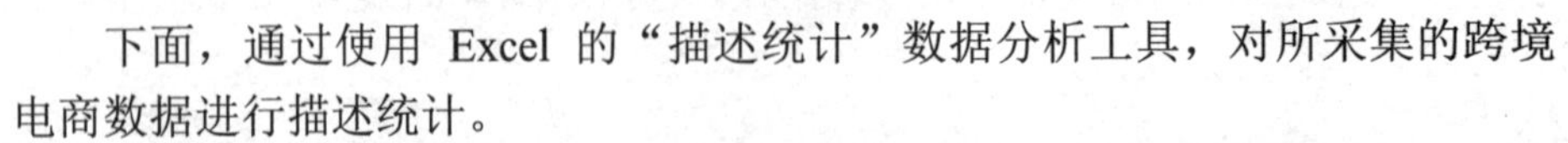

下面，通过使用 Excel 的“描述统计”数据分析工具，对所采集的跨境电商数据进行描述统计。

步骤 1：打开数据表。单击“数据”菜单下的“数据分析”按钮。

步骤 2：描述统计。在弹出的“数据分析”对话框中，选择“描述统计”选项。

步骤 3：设置描述统计参数。在“描述统计”对话框中，设置“输入区域”参数。单击右侧的红色箭头，选中某一列数据。如果包含了第一行的标志，则需选中“标志位于第一行”复选框。同时，选中“汇总统计”复选框，如图 2-6 所示。在本例中，选中“跨境电商交易额”这一列数据。

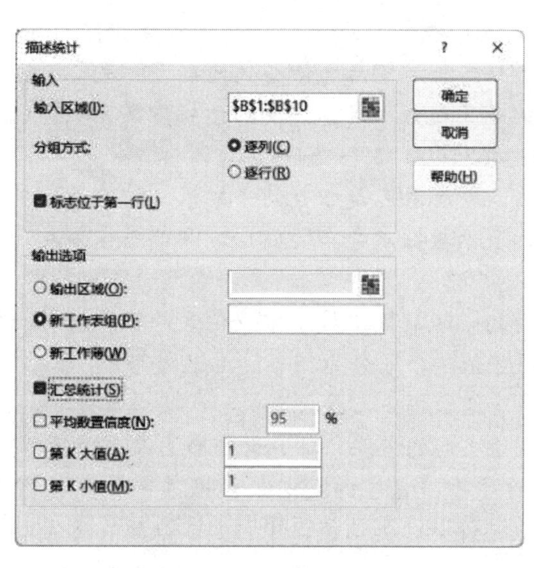

图 2-6　设置描述统计参数

步骤 4：查看描述统计结果。设置完毕，单击“确定”按钮，即可看到描述统计的各项参数，如图 2-7 所示。

	A	B	C	D	E
1	指标/年份	Y跨境电商交易额（亿元）	中欧班列数量（列）	列发送箱数	货运量（万
2	2015	582.0	36	2192	6411.27
3	2016	650.0	137	10370	6564.61
4	2017	747.6	168	14910	6812.30
5	2018	654.7	320	25060	7340.64
6	2019	754.0	528	42286	8216.00
7	2020	870.9	974	80392	6935.80
8	2021	1013.6	1277	105292	8258.70
9	2022	1083.5	1569	129300	8014.11
10	2023	1211.6	1580	130207	8136.41
11					
12					
13		Y跨境电商交易额（亿元）			
14					
15		平均	840.8666667		
16		标准误差	72.7815419		
17		中位数	753.98		
18		众数	#N/A		
19		标准差	218.3446257		
20		方差	47674.37558		
21		峰度	-0.988931133		
22		偏度	0.589724178		
23		区域	629.6		
24		最小值	582		
25		最大值	1211.6		
26		求和	7567.8		
27		观测数	9		

图 2-7　查看描述统计结果

下面，对描述统计的重要指标进行介绍。

平均数：用一组数据中所有数据之和再除以这组数据的个数。

标准差：衡量数据集中数值分散程度的统计量，表示数据点与数据集平均值之间的偏差程度。标准差越大，表明数据点相对于平均值的偏差越大，数据分布越分散；标准差越小，则表示数据点更趋近于平均值，数据分布越集中。

【小技巧】描述统计中的标准差通常指的是样本标准差。在 Excel 中，可以使用 STDEV.S()函数来计算样本的标准差，也可以使用 STDEV.P()函数来计算整个总体的标准差。

标准误差：一个样本统计量的标准差，用来估计这个统计量在多次取样中的变异情况。标准误差越小，说明样本统计量与总体参数越接近；反之，标准误差越大，说明样本统计量与总体参数之间的差距越大。计算方法为：标准误差=标准差/观测数的平方根。在上例中，标准误差=218.3446257/3=72.7815419。

方差：标准差的平方，即标准差是方差的平方根。方差是一个更直观的度量数据分散程度的指标。方差越大，表示数据点分布得越广，即数据越分散；方差越小，表示数据点越集中于平均值。

中位值：按顺序排列的一组数据中居于中间位置的数，代表一个样本、种群或概率分布中的一个数值，其可将数值集合划分为相等的上下两部分。

最大值或最小值：在一组数据中，最大或最小的某个数据。

区域：最大值与最小值之间的差距，即最大值减去最小值后所得数据。

观测数：一个基本的度量，它告诉我们，数据集中有多少个独立的数据点被用于分析。观测数对于计算其他统计量，如均值、中位数、众数、方差和标准差等，都是非常重要的。

【知识点】什么是置信区间？置信区间是一种常用的区间估计方法，它是由统计量的置信上限和置信下限为上下界构成的区间。对于一组给定的样本数据，其平均值为μ，标准偏差为σ。为了便于理解，这里结合考试成绩，举例如表2-3所示。

表2-3　置信区间及其表述

置信区间	间　隔	宽窄度	表　述
0～100分	100	宽	成绩肯定在这个范围，并不能确切说明问题
30～80分	50	较窄	能估算出大概的平均分(55分)
60～70分	10	窄	几乎能判断全班的平均分(65分)

课 后 拓 展

一、常见的数据分析方法论模型

1. PEST

PEST分析是一种宏观环境分析工具，它由四个关键维度的首字母组成：政治(political)、经济(economic)、社会(social)和技术(technological)。该分析框架允许行业分析师从这四个维度全面审视行业状况。

在政治维度，分析应聚焦于国家或地区的政治体制、政府方针及适用的法律法规；经济维度的分析则关注国家的国内生产总值(GDP)、贸易状况及消费者价格指数(CPI)等经济指标；技术维度的分析涉及对行业内新兴技术、创新工艺和先进材料的考察；社会维度的分析则着眼于人口统计特征、消费行为和教育水平等社会因素。

2. SWOT分析法

SWOT分析法是一种用于评估组织、项目或个人的内部和外部情况的战略管理工具，以便制定战略决策。SWOT代表优势(strengths)、劣势(weaknesses)、机会(opportunities)和威胁(threats)。以下是 SWOT 分析法的基本步骤。

步骤 1：识别内部因素(S 和 W)。优势(S)：确定组织或个人的内部优势，如专业技能、资源、技术或品牌声誉。劣势(W)：识别内部劣势，如不足之处、资源限制或技能缺陷。

步骤 2：识别外部因素(O 和 T)。机会(O)：分析外部环境，包括市场趋势、竞争、法规变化等，以找到可能的机会。威胁(T)：确定外部因素，如竞争加剧、市场不稳定或新竞争者进入，可能对组织或个人产生负面影响。

步骤 3：数据分析与支持。在 SWOT 分析的每个阶段，需收集和分析相关数据以支持分析人员的观察和发现。这些数据可能涉及市场研究、竞争分析、绩效指标等方面。

步骤 4：建立 SWOT 矩阵。创建 SWOT 矩阵，将内部因素与外部因素交叉匹配，以识别战略方向。包括：利用内部优势来利用外部机会(SO 策略)；利用内部优势来应对外部威胁(ST 策略)；通过改进内部劣势来利用外部机会(WO 策略)；通过改进内部劣势来应对外部威胁(WT 策略)。

步骤 5：制定战略。基于 SWOT 分析的结果，制订战略计划，以充分利用机会、应对威胁、发挥优势并改进劣势。

SWOT 分析与数据分析的融合，能够通过客观信息和定量数据的呈现，增强对企业内外部环境的精准评估。数据分析在此过程中扮演着关键角色，它能够揭示市场动态、核心绩效指标以及竞争对手的相关信息，从而为 SWOT 分析的结论提供坚实的数据支撑。

3. 逻辑树

逻辑树又称为问题数、演绎树或者分解树，是麦肯锡公司提出的分析问题、解决问题的重要方法。逻辑树的形态像一棵树，它首先将一个已知问题当成树干，然后开始思考这个问题与哪些相关问题或者子任务有关。每想到一点，就给这个问题(也就是树干)加一个“树枝”，并标明这个“树枝”代表什么问题，即一个大的“树枝”上还可以有小的“树枝”，以此类推，直到找出所有相关的项目。

逻辑树分析法与数据分析相结合，可以通过数据为不同选项提供支持或验证，使决策更加明智和可信。数据分析可以帮助确定每个选项的潜在风险和机会，并评估它们发生的可能性。这种方法在处理需要综合定性和定量信息的复杂问题时尤为有效，有助于决策者做出科学决策。

4. 5W2H 分析法

5W2H 分析法又叫七问分析法，创于第二次世界大战中美国陆军兵器修理部。该方法简单、方便、易于理解，对于决策和制定执行性的活动措施非常有帮助。发明者用五个以 W 开头的英语单词和两个以 H 开头的英语单词进行设问，发现解决问题的线索，寻找发明思路，进行设计构思。

该方法可以准确界定、清晰表述问题，有助于全面思考问题，从而避免在流程设计中遗漏项目。如果现行的做法或产品经过七个问题的审查后仍然无懈可击，便可认为这一做法或产品可取。如果七个问题中有一个答复不能令人满意，则表示这方面有改进余地。七个问题具体如下

(1) what——是什么？目的是什么，重点是什么，与什么有关系，功能是什么，规范是什么？

(2) why——为什么？为什么非做不可，可不可以不做，有没有替代方案？

(3) who——谁？由谁来做？

(4) when——何时？何时要完成，什么时间做，什么时机最适宜？

(5) where——何处？在哪里做？

(6) how——怎样做？怎样提高效率，怎样改进，怎样才能使产品更加美观大方，怎样使产品用起来方便，怎样达到成功？

(7) how much——多少？做到什么程度，数量如何，质量水平如何，费用产出如何？

5. 漏斗分析法

漏斗分析法是数据分析领域最常见的一种“程式化”数据分析方法，它能够科学地评估一个业务过程，即从起点到终点各个阶段的转化情况。通过可以量化的数据分析，找到业务环节的问题所在，并有针对性地进行优化。漏斗分析法的基本步骤如下。

步骤 1：根据工作流程画出漏斗的各个环节路径。根据业务场景的设定规则或节点的定义，绘制事件的流程。

步骤 2：对漏斗各个环节做数据分析。针对整个漏斗形成过程要进行指标的定义和数据的收集，包括历史对比、外部对比、横向对比等。

步骤 3：确定需要优化的节点。通过在关键指标上与同类用户的平均水平、行业平均水平等进行比较，分析差距，找到自身的薄弱环节；通过与自身历史同期水平进行比较，确定某一流程中需要优化的节点，采取措施进行有针对性的整改。

在进行复杂的漏斗分析时，考虑到涉及的环节数量和时间跨度，建议将漏斗的环节控制在五个以内，以确保分析的清晰度。同时，漏斗中各环节的百分比数值差异应控制在 100 倍以内，以避免数据失真。此外，漏斗分析可以与归因模型相结合，根据产品的具体需求，按照预设的权重将转化前的功劳合理分配至各个转化节点，从而更准确地评估每个环节对最终转化的贡献。

6. 4P 理论

4P 理论是市场营销中的一种基本策略组合，包括产品(product)、价格(price)、渠道(place)和促销(promotion)四个部分。其中，产品部分的数据分析包括特性、功能、品质、品牌等。价格部分的数据分析可以用来了解市场价格趋势、竞争对手的定价策略、消费者对价格的敏感度等。渠道部分的数据分析可以用来了解各种渠道的销售表现，以及哪些渠道对产品销售最有效。推广部分的数据分析用来评估不同推广活动的效果。在制定营销策略时，企业需要根据市场需求和自身实力等因素，通过数据分析，综合考虑四个部分的组合和协调，以实现营销目标。

7. RFM 用户分析法

RFM 用户分析法是一种基于客户购买行为的客户细分方法，它根据 R(最近一次消费时间间隔)、F(消费频率)、M(消费金额)三个指标的“高”“低”维度，把用户分为 8 类，包括重要价值用户、重要发展用户、重要保持用户、重要挽留用户、一般价值用户、一般发展用户、一般保持用户、一般挽留用户等，如表 2-4 所示。对不同价值的用户使用不同的运营决策，把有限的资源发挥到最大的效果。例如第 1 类是重要价值用户，这类用户最近一次消费时间较近，消费频率较高，消费金额也较高，要提供 VIP 服务。

表 2-4 RFM 用户分类

用户分类	最近一次消费时间间隔(R)	消费频率(F)	消费金额(M)
重要价值用户	高	高	高
重要发展用户	高	低	高
重要保持用户	低	高	高
重要挽留用户	低	低	高
一般价值用户	高	高	低
一般发展用户	高	低	低
一般保持用户	低	高	低
一般挽留用户	低	低	低

二、数据分析指数

在日常生活中，我们经常会听到类似于“小商品指数”“百度指数”等概念。这里的数据分析指数通常由统计模型计算得出，用以展示公众对某一主题的兴趣或市场对某一产品的需求强度。例如，“义乌·中国小商品指数”(义乌·中国小商品指数网站：http://www.ywindex.com)就是依据统计指数与统计评价理论，选择一系列反映义乌小商品批发市场运行状况的指标，用以全面反映义乌小商品价格和市场景气活跃程度的综合指数。它主要由小商品价格指数、小商品市场景气指数及小商品监测指标指数构成，如表 2-5 所示。

表 2-5 义乌·中国小商品指数

指数体系	分项指数	指数功能	备 注
小商品价格指数	总价格指数 场内现货交易价格指数 网上交易价格指数 场内订单交易价格指数 出口交易价格指数	全面反映义乌小商品市场商品价格变化情况及趋势	所有一、二、三、四级分类指数都计算
小商品市场景气指数	景气指数 交易额指数 物流量指数 顾客人气指数 商品毛利率指数 商品周转次数指数 资金周转次数指数 市场信心指数	综合反映义乌小商品市场景气状况、繁荣活跃程度，包括市场规模、商户经济效益和市场信心	所有一、二、三、四级分类指数都计算

续表

指数体系	分项指数	指数功能	备　注
小商品监测指标指数	场内直接交易额指数 网上交易额指数 场内订单交易额指数 出口交易额指数 库存金额指数 经营户数指数位使用率指数	作为景气指数的补充单独计算，用于监测义乌小商品市场运行状况	只计算一、二级分类指数
	市场从业人员数指数 集装箱运输量指数 市场车流量指数		因无法测量到各商品类别，只以采样范围为总体计算一个总体指数

在实际应用中，还有很多优秀的指标体系，如全球创新指数(global innovation index，GII)。该指数由世界知识产权组织、康奈尔大学和欧洲工商管理学院共同创立，用于评估各国的创新实力，自 2007 年起成为政策制定者和商业领袖的重要决策参考。全球创新指数主要通过创新效率比进行测度，分为投入和产出两类指标。投入类指标包括政策制度环境、人力资源、基础设施、市场成熟度和商业成熟度五个维度；产出类指标包括知识和技术产出、创意产出两个维度，涵盖从专利申请量到教育支出等评估指标，如表 2-6 所示。

表 2-6　全球创新指数(GII)

创新大类	细分指标
制度环境	知识产权保护 政府效率 创新政策和战略 监管质量
人力资源	教育和培训 人才吸引和保留 科研人员
基础设施	科研设施 信息技术基础设施 交通和通信基础设施
市场成熟度	市场规模和增长 市场竞争 市场需求
商业成熟度	创新型企业 创新文化和企业家精神 创新投资
知识和技术产出	科研产出 技术创新
创意产出	商标 工业品外观设计 创意产品出口在贸易总额中的占比

本章小结

本章梳理了数据分析的基本流程，并对数据分析指标体系及常见的分析方法进行了讲解。结合流程和体系，列举了城市跨境电商指标、义乌·中国小商品指数，并进行了描述统计。从方法论的角度，本章还介绍了常见的数据分析方法论模型。数据分析方法论与机器学习模型相辅相成，可以为解决复杂的业务场景问题提供有力支持。

第 3 章 大数据存储与管理

数据的存储可以选择多种媒介，例如随机存取存储器(RAM)、网络服务器以及数据库系统。其中，数据库存储是现代计算环境中不可或缺的一部分，它提供了组织、存储、管理和分析大量数据的有效方式。本章以 MySQL 数据库为例进行案例分析。

本章学习目标：

- 掌握 MySQL 数据库与 Navicat Premium 工具的安装方法。
- 熟悉数据库的逻辑模型(表结构)设计。
- 根据字段类型，设计数据表，对数据进行查询操作。

课前思考：

- 在一个 Excel 工作表中，最多可以存储多少行数据？
- 什么是关系型数据库？什么是非关系型数据库？
- 影响 MySQL 数据库数据存储能力的因素有哪些？

课 前 自 学

一、数据库基础知识

数据库管理技术始终是数据领域的一个热点话题。它不仅像一个精心设计的“仓库”，用于安全地保管数据，而且代表了一整套管理数据的方法和技术。在这个“数据仓库”中，可以根据各种数据模型组织数据，例如关系模型、面向对象模型等，以满足不同的应用需求。从最早的文件系统管理数据，到现代的数据库和数据仓库技术，再到当前涌现的新型大数据管理系统，数据库技术的发展经历了多个阶段。如今，数据库管理系统正变得越来越强大，能够支持更大规模的数据存储、更复杂的查询处理和更高效的数据挖掘任务。

1. 关系型数据库

关系型数据库是一种使用关系模型来组织数据的数据库。在关系型数据库中，数据被组织成表格的形式，每个表格由行和列组成，行代表记录，列代表字段。这些表格之间的关系，就构成了整个数据库的数据结构。

假设有一个网络店铺，店铺里有很多商品，我们可以使用关系模型来管理这些商品的信息。在这个例子中，可以定义一个“商品表”关系，包含属性如“商品名称”“商品描述”“商品类型”“销售价格”和“商品数量”等。每一行代表一件商品，每一列代表一个属性，如表3-1所示。

表3-1　商品关系模型

商品名称	商品描述	商品类型	销售价格/元	商品数量/件
商品A	A商品描述	A商品类型	100	10
商品B	B商品描述	B商品类型	200	20
商品C	C商品描述	C商品类型	300	30

在这个关系模型中，每一行代表一件商品，包含了商品的各个属性信息。通过查询这个关系表，可以轻松地获取关于商品的各种信息。同样地，也可以有一个名字为“店铺”的表格，包含店铺名称、店铺类型、店铺等级、店铺收藏量、联系电话等信息。

店铺与商品的联系，例如特定店铺所提供的商品种类，可通过创建新的关联数据表来清晰地加以呈现。这种设计使得整个数据库结构由多个数据表及其相互之间的连接关系构成。用户能够利用查询语句有效地访问并检索存储在数据库中的各类信息。

在实际应用中，关系模型被广泛应用于各种数据库管理系统中，用于组织和管理大量的数据。比较典型的例子有Oracle、DB2、SQL Server、MySQL等数据库。其中，MySQL是一个关系型数据库管理系统，它是最流行的关系型数据库管理系统之一，可以应用于Web开发等方面。本章将主要使用MySQL数据库进行讲解。

2. 分布式文件系统

大数据时代，数据量越来越大，数据的存储管理面临着巨大的挑战。大数据存储解决方案通常包括分布式文件系统(如 Hadoop 的 HDFS)、分布式数据库(如 NoSQL 数据库、

MongoDB)、云存储服务(如 Amazon S3、Google Cloud Storage)、数据湖(存储原始数据的系统)、对象存储(适用于存储非结构化数据)。这里重点来介绍分布式文件系统。

想象一下，有一个阅读爱好者，平时喜欢购买各类计算机图书，家里的一个书柜装不下了，他会怎么办？当然是找更多的房间来存放这些书。分布式文件系统也是这个道理，通过将数据分散到多台机器上，来存储比单台机器更多的数据。

同样的道理，当很多人同时想在图书馆借阅图书时，如果只有一个图书管理员，那大家可能需要排队等很久。但是，如果有多个图书管理员，每个人都可以快速地得到服务，而且数据的安全性也能得到保障。从扩展性的角度来看，当数据量增长时，我们只需要向分布式文件系统中添加更多的机器，就可以轻松地扩展存储容量。

分布式文件系统就像是一个能够灵活扩展、高效处理大量数据，并且非常可靠的“超级图书馆”。它将数据切分成多个块，并将这些块分布在不同的节点上，以实现数据的并行处理，从而实现文件在多台主机上的分布式存储。比较典型的例子是 Apache 旗下的 HDFS 分布式文件系统。HDFS 的设计目标是解决独立机器存储大数据集的压力，它将数据集进行切分，存储在若干台计算机上。

在大中型企业中，数据库的应用遵循一个明确的阶段划分，这一过程通常被称为数据库的生命周期。数据库生命周期的各个阶段依次为需求分析、概念模型设计、逻辑模型设计、物理模型设计、实施阶段以及运维阶段。通过遵循这一生命周期，企业能够为数据应用制定出周密的规划蓝图。

二、SQL 查询基础知识

SQL(structured query language)，是用于访问和处理数据库的标准计算机语言。SQL 在数据分析处理中发挥着至关重要的作用，是数据获取、存储、分析和保护的核心工具。各个数据库都有自己的实现语言，如 PL/SQL、Transact-SQL 等。

在 SQL 中，有许多经典的语句。

- SELECT：用于从数据库表中查询数据。
- INSERT INTO：用于向数据库表中插入新数据。
- UPDATE：用于更新数据库表中的数据。
- DELETE：用于从数据库表中删除数据。

SQL 还包括其他复杂的命令和子句，如连接(JOIN)、子查询、事务控制等，用于执行更高级和复杂的数据库操作。

其中，最常用的 SELECT 语句结构如下：

```
SELECT 查询列表
FROM   表名或视图列表
WHERE  条件表达式
GROUP BY 字段名 HAVING 条件表达式
ORDER BY 字段 ASC|DESC
LIMIT m,n;
```

- SELECT：在数据库查询中，若 SELECT 语句后跟有星号(*)，这表示将检索数据库表中的全部属性。SELECT 语句后的查询列表可以包含多种元素，如表中的字段名、固定的常量值、数学表达式或数据库函数。例如，用户可以指定单一字段名来获取特定数据，或者利用函数如 COUNT()或 SUM()来执行聚合操作，进而对数据进行统计分析。

- FROM：关键字 FROM 扮演着指定数据检索来源的角色。具体来说，FROM 后面跟随的是数据源的标识，通常是一个数据库表的名称。这个表名代表了查询操作将要访问和检索信息的具体数据集合。例如，在执行数据检索时，用户可以通过指定 FROM 子句来明确指出所需数据的存储位置，从而确保查询的精确性和效率。
- WHERE：这是一个可选关键字，用于指定筛选条件。只有满足条件的行才会被检索。如果省略 WHERE 子句，将会检索表中的所有行。
- GROUP BY：GROUP BY 是 SQL 查询语句中的一个关键子句，它负责根据特定的列或表达式将查询结果集划分为多个逻辑组。通过这种方式，可以对每个组应用聚合函数，如 SUM()、COUNT()、AVG()等，以计算每个分组的统计数据，从而为数据分析提供一种结构化的方法。
- ORDER BY：ORDER BY 子句负责对查询结果进行排序。该子句允许用户根据一个或多个列的值来组织数据，同时可以指定排序的方式，即升序(ASC)或降序(DESC)，以满足特定的数据展示需求。

SELECT 语句包含多个子句，在应用中，通常要按照 WHERE、GROUP BY、HAVING、ORDER BY、LIMIT 这个顺序。在这里，查询的结果是一个虚拟的表。SQL 语句不区分大小写，但是数据库表名、列名和值是否区分，依赖于具体的数据库以及配置。

课 中 实 训

任务 1：MySQL 数据库安装与配置

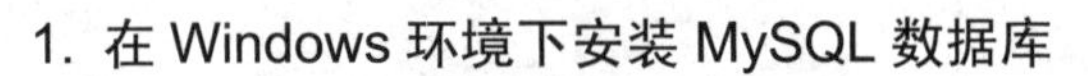

1. 在 Windows 环境下安装 MySQL 数据库

步骤 1：登录 MySQL 网站，网址为：https://dev.mysql.com/downloads。单击 MySQL Installer for Windows 链接，在新打开的页面中选择下载安装包。这里以 MySQL Installer 8.0.36 为例，下载完毕，双击安装包文件，在弹出的安装界面中选中 I accept the license terms(接受协议条款)复选框，单击 Next(下一步)按钮，在打开的页面中，选中 Custom(自定义)单选按钮，单击 Next(下一步)按钮。

步骤 2：安装 MySQL Server。在 Available Products(可选择的产品)列表框中依次展开，选择 MySQL Server 8.0.36 选项，单击绿色箭头按钮 ，将当前选择的产品移动到右侧列表框中，单击 Next(下一步)按钮，如图 3-1 所示。

继续单击 Next(下一步)按钮、Execute(执行)按钮，根据安装的百分比提示，完成产品安装。安装完成后，单击 Next(下一步)按钮，执行默认选项。

步骤 3：配置数据库。如果数据库是用于个人学习研究，可以在 Config Type 下拉列表框中选择 Development Computer 选项，选择此选项后将使用较小的资源来运行 MySQL Server。继续单击 Next(下一步)按钮，如图 3-2 所示。注意，默认的数据库端口 Port 是 3306。

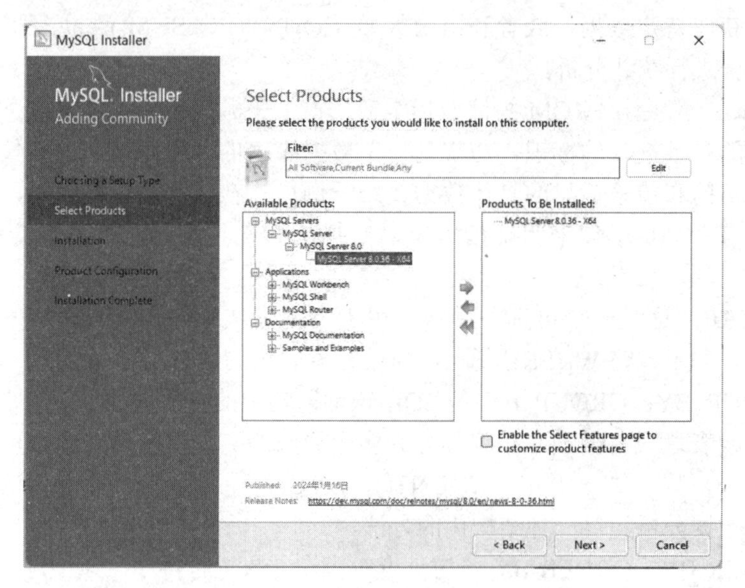

图 3-1　选择数据库服务器组件

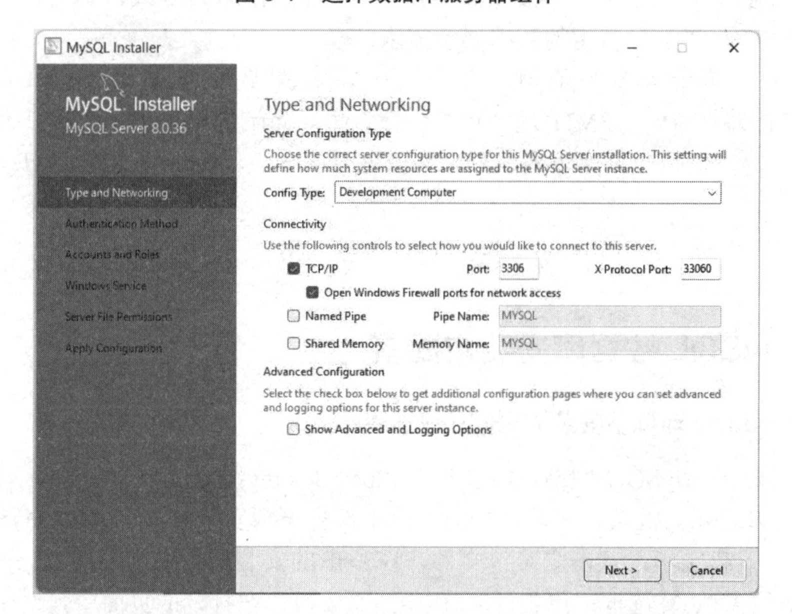

图 3-2　配置 MySQL 数据库

按照默认选择，单击 Next(下一步)按钮，在 Root Account Password 密码文本框设置数据库 root 账号的密码(这里假设密码是“123456”)，后期登录系统时需要用到。同时，可以设置 MySQL Server 的名称、是否开机启动。设置完毕，单击 Next(下一步)按钮，如图 3-3 所示。

继续按照默认提示选择，单击 Next(下一步)按钮，单击 Execute(执行)按钮进行安装，最后单击 Finish(完成)按钮完成配置，即可完成安装。

【小提示】在 MySQL 数据库安装过程中，按照“Next(下一步)”提示即可完成大部分设置。同时，根据版本的不同，可能需要远程下载安装更新组件。如果计算机安装了杀毒软件，要避免被误删或禁止 MySQL 相关服务。

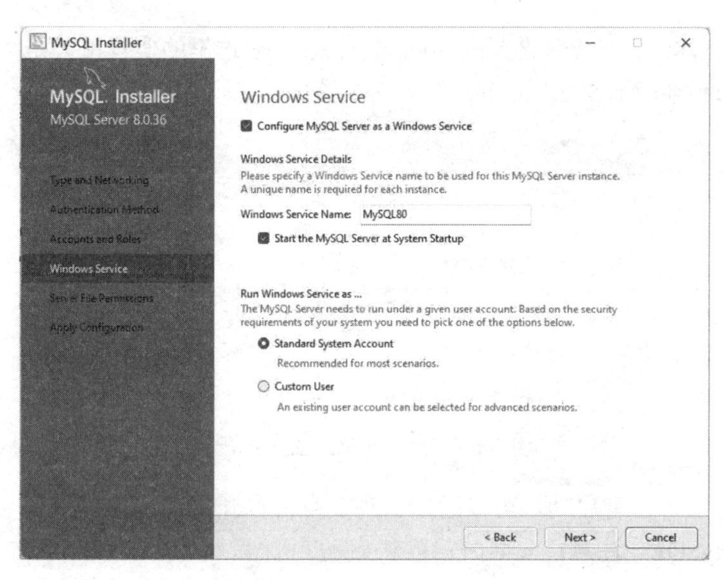

图 3-3　设置服务器启动

2. 配置环境变量

步骤 1：打开环境变量配置窗口。以 Win 11 为例，在桌面右击“此电脑”图标，在弹出的快捷菜单中选择“属性”命令，即可弹出系统设置窗口。单击“高级系统设置”链接，弹出“系统属性”对话框，切换到“高级”选项卡，单击“环境变量”按钮，如图 3-4 所示。

步骤 2：设置环境变量路径。在“环境变量”对话框中，选中“系统变量”列表框中的 Path 选项。在 Path 值开头处，输入 MySQL 数据库安装目录下的 bin 文件夹所在路径，保存后退出，如图 3-5 所示。

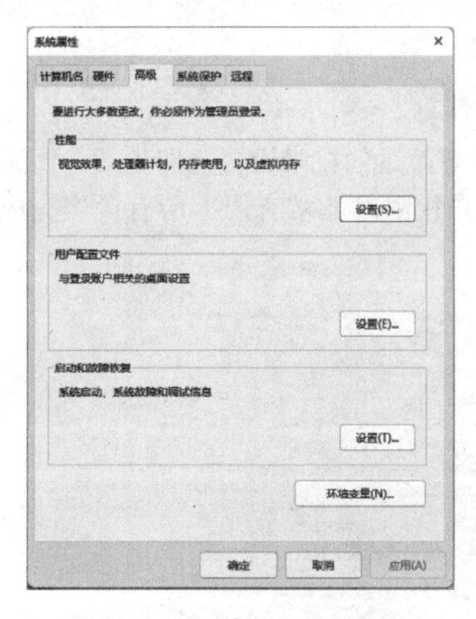

图 3-4　“高级”选项卡

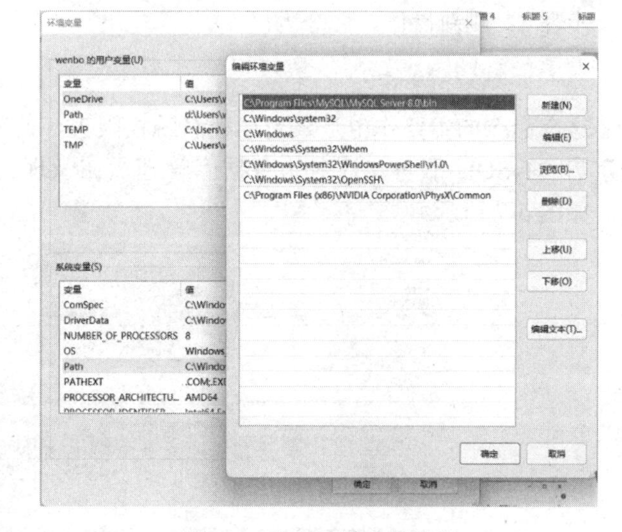

图 3-5　设置环境变量路径

【小提示】本例设置的环境变量中，MySQL Server 的默认安装路径为：C:\Program Files\MySQL\MySQL Server 8.0。

步骤 3：测试是否配置成功。打开 cmd 命令窗口，输入 mysql -u root -p，按下 Enter

键，然后输入 MySQL 安装时设置的 root 账号的密码(这里的假设密码是“123456”)，若提示“Welcome to the MySQL monitor.”说明配置成功了，如图 3-6 所示。

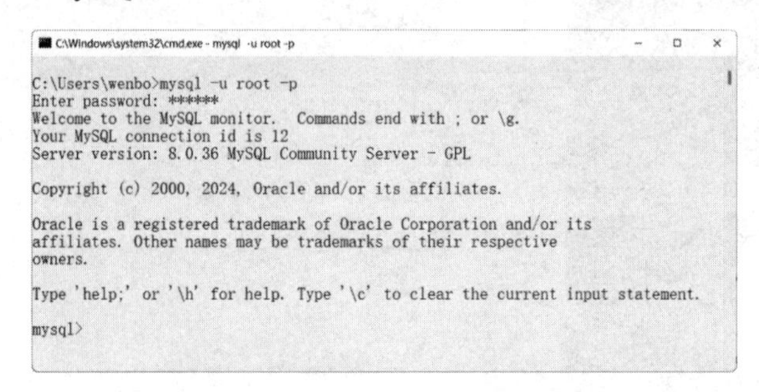

图 3-6 测试 MySQL 数据库配置

如果数据库服务没有启动，可以通过管理员身份打开 cmd 命令窗口，则输入 net start mysql80 启动 MySQL。注意：安装时已默认启动。

3. 设置远程访问

如果在一个局域网内有多台客户端机器访问数据库服务器，则可以设置远程访问，便于用户对同一台服务器进行操作。

步骤 1：以管理员的身份运行 cmd。登录 MySQL，输入 mysql -u root –p，同时输入默认的密码。

注意：这里的密码是安装 MySQL 数据库时设置的登录密码。

步骤 2：执行 use mysql，切换数据库。

如果 host 为 localhost，则需要修改 host 为“%”。其“%”表示不限 IP。命令为：

```
update user set host = "%" where user = "root";
```

步骤 3：刷新操作。命令为：

```
flush privileges;
```

这个命令的主要作用是重新加载系统权限表，使得更改过的权限设置立即生效，而无须重启 MySQL 服务。这对于数据库管理员在管理用户权限时非常有用。所有操作完成后，如图 3-7 所示。

```
C:\Windows\system32\cmd.exe - mysql -u root -p
mysql> use mysql
Database changed
mysql> select host,user,authentication_string,plugin from user;
+-----------+------------------+------------------------------------------------------------------------
+-----------------------+
| host      | user             | authentication_string
| plugin                |
+-----------+------------------+------------------------------------------------------------------------
+-----------------------+
| localhost | mysql.infoschema | $A$005$THISISACOMBINATIONOFINVALIDSALTANDPASSWORDTHATMUSTNEVERBRBEUSED
| caching_sha2_password |
| localhost | mysql.session    | $A$005$THISISACOMBINATIONOFINVALIDSALTANDPASSWORDTHATMUSTNEVERBRBEUSED
| caching_sha2_password |
| localhost | mysql.sys        | $A$005$THISISACOMBINATIONOFINVALIDSALTANDPASSWORDTHATMUSTNEVERBRBEUSED
| caching_sha2_password |
| localhost | root             | $A$005$J1\?\□V]"`LP*UE`3(3.f31OyLdapasTwcOYJr.4jJmJJvuBujPyJODTsMG59
| caching_sha2_password |
+-----------+------------------+------------------------------------------------------------------------
+-----------------------+
4 rows in set (0.00 sec)

mysql> update user set host = "%" where user = "root";
Query OK, 1 row affected (0.01 sec)
Rows matched: 1  Changed: 1  Warnings: 0

mysql> flush privileges;
Query OK, 0 rows affected (0.01 sec)
```

图 3-7 设置远程访问

任务 2：使用 Navicat Premium 管理 MySQL 数据库

由于 MySQL 自带的管理工具功能相对简单，因此，出现了许多优秀的数据库管理工具。Navicat Premium 就是其中的一个实用数据库管理工具，它可以连接 Oracle、MySQL、MariaDB、SQLite、PostgreSQL、SQL Server 等多种数据库。下面以 Navicat Premium 为例，进行数据库的管理操作。

步骤 1：安装 Navicat_for_MySQL。在 Navicat 官方网站下载 Navicat Premium 安装包，并根据操作系统选择对应的安装包(如 Windows、macOS、Linux)。这里以 Navicat Premium 12 为例，双击安装包，在弹出的安装界面中选择“自定义安装”选项，单击“下一步”按钮，按照默认配置，即可完成软件安装。

步骤 2：测试连接。单击“连接测试”按钮，如果弹出“连接成功”提示，说明配置成功。新建数据库连接，如图 3-8 所示。

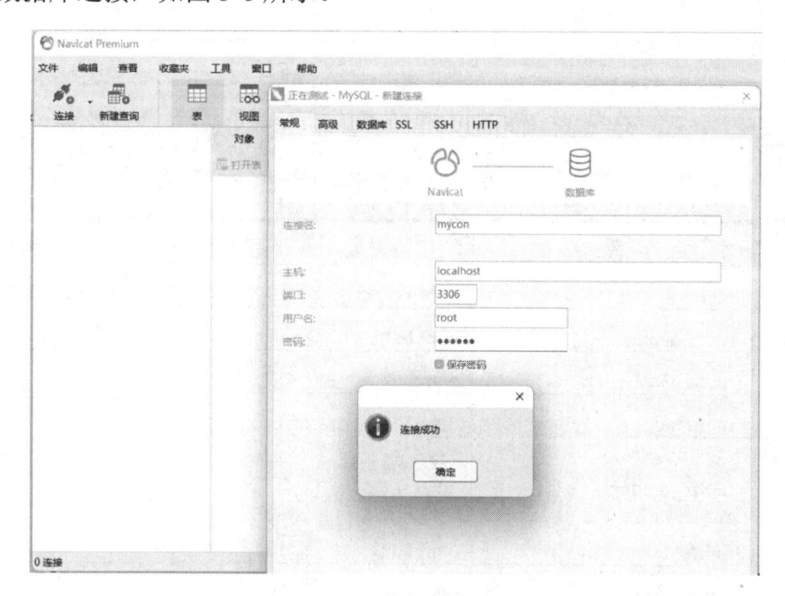

图 3-8 连接测试

【小技巧】如果在安装 MySQL 数据库或 Navicat Premium 工具时遇到问题，可以尝试以下方法。

(1) 确保操作系统符合安装要求，并且已经安装了所需的依赖项。

(2) 确保没有其他 MySQL 实例运行。如果之前已经安装了 MySQL 数据库或其他相关软件，请确保它们已停止运行，并释放相关端口。

(3) 查看安装过程生成的日志文件，寻找相关错误信息，然后根据错误信息进行解决。

步骤 3：查看数据记录。选择案例数据表，如“跨境电商交易额”数据表，将数据导入数据库中。

任务 3：数据表结构设计

通过上述工具，我们已经可以开始进行一些基础的数据操作了。比如，使用 Navicat Premium 的导入功能，将数据批量导入 MySQL 数据库中；使用 Navicat Premium 的自动编码功能，为表字段自动生成唯一的 ID；使用 Navicat Premium 的表设计功能，创建和编辑表结构；使用 Navicat Premium 的备份和恢复功能，保证数据库的安全性和可靠性。

1. 逻辑模型设计

为了便于讲解，这里首先设计了一个数据库的逻辑模型。总共包含三张表，分别是会员表、商品表和店铺表，其结构如表 3-2 所示。

表 3-2　逻辑模型设计

模　型	名　称	包含属性
逻辑模型 1	会员表	会员编号、会员名称、新用户、年龄、性别、设备、操作系统、来源、浏览页面次数
逻辑模型 2	商品表	商品编号、商品标题、销售最低价、商品销售数量(30 天)、商品销售总额(30 天)、商品描述、所在店铺编号
逻辑模型 3	店铺表	店铺编号、店铺名称、店铺收藏量

根据逻辑模型，设计会员表、商品表和店铺表，如表 3-3、表 3-4、表 3-5 所示。

表 3-3　会员表设计

字段含义	字 段 名	字段类型	字段长度	其他约定
会员编号	mem_id	int	10	主键，自动递增
会员名称	mem_name	varchar	50	
新用户	mem_new_user	varchar	50	
年龄	mem_age	int	3	
性别	mem_gender	char	2	check 约束，约束值为男、女
设备	mem_device	varchar	10	
操作系统	mem_system	varchar	10	
来源	mem_source	varchar	10	
浏览页面次数	mem_totalpages_visited	int	10	

表 3-4　商品表设计

字段含义	字 段 名	字段类型	字段长度	约　束
商品编号	prod_id	int	10	主键，自动递增
商品标题	prod_title	varchar	255	
销售最低价	prod_price_min	decimal	8,2	保留 2 位小数
商品销售数量(30 天)	prod_num	int		
商品销售总额(30 天)	prod_amount	varchar	50	
商品描述	prod_desc	varchar	1000	
所在店铺编号	shop_id	int	10	外键

表 3-5 店铺表设计

字段含义	字 段 名	字段类型	字段长度	约 束
店铺编号	shop_id	int	10	主键，自动递增
店铺名称	shop_name	varchar	50	
店铺收藏量	shop_fav_num	int	10	

【小知识】在 MySQL 中，主键(primary key)是一种特殊的数据库表列。主键列中的每个值必须是唯一的，不能有重复，也不能是空值。主键通常用于与其他表的外键关联，以建立表之间的关系。在创建表的时候，可以通过 PRIMARY KEY 关键字来指定一列或多列作为主键。

2. 使用 Navicat Premium 设计表和导入导出表

步骤 1：打开 Navicat Premium，连接到 MySQL 数据库。新建一个数据库，命名为 dianpu。

步骤 2：使用“表设计器”功能，创建和编辑表结构。根据表 3-3、表 3-4、表 3-5，在 Navicat Premium 中新建表。也可以直接使用“导入向导”功能，选择要导入的数据源(如 Excel 文件)，然后选择要导入的表，如图 3-9 所示。

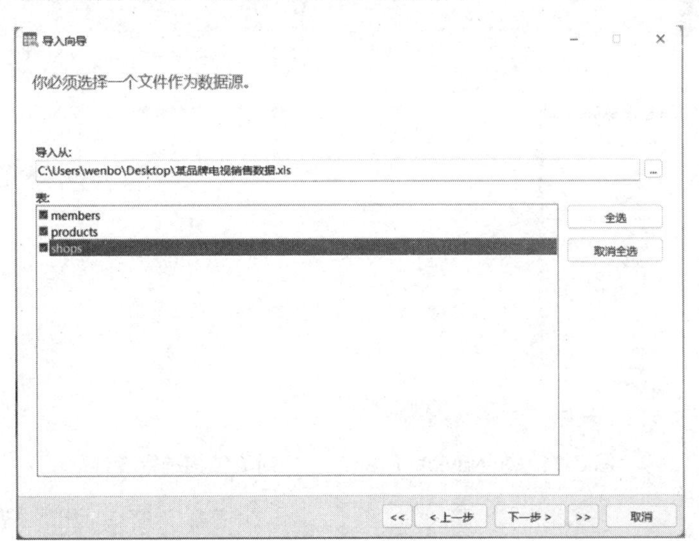

图 3-9 导入数据表

在导入向导窗口中，可以看到详细的源字段、目标字段、类型和长度。在这个表格中，也可以对表结构进行适当调整，如图 3-10 所示。

步骤 3：导入完成后，也可以在 Navicat Premium 中对表结构进行设置，如图 3-11 所示。

【小技巧】数据字段的类型。单击字段类型，可以看到许多不同的数据类型。MySQL 支持多种数据类型，用于定义表中的列(字段)可以存储的数据种类和范围。比较常见的数据类型有数值类型、日期和时间类型、字符串类型、空间数据类型、枚举和集合类型。以下是 MySQL 中常用的数据类型分类和示例，如图 3-12 所示。

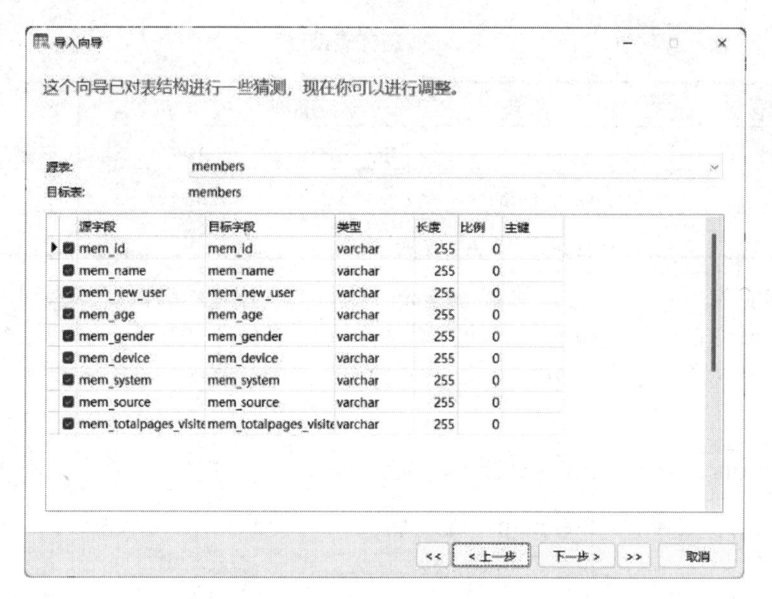

图 3-10　对表结构的预测与调整

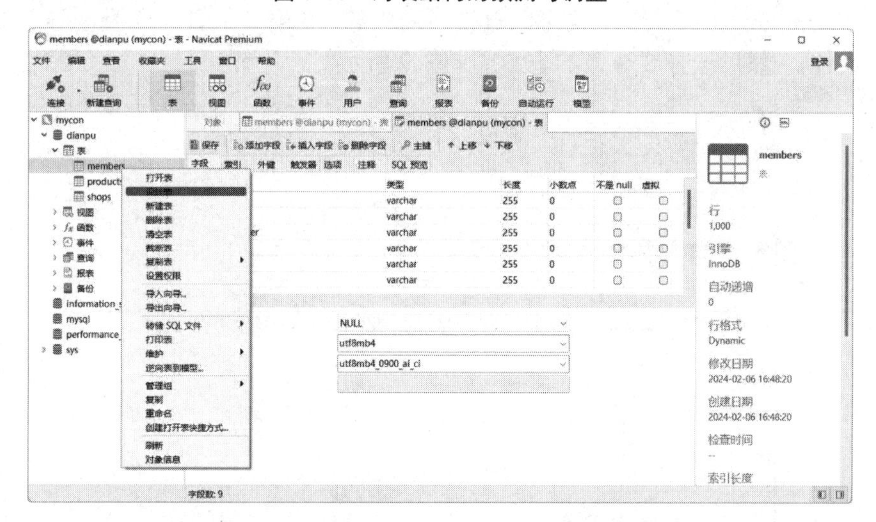

图 3-11　在 Navicat Premium 中对表结构进行设计

名	类型	长度	小数点	不是 null	虚拟
mem_id	varchar	255	0	☐	☐
mem_name	timestamp	255	0	☐	☐
mem_new_user	tinyblob	255	0	☐	☐
mem_age	tinyint	255	0	☐	☐
mem_gender	tinytext varbinary	255	0	☐	☐
mem_device	varchar year	255	0	☐	☐

图 3-12　字段的不同类型

在 MySQL 中，不同数据类型有不同的最大长度限制。数据类型的字节数是根据数据类型本身占据的内存空间大小来计算的。在计算机中，数据是以二进制形式存储的，而二进制的最小单位是位(bit)，8 个位组成一个字节(byte)。因此，数据类型的字节数通常是该类型数据所占用的二进制位数除以 8 得到的，如表 3-6 所示。

表 3-6 常见数据类型及其长度

类 型	范 围
int/integer	-2147483648～2147483647
varchar(n)	0～65535
char(n)	0～255
text	0～65535
date	1000-01-01 到 9999-12-31
time	-838:59:59～838:59:59
year	1901—2155
datetime	1000-01-01 00:00:00 到 9999-12-31 23:59:59
decimal(m,d)	m 代表整数位数，d 代表小数位数，总位数不超过 65

任务 4：数据库查询操作

结合已经建立的数据表，进行增、改、删等常见操作。注意，运行 SQL 语句时，需要选中当前行。

1. 查询当前的 MySQL 工作环境

查询 MySQL 系统版本。命令如下：

```
SELECT VERSION()
```

查询当前数据库中存在的数据表。命令如下：

```
SHOW TABLES
```

查询界面如图 3-13 所示。

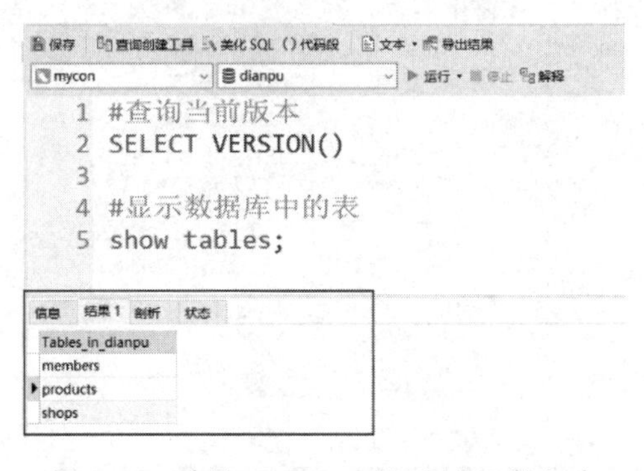

图 3-13 查询 MySQL 系统版本及数据表

2. 查询数据表(members)指定位置的记录

查询数据表(members)中的前 3 条记录。命令如下：

```
SELECT * FROM members LIMIT 3;
```

查询数据表(members)中第 5 条记录开始的 3 条记录，两种方法。命令分别如下：

```
SELECT * FROM members LIMIT 3 OFFSET 4;
```

```
SELECT * FROM members LIMIT 4,3;
```

查询界面如图 3-14 所示。

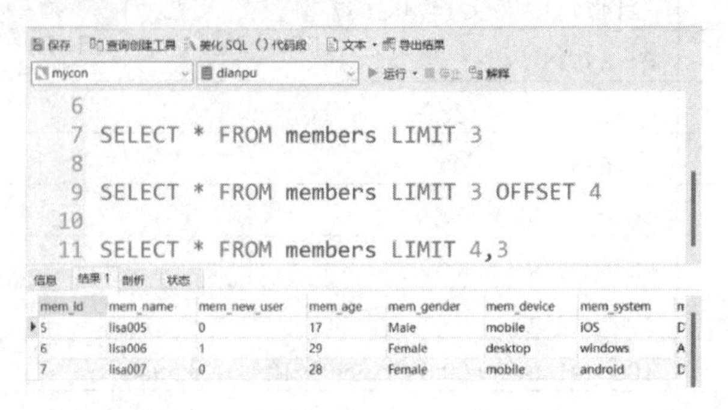

图 3-14　查询数据表指定位置的记录

按某个字段排序(默认为升序)，查询数据表(members)中的记录。命令如下：

```
SELECT * FROM members ORDER BY mem_age
```

3. 特定来源的数据查询

WHERE 子句的主要作用是在查询数据库时，根据指定的条件过滤和筛选数据。WHERE 的用法如下：

```
#利用通配符“%”匹配任意多个字符
SELECT * FROM members WHERE mem_name LIKE 'lisa01%';
#查询数据表(members)中用户来源为 Direct 的记录
SELECT * FROM members WHERE mem_source='Direct';
#查询数据表(members)中特定来源的数据
SELECT * FROM members WHERE mem_source='Direct' OR mem_source='SEO' OR
mem_source='Ads';
#查询数据表(members)中特定来源的数据，WHERE 部分的另一种写法
SELECT * FROM members WHERE mem_source in('Direct','SEO','Ads')
```

查询界面如图 3-15 所示。

```
15 SELECT * FROM members WHERE mem_source='Direct';
16
17 SELECT * FROM members WHERE mem_source='Direct' OR mem_source='SEO' OR
   mem_source='Ads';
18
19 SELECT * FROM members WHERE mem_source in('Direct','SEO','Ads')
```

mem_id	mem_name	mem_new_user	mem_age	mem_gender	mem_device	mem_system	mem_source	mem_totalpages_visite
1	lisa001	0	17	Female	mobile	android	Direct	3
2	lisa002	0	27	Male	mobile	iOS	Direct	5
3	lisa003	0	24	Female	mobile	android	Seo	4
4	lisa004	0	21	Male	desktop	windows	Direct	5
5	lisa005	0	17	Male	mobile	iOS	Direct	6
6	lisa006	1	29	Female	desktop	windows	Ads	3
7	lisa007	0	28	Female	mobile	android	Direct	4

图 3-15　特定来源的数据查询

4. 数据去重查询

在查询数据库时，可能会遇到多个重复的记录或值。通过使用 DISTINCT 关键词，可以过滤掉这些重复项，只返回唯一的记录或值。用法如下：

```
#查询数据表(members)中的mem_device字段值
SELECT mem_device FROM members;
#去除重复值后，查询数据表(members)中的指定字段值
SELECT DISTINCT mem_device FROM members;
```

查询结果界面如图3-16所示。

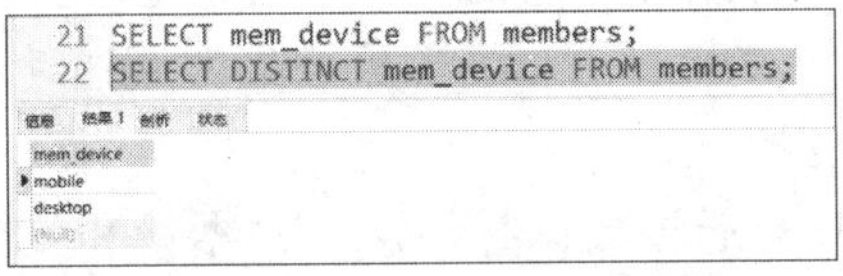

图3-16 数据去重查询

5. 更改查询显示列名信息

显示数据表(members)中部分字段的数据，并修改字段名显示。命令如下：

```
SELECT mem_name AS 会员名,mem_device AS 设备,mem_source AS 来源 FROM members;
```

6. 浏览页面次数统计

(1) 统计浏览页面次数大于10次的会员。命令如下：

```
SELECT * FROM members WHERE mem_totalpages_visited>10;
```

(2) 计算浏览页面次数大于10次的会员数量。命令如下：

```
SELECT count(*) FROM members WHERE mem_totalpages_visited>10;
```

(3) 计算浏览页面次数大于10次的会员数量和这些会员的总浏览次数。命令如下：

```
SELECT count(*) 会员数,sum(mem_totalpages_visited) 访问次数 FROM members
WHERE mem_totalpages_visited>10;
```

查询结果界面如图3-17所示。

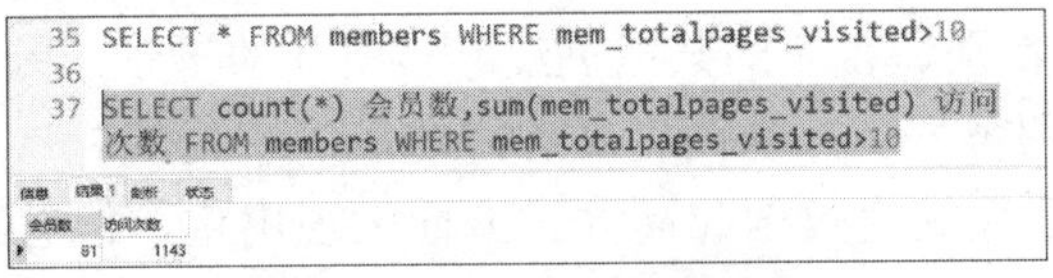

图3-17 会员数及访问次数统计

课 后 拓 展

从天池大数据平台，下载一个电商数据集，导入数据库。下载地址：https://tianchi.aliyun.com/dataset/154063。结合需求进行数据库查询操作。

一、MongoDB的安装与数据模型介绍

MongoDB是一种高性能的非关系型数据库，以其文档导向的存储方式、动态模式、横向扩展能力和全面的索引支持而闻名。作为一个面向文档的数据库，它支持嵌套式文档和数组，可以更自然地表示数据结构，与现代编程语言中的数据类型紧密对应，从而使得

开发人员可以更直观地操作数据库。

与传统的行和表结构不同，MongoDB 的文档模型为开发人员提供了更高的灵活性。没有预定义模式的设计意味着文档的字段可以动态变化，而无须预先定义数据结构，使得添加或删除字段变得轻松，并支持快速迭代和敏捷开发。

MongoDB 支持多种类型的索引，包括复合索引、地理空间索引和全文索引，使得性能得到优化，查询变得更加快速和灵活。它的聚合框架通过使用多种数据处理操作，允许执行复杂的数据分析和数据变换。

在扩展性方面，MongoDB 通过横向扩展解决数据量和负载的增长问题，允许在多台服务器上分散数据和请求负载。MongoDB 的分片功能可以自动分配数据，同时可以维持数据分布平衡和高效的操作，简化了扩展过程。此外，MongoDB 的集群管理透明化，使得开发人员无须关心底层的复杂细节。性能上，MongoDB 的存储引擎 WiredTiger 针对高并发和高吞吐量的环境优化，采用了压缩技术和内存缓存策略，并具备为查询自动选择最有效索引的能力，以确保高性能和资源的高效利用。

二、HBase 数据库简介

HBase 是由 Apache 开发的一个开源的非关系型分布式数据库，它基于 Google 的 Bigtable 论文构建，并作为 Hadoop 项目的一部分最初被开发出来。这个数据库系统能在多台服务器之间分布式地存储大量的结构化数据，并且能在服务器崩溃的情况下依然保持着高性能和高可用性。HBase 的成熟和独立发展标志着它在 2008 年成为 Apache 的顶级项目，实现了 Bigtable 的主要特性，并且有了自己独立的版本号迭代。

HBase 构建于高度容错的 Hadoop 分布式文件系统(HDFS)之上，并且能够在低成本硬件上运行，它提供高吞吐量的数据访问能力，非常适合处理超大数据集。由于其天生支持水平扩展，用户可以简单地通过增加服务器数量来提升其存储与处理数据的能力。HBase 采用了键值对的存储模型，这种模型随着数据量的增加，查询性能几乎不会下降。作为一个列式数据库，HBase 特别适合表的某些列经常被访问的场景，因为它可以将常用的列存储在物理位置更接近的服务器上，从而提高访问效率。

虽然 HBase 在处理大规模数据和高并发方面表现出色，但它在数据分析方面并不擅长，因为它不支持 SQL 类型的表关联和复杂查询。需要通过复杂的 MapReduce 编程来实现这些功能，这比传统的关系型数据库要烦琐得多。因此，HBase 更适用于数据量巨大、对实时分析要求不高的应用。对于需要频繁的数据分析和报表的场景，或者数据量相对较小的情况，使用 MySQL 或 Oracle 等关系型数据库可能更为合适。选择 HBase 前，务必权衡数据处理需求和系统复杂性，以确定其是否为最佳选择。

本 章 小 结

本章深入探讨了大数据存储与管理的基本概念。通过深入理解 SQL 的核心知识点，并结合使用 MySQL 这一广泛采用的关系型数据库管理系统以及 Navicat Premium 数据库管理工具，详细分析了数据查询的策略和数据表结构设计的技巧。掌握这些基础查询技能，对于深入理解复杂数据结构至关重要，它们是数据科学和数据库管理领域的基石。

第4章 云计算与大数据的集成应用

云计算提供的弹性计算资源和存储能力，为大数据分析提供了有力支持。大数据技术的不断创新应用，也为云计算服务提供了更多的应用场景和增值区间。通过学习，了解云计算和大数据的基础知识，熟悉云计算的部署模式和云服务模式。

本章学习目标：

- 了解云计算的概念、云计算的部署模式和云服务模式。
- 熟悉大数据技术架构和开发规划方法。
- 了解物联网、人工智能与云计算技术的应用。

课前思考：

- 结合现在的学习或工作场景，说说有哪些典型的云计算应用。
- 在云计算应用中，有哪些和大数据分析相关的技术?

课 前 自 学

一、云计算的概念

1. 什么是云计算？

云计算是一个多面性的概念，它涵盖了通过互联网提供的计算资源和服务。其核心在于，云计算允许用户通过一个强大的网络系统访问和使用计算能力，而无须直接拥有这些资源。

现在来想象一个应用场景。假设有一个大型的财务公司，每天需要处理大量的数据和运行复杂的业务应用。为了完成这些任务，公司要购买大量的服务器、存储设备和网络设备，还要雇用专业的技术人员来管理和维护这些设备。这不仅需要大量的资金投入，还需要耗费大量的时间和精力，而且并不是每家公司都能够负担这种投入。

使用了云计算服务后，就可以将这些计算任务交给云服务提供商来处理。用户只需要通过互联网连接到云服务提供商的资源池，按需获取和使用计算资源。就像日常用水或用电一样，只需要打开水龙头或电源开关，就可以方便地用水和用电，而不需要自己去生产或维护这些资源。正所谓“专业人做专业事”，专业服务不仅显著降低了硬件成本，还减少了维护和管理的工作量，提高了系统的可扩展性和灵活性。同时，云服务提供商还可以提供专业的技术支持和安全保障，确保企业数据安全和业务应用的稳定运行。

2. 在大数据分析中，为什么需要云计算来支持？

以互联网为支撑的云计算，是继 20 世纪 80 年代从大型计算机到客户端服务器的大转变之后的又一种巨变，并正在形成一种新的商业模式。现阶段所说的云服务已经不单单是一种分布式计算，而是分布式计算、效用计算、负载均衡、并行计算、网络存储、热备份冗杂和虚拟化等技术混合演进并跃升的结果。在云计算体系中，通过计算机网络(多指因特网)形成的计算能力极强的系统，可存储、集合相关资源并可按需配置，向用户提供个性化服务，如图 4-1 所示。

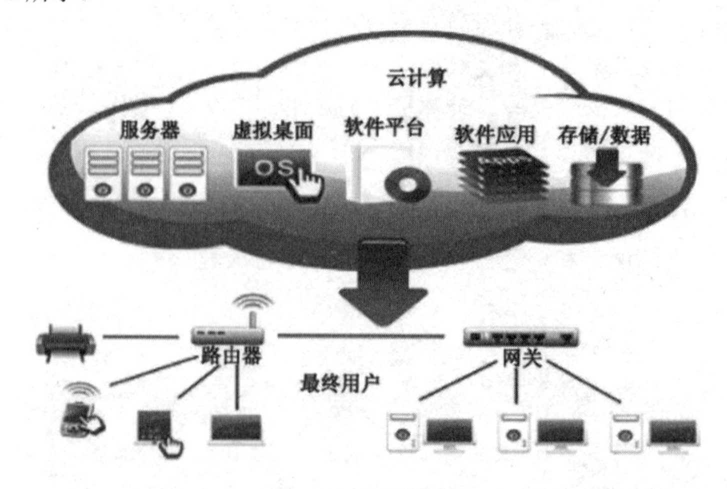

图 4-1　云计算系统

大数据分析需要处理海量数据，这通常超出了单个计算机或服务器的处理能力。而云计算提供了一种灵活、可扩展的解决方案，使得云计算能力可以在互联网上流通，就像水、电、煤气等公共资源，可以方便地获取，且价格越来越低廉。观察数据分析的各个流程，我们会发现，在互联网时代，云计算正成为重要的支撑。云计算提供了可扩展的存储解决方案，可以轻松地存储海量的数据；云计算可以提供按需分配计算资源，满足大数据处理的速度要求；云计算具有弹性扩展功能，可以根据负载的变化自动调整资源，提高系统的效率和稳定性；云计算的即用即付模式，可以节省投入，降低软硬件成本。这一切都为大数据分析中的云计算应用提供了良好的应用前景。

二、云计算概念模型的特点

发电站的电、水厂的水，如何到达消费者端呢？这中间需要有不同的送达模式。以发电站为例，发电站生产电能后，这些电能会通过高压输电线路输送到变电站。首先，在变电站，电压会被调整以适应不同的输送需求和消费者设备。接下来，电能会通过配电线路输送到各个用户，包括家庭、工厂、商业设施等。在这些用户端，电能会被进一步分配到各种设备，如照明、电器、计算机等。可见，从生产端到用户端，需要经历许多不同的处理层。

同样，云计算概念模型有如下特点。

1. 虚拟化技术，突破空间限制

众所周知，物理平台与应用部署的环境在空间上是没有任何联系的，正是通过虚拟平台，我们能够在不同终端上完成数据备份、迁移和扩展等操作。虚拟化突破了时间、空间的界限，是云计算最为显著的特点。虚拟化技术包括应用虚拟和资源虚拟两种。云计算支持用户在任意位置、使用各种终端获取应用服务，所请求的资源来自“云”，而不是固定的有形的实体。

2. 动态可扩展，满足增长需求

动态就像一个大型的、可以伸缩的帐篷，当需要更多的空间时，我们可以很容易地扩展它的面积；而当不需要那么多空间时，我们也可以很容易地收缩它。在原有服务器的基础上，可以随时增加云计算功能，使计算速度迅速提高，使“云”的规模动态伸缩，满足应用和用户规模增长的需要。

3. 按需部署，灵活性高

“云”是一个庞大的资源池，里面包含了许多应用、程序软件和硬件资源。就像自来水、电或煤气，用户可以按需购买，可以按需计费。不同的应用对应的数据资源库不同，所以需要对资源进行灵活部署，从而满足不同的应用场景要求。

4. 多副本容错，可靠性高

“云”使用了数据多副本容错、计算节点同构可互换等措施来保障服务的高可靠性。在云计算系统中，如果单点服务器出现故障，可以通过虚拟化技术将分布在不同物理服务器上的应用进行恢复，或利用动态扩展功能部署新的服务器进行计算。

5. 统一管理，性价比高

将资源放在虚拟资源池中统一管理，在一定程度上优化了物理资源，用户不再需要昂贵、存储空间大的主机，而只要花费几百元、几天时间就能完成以前需要数万元、数月时间才能完成的任务，达到减少部署费用的目的。

6. 有潜在危险，安全性要求高

就像把贵重物品存放在银行的保险箱里一样，我们希望这些物品是安全的，不会被别人偷走。同样，我们也希望存放在云端的数据是安全的。云计算服务提供商通常会采取多种安全措施来保护用户的数据安全，但是用户的数据也可能会被用于未经授权的用途，例如用于广告或销售，用户的隐私就会受到侵犯。因此，要尽量选择可信赖的云计算服务提供商。

三、云计算的部署模式

云计算的部署模式有三种，分别是公有云、私有云和混合云。

1. 公有云

公有云就像一个繁忙的、开放的集市，这个集市对所有人都是开放的，任何人都可以进入并使用其中的服务。就像集市上的摊位一样，云计算服务提供商(比如阿里云、腾讯云、亚马逊等)搭建好了云计算平台，第三方提供商通过公共网络为用户提供云服务，用户可以通过互联网访问云并享受各类服务，包括并不限于计算、存储、网络等。公有云服务的模式可以是免费或按量付费。用户可以根据自己的需求选择租用这些服务。对于用户来说，由于不需要进行初始 IT 基础设施投资就可以通过按需付费的方式享受 IT 服务，数字化门槛和 IT 成本都大幅降低。对于多数中小型企业或初创型企业而言，公有云是最佳选择。

公有云是第三方提供给一般公众或大型产业集体使用的云端基础设施，拥有它的组织出售云端服务，系统服务提供者借由租借方式提供给有能力部署及使用云端服务的客户。公有云的核心特征是，云端资源面向社会大众开放，符合条件的任何个人或者单位组织都可以租赁并使用云端资源。公有云的管理比私有云的管理要复杂得多，尤其是安全防范，要求更高。

以华为 FusionSphere 为例。FusionCompute 主要由虚拟化基础平台和云基础服务平台组成，主要负责硬件资源的虚拟化，以及对虚拟资源、业务资源、用户资源的集中管理。FusionSphere 集虚拟化平台和云管理特性于一身，让云计算平台建设和使用更加简捷，通过 FusionCompute 虚拟化引擎和 FusionManager 云管理等组件，提供强大的虚拟化功能以及资源池管理、丰富的云基础服务组件和工具、开放的 API 接口等，全面支撑传统和新型的企业服务，极大地提升了 IT 资产价值，提高了 IT 运营维护效率，降低了运维成本。它采用虚拟计算、虚拟存储、虚拟网络等技术，完成计算资源、存储资源、网络资源的虚拟化；同时通过统一的接口，对这些虚拟资源进行集中调度和管理，从而降低业务的运行成本，保证系统的安全性和可靠性，如图 4-2 所示。

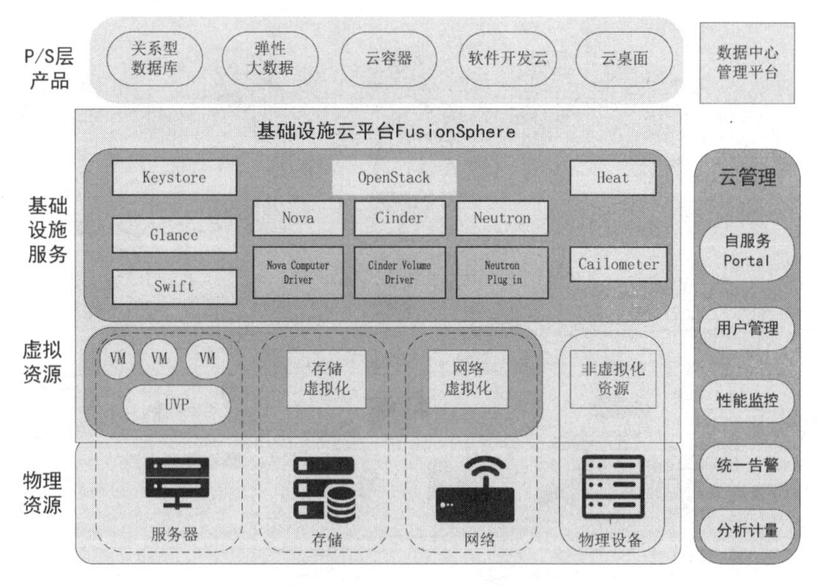

图 4-2 FusionSphere 云服务平台

2. 私有云

私有云是指企业或组织专属的云服务部署模式，私有云拥有者对私有云具有完全的访问和控制权限。私有云就像一个虚拟的私人房屋，它存储着个人的数据和应用程序。企业或者机构搭建私有云计算平台，只为自己的业务服务。在私有云平台上，只有用户自己或者经过授权的人才能配置和管理，比如决定存储哪些数据、如何备份等。

与公有云相比，私有云具有更好的隐蔽性和安全性，因为数据完全掌握在自己手里，适合对数据安全要求较高的企业使用。但私有云的成本要远高于公有云，因为需要自己购买和维护硬件设备。故个人用户一般很少使用私有云。私有云的应用场景如下。

- 企业内部的应用部署。企业可以利用私有云将应用程序和数据部署在自己的数据中心或者租用的专用服务器上，以供员工和客户访问及使用。
- 虚拟化环境。私有云可以用于创建虚拟化环境，以提高服务器的利用率和灵活性，降低运维成本。
- 数据备份和灾难恢复。通过私有云，企业可以将重要数据备份到云端，以便在发生灾难或数据丢失时进行快速恢复。
- 高性能计算。私有云可以提供高性能计算服务，为科学计算、仿真等需要大量计算资源的应用提供支持。
- 安全性要求高的应用。适用于对数据的安全性要求较高的应用场景，如金融、政府等领域。

以某公司提供的 VPN 智能组网方案为例，通过使用自主研发的软硬件在各点进行部署，就能够完全满足用户异地文件共享的需求。组网规划拓扑图如图 4-3 所示。

用户在北京及上海分别设立了总公司及分部，可通过路由器进行联网，并将办公主机及文件存储服务器都接入对应的路由器下；移动出差的员工考虑到携带路由器不便，则可将 VPN 客户端软件安装在自己的笔记本电脑或移动终端上，通过网页管理平台即可轻松创建智能网络，实现文件共享。

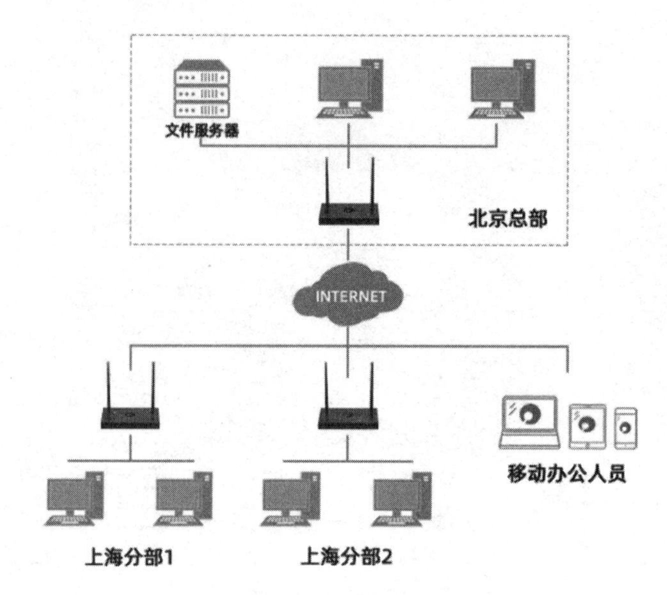

图 4-3　VPN 组网拓扑图

3. 混合云

混合云就像一个既有公共区域又有私人区域的综合市场，它既包含公有云的服务，也包含私有云的服务。混合云是由两个或两个以上不同类型的云(私有云、社区云、公有云)组成的，它其实不是一种特定类型的单个云，只是增加了一个混合云管理层。企业可以根据需要，将一些不太敏感的数据放在公有云上，而将一些敏感的核心数据放在私有云上。这样既保证了数据的安全性，又降低了成本。

混合云计算的典型案例是 12306 火车票购票网站。最初，12306 购票网站用私有云计算，但是一到节假日尤其是春节，就会出现页面响应慢或者页面报错、无法付款的情况。为了解决上述问题，12306 火车票购票网站与阿里云签订战略合作，由阿里云提供计算能力以满足业务高峰期查票检索服务，而支付业务等关键业务在 12306 的私有云环境中运行。两者组合成一个新的混合云，对外呈现还是一个完整的系统——12306 火车票购票网站。

混合云是一种结合了公有云和私有云的部署模式，可以充分发挥两者的优势，同时满足组织特定的业务需求和安全性要求，如图 4-4 所示。这种灵活性和可定制性使得混合云成为许多企业在云计算战略中的首选部署模式。

混合云的优点有很多。首先，从灵活拓展性来看，混合云允许组织在公有云和私有云之间灵活地移动数据和应用程序，以便根据实际需求来决定何时使用公有云的弹性和资源，何时使用私有云的控制力和安全性。其次，混合云模式具有成本效益，企业可以根据需要决定使用成本更昂贵的云计算资源。尤其是在跨境贸易不断加强的背景下，采用混合云模式有利于提供全球范围内的计算和存储资源，满足多地点、多国家或跨大陆的业务需求。再次，从安全性和合规性来考虑，敏感数据和应用可以保留在私有云中，以确保更高的安全性和控制力。最后，混合云可以为组织提供更灵活、敏捷的开发和测试环境，加速应用程序的开发和上线过程。

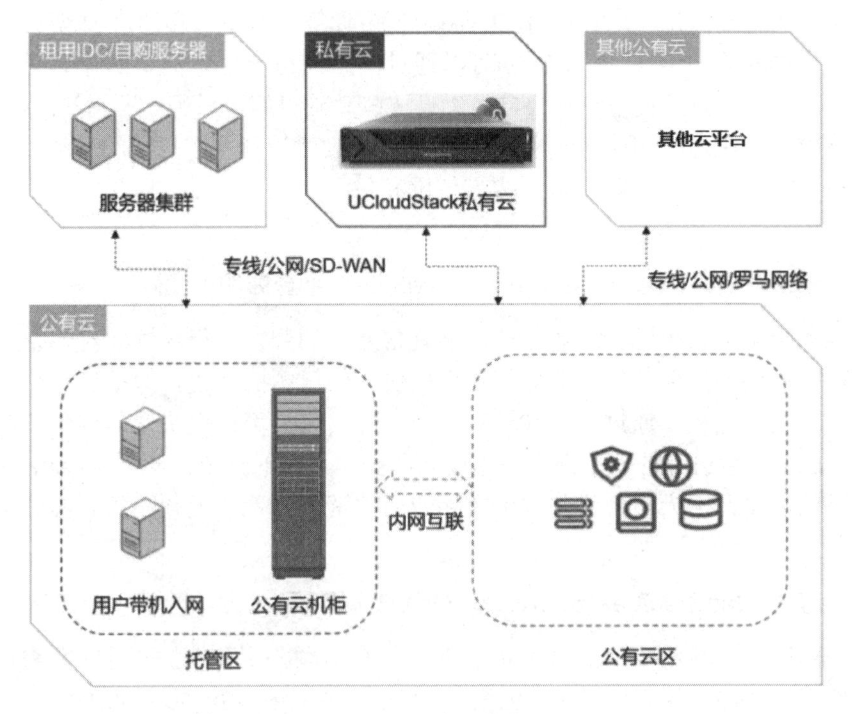

图 4-4 混合云案例

不过，因为设置更加复杂，混合云的维护和保护也更加困难。由于混合云是不同的云平台、数据和应用程序的组合，因此数据的整合也将是一项挑战。在开发混合云时，基础设施之间也会出现主要的兼容性问题。

四、云计算的服务模式(IaaS、PaaS 和 SaaS)

在云计算服务过程中，需要设计各种不同的服务层次，以满足不同的应用需求，如图 4-5 所示。

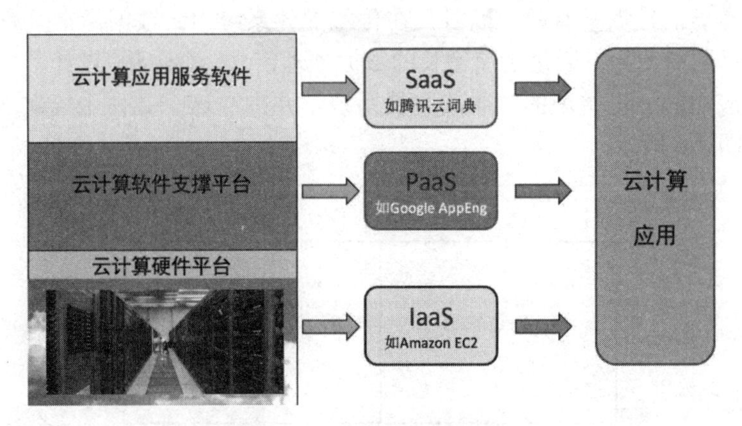

图 4-5 云计算的服务模式

1. 基础层 IaaS(infrastructure as a service，基础架构即服务)层

云端公司把 IT 环境的基础设施建设好，然后直接对外出租硬件服务器或者虚拟机。

在这一层面，通过虚拟化、动态化将 IT 基础资源(计算、网络、存储)形成资源池。资源池即是计算能力的集合，终端用户(企业)可以通过网络获得自己所需要的计算资源，运行自己的业务系统。这种方式使用户不必自己建设这些基础设施，只须对所用资源付费即可。

通过使用 IaaS 服务，用户可以更加灵活及高效地管理和利用自己的基础设施资源。此外，用户可以根据自己的实际需求，按需使用和付费，从而降低 IT 基础设施的成本和复杂性。

2. 在 IaaS 之上的 PaaS(platform as a service，平台即服务)层

这一层面除了提供基础计算能力外，还具备业务的开发运行环境。对于企业或终端用户而言，这一层面的服务可以为业务创新提供快速低成本的环境，即把运行用户所需的软件的平台作为服务出租。通过使用 PaaS 平台，开发人员可以更快速地构建和部署应用程序，因为 PaaS 平台已经处理了许多基础设施和操作系统的细节。此外，PaaS 平台还可以帮助企业降低成本，因为用户只需按照实际使用的资源付费，无须购买和维护昂贵的硬件与软件设备。

3. 最上面的 SaaS(soft as a service，软件即服务)层

SaaS 层提供了直接使用的应用程序服务，用户无须购买和维护软件，只需要通过互联网访问和使用云端提供的应用程序。因为 SaaS 真正运行在 ISP 的云计算中心，SaaS 的软件升级与维护也无须终端用户参与，SaaS 是按需使用的软件。传统软件购买后一般是无法退货的，而 SaaS 是灵活收费的，不使用就不付费。使用 SaaS 服务，用户可以更加便捷和高效地使用各种应用程序，无须关注底层的技术和设施细节，也避免了软件购买与维护的成本和风险。目前，SaaS 服务已广泛应用于各个领域，例如电子邮件、在线办公套件、客户关系管理等。

五、云计算与大数据架构：以 Google 为例

在 Google(谷歌)公司发展过程中，文件规模越来越大，传统的文件系统通常受到硬盘大小的限制，存储的数据量有限。同时，在传统文件系统中，数据通常只有一份，一旦丢失或损坏，难以恢复。为了满足迅速增长的数据处理需求，Google 设计了一个面向大规模的数据密集型应用的、可扩展的分布式文件系统，并围绕这个文件系统建立了 Google 云计算架构，如图 4-6 所示。

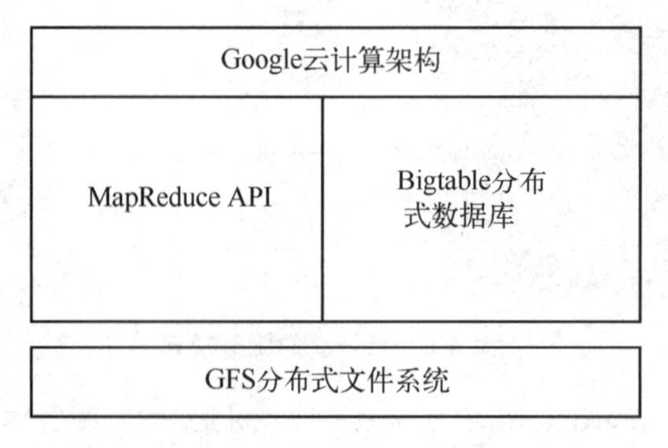

图 4-6　Google 云计算架构

1. Google 文件系统(GFS)

GFS(Google file system)是整个云计算架构的核心，它是 Google 为其庞大的基础架构所设计的分布式文件系统，主要为上层的 Bigtable、Megastore 等数据库提供服务。GFS 分布式文件系统与传统的分布式文件系统在设计目标上有很多相似之处，如良好的性能、可伸缩性、可靠性以及可用性。Google 的设计也考虑了其应用的负载情况和技术环境，使得 GFS 在某些假设上与早期的文件系统有明显的不同。因此，GFS 的读写操作基本上是为了满足其他应用对大文件批量数据读写的需求。主要特点如下。

- 优化大文件处理。GFS 通过其可扩展性，理论上可以存储无限的数据，因为硬盘可以扩展，从而大大提高了数据的存储量。相对于处理大量小文件，它在处理大文件上具有更高的效率。
- 高容错性。GFS 对常见的硬件故障有出色的容错性，即使面临高频的组件失效，系统也能保证持续稳定地运作。GFS 通过多份数据备份，将数据分别存储在不同的位置，大大提高了数据的安全性。由于多份数据同时损坏的概率几乎为零，只要有一份数据没有损坏，就可以一直保存下来。
- 追加式写入。该系统提供追加式写入和原子追加操作。这意味着数据通常被追加到文件的尾部，而不是覆盖已有的数据。如果因为节点或网络故障等问题导致追加失败，GFS 会对记录进行重试，直到写入成功为止。
- 顺序读取。尽管 GFS 支持随机读取，但一旦数据被写入，顺序读取就会成为主要的访问模式。
- 深度集成与可扩展性。GFS 与 Google 的许多其他系统和应用紧密集成，共同优化以确保运行效率。同时，它具有高并发设计，能够同时支撑大量客户端的操作。

2. MapReduce 编程模型

2000 年年初，Google 公司面临着处理海量数据的挑战，传统的数据处理方法已经无法满足需求。

这个困难与大禹治水的场景非常类似。大禹面临的任务是治理泛滥的洪水，让江河回归正道，但是这个任务非常庞大和复杂，因为涉及的地域广泛、水量巨大，不可能由一个人单独完成。大禹采取的策略是，将整个治水任务分解为若干个小任务，每个小任务由一组人负责完成。这些小组分别负责在不同地区挖掘河道、修筑堤坝等具体工作。每个小组都独立进行工作，互不干扰，但最终他们的工作成果会汇集到一起，共同构成治水任务的整体。

Google 的工程师们也采用了类似的思想，并设计了一种新的编程模型，即 MapReduce。在 MapReduce 中，工程师们将大规模的数据处理任务分解为两个主要阶段：Map 阶段和 Reduce 阶段。在 Map 阶段，就像大禹将治水任务分解为若干小组一样，工程师们将大规模的数据集划分为一系列独立的小块(称为 map 任务)，并并行地对这些小块进行处理。每个 map 任务都独立进行，互不干扰，处理完成后生成中间结果。在 Reduce 阶段，将这些中间结果进行汇总和合并，就像大禹将各个小组的治水成果汇聚起来，通过 reduce 任务将各个 map 任务的中间结果进行综合处理，最终得到整个数据处理任务的结果。

MapReduce 简单、高效的编程模型使得处理大规模数据集变得可行和高效，推动了大数据技术和应用的快速发展。MapReduce 的主要特点如下。

- 简化并行计算。MapReduce 抽象和简化了并行计算的复杂性。程序员只需要关注编写映射和规约函数，而数据分配、并行处理、错误恢复等细节都由 MapReduce 框架自动处理。这使得处理大数据集变得更简单、更直观。
- 扩展数据处理能力。企业和研究机构可以利用 MapReduce 在普通 PC 集群上进行高性能计算，降低大数据处理的成本和复杂性。
- 推动大数据生态系统的发展。MapReduce 催生了 Hadoop、Spark 等大数据处理框架，形成了丰富的大数据处理生态系统。

3. Google Bigtable

Google Bigtable 是 Google 推出的一款高度可扩展且性能卓越的分布式存储系统，主要针对大规模结构化数据设计。Bigtable 就像一个大型的、分布式的仓库，用于存储 Google 在互联网搜索、Analytics(数据分析)、地图服务和 Gmail 等应用中产生的海量数据。这个仓库的奇妙之处在于，仓库里有多个房间(节点)，每个房间都负责存储一部分数据。当用户需要查询数据时，仓库能够快速找到存放这些数据的房间，并取出所需的信息。

设计之初，Bigtable 就注重实现低延迟与高吞吐率的稳定性，使其非常适合那些既要求高效运营又涉及数据分析的应用场景。Bigtable 的一些核心功能和特点如下。

- 高性能索引机制。通过合理的数据组织和索引机制，Bigtable 优化了大规模数据的处理性能，能够快速定位并返回用户所需的数据。
- 适用性广泛。Bigtable 能够支持多种类型的应用，并成功应用于 Google 的多个产品和项目，包括 Google Analytics、Google Finance、Orkut、Personalized Search、Writely 以及 Google Earth 等。这些产品对 Bigtable 的要求各不相同，但 Bigtable 都能够满足它们的需求，证明了其广泛的适用性。
- 可扩展性。Bigtable 可以在上千台服务器上部署，能够可靠地处理 PB 级别的数据，能够随着数据量的增长而水平扩展。
- 高可用性。Bigtable 在分布式环境下提供了高可靠性和数据持久性。它采用了数据的冗余副本和自动故障恢复机制，以确保数据的可用性和安全性。
- 灵活的数据模型。与传统的关系型数据库不同，Bigtable 为用户提供了简单的数据模型，允许用户动态控制数据的分布和格式。
- 内存和硬盘存储：Bigtable 通过内存和硬盘的组合来加速数据的读写操作，并针对常见的数据访问模式进行了优化。

课 中 实 训

在大数据存储与处理过程中，通过添加或删除节点，可以适应不断增加或减少的数据量和计算需求。尤其是使用普通的虚拟机构建服务器集群，能够搭建大数据测试环境，可以明显降低硬件成本。

任务 1：配置单台虚拟机环境

虚拟机是一种软件形式的计算机。通过虚拟机技术，用户可以在单一物理服务器上运行多个操作系统和应用程序。每个虚拟机都拥有自己的虚拟硬件，包括 CPU、内存、硬盘、网络接口卡等。通过虚拟机技术的应用，可以快速搭建起分布式集群环境，如 hadoop 集群、Spark 集群等，用于开发和测试大数据应用。

【小提示】因各处用途不一样，除非特别说明，本书所指的 Hadoop 和 hadoop 为同一系统。

与虚拟主机关系比较密切的一个概念，就是宿主机(Host Machine)。简而言之，宿主机就是指运行虚拟化软件的物理计算机。目前，比较常用的虚拟机软件包括 VMware、VirtualBox、Hyper-V 和 KVM 等。这里以 Vmware Workstation 17 Pro、CentOS 7 操作系统的安装为例进行演示。

步骤 1：下载并安装 Vmware 软件。软件官方站点为：https://www.vmware.com。软件下载完毕，选择本机安装文件夹，单击“下一步”按钮，按照默认步骤完成安装。选择虚拟主机软件版本时，建议详细了解本机环境，以适应最佳版本。

步骤 2：打开 Vmware Workstation 17 Pro 软件，单击“文件”菜单下的“新建虚拟机”，出现“新建虚拟机”向导。在界面中，可以配置虚拟机的不同类型。本例中，选择“自定义(高级)”单选按钮，如图 4-7 所示。每台虚拟机都拥有独立的 CPU、内存、硬盘、网络等资源。

步骤 3：设置虚拟机兼容性。继续单击“下一步”按钮，设置虚拟机硬件兼容性，即虚拟机软件对于宿主机硬件的支持和适配能力，如图 4-8 所示。比如，虚拟机要能够适配物理计算机的内存、CPU、网卡、硬盘、显卡等设备，确保虚拟机能够正常运行。

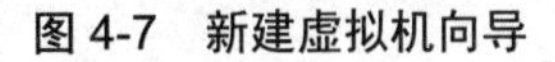
图 4-7　新建虚拟机向导

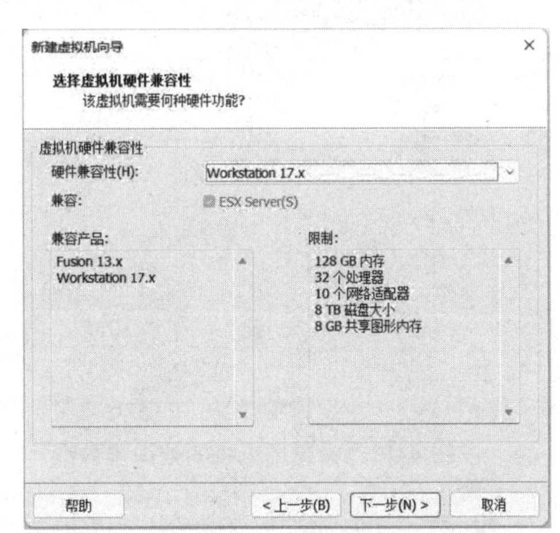

图 4-8　选择虚拟机硬件兼容性

步骤 4：安装虚拟机客户机操作系统。和物理机一样，虚拟机也需要安装操作系统。这里选择 CentOS 7 操作系统，如图 4-9 所示。CentOS 7 是 CentOS 项目发布的开源类服务器操作系统，它是一个企业级的 Linux 发行版本。

步骤 5：设置虚拟机名称和目录。继续单击“下一步”按钮，设置虚拟机名称和目录，如图 4-10 所示。

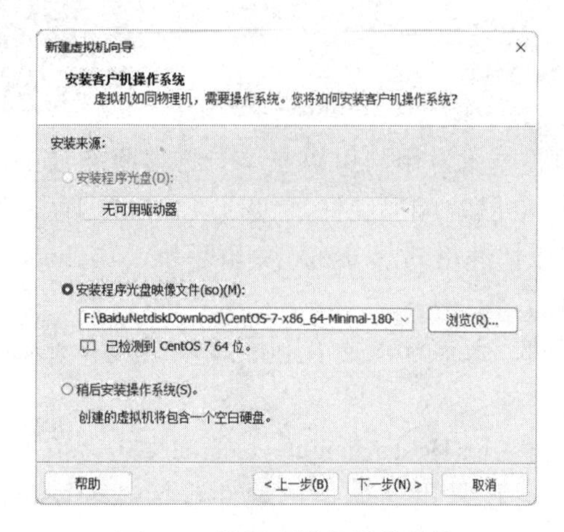

图 4-9 按照虚拟机操作系统

图 4-10 设置虚拟机名称和位置

步骤 6：设置虚拟机的处理器数量。继续单击“下一步”按钮，设置虚拟机的处理器数量。设置之前，要判断物理主机是否有足够的物理处理器资源支持，如图 4-11 所示。

【小提示】虚拟机的处理器参数配置。“处理器数量”通常指的是虚拟 CPU 的数量，而“每个处理器的内核数量”则是指每个虚拟 CPU 拥有的内核数量。理想情况下，虚拟机的“处理器内核总数”(处理器数量乘以每个处理器的内核数量)应小于物理主机 CPU 的线程数。

步骤 7：虚拟机内存设置。内存大小必须为 4MB 的倍数。为了保证宿主机的流畅运行，虚拟机的内存分配最好是宿主机物理内存的一半或更少。建议选择推荐配置，如图 4-12 所示。

图 4-11 设置虚拟机的处理器数量

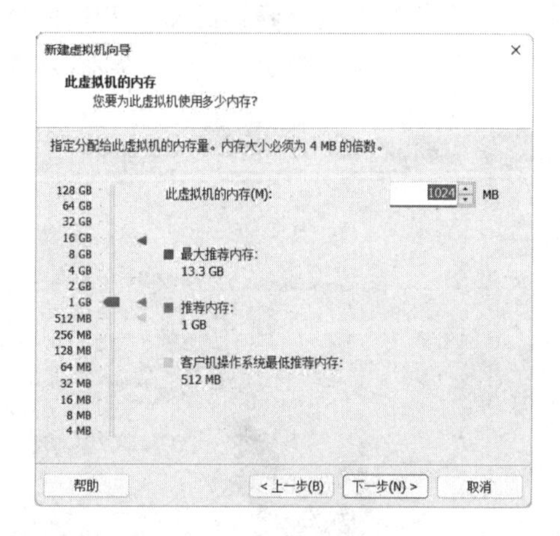

图 4-12 设置虚拟机内存

步骤 8：设置网络类型。可以选择“使用桥接网络”、“使用网络地址转换(NAT)”、“使用仅主机模式网络”等，如图 4-13 所示。

- 桥接模式(Bridged Mode)：在桥接模式下，虚拟机像网络中的一个独立设备，拥有独立的 IP 地址，可以被网络中的其他设备识别。
- NAT 模式(Network Address Translation Mode)：NAT 模式通过宿主机的 IP 地址让虚拟机访问外部网络。虚拟机的 TCP/IP 配置信息通常由 VMnet8 虚拟网络的 DHCP 服务器提供，适合大多数场景，尤其是 IP 地址资源有限的环境中。

- 仅主机模式(Host-Only Mode)：在仅主机模式下，虚拟机仅与宿主机之间可以通信，虚拟机不能连接到外部网络。

步骤 9：设置虚拟机的 I/O 控制器类型。根据虚拟化环境的需求，选择将某种 SCSI 控制器类型用于 SCSI 虚拟磁盘，如 LSI Logic(L)、LSI Logic SAS(S)、准虚拟化 SCSI(P)等。建议选择推荐选项，如图 4-14 所示。

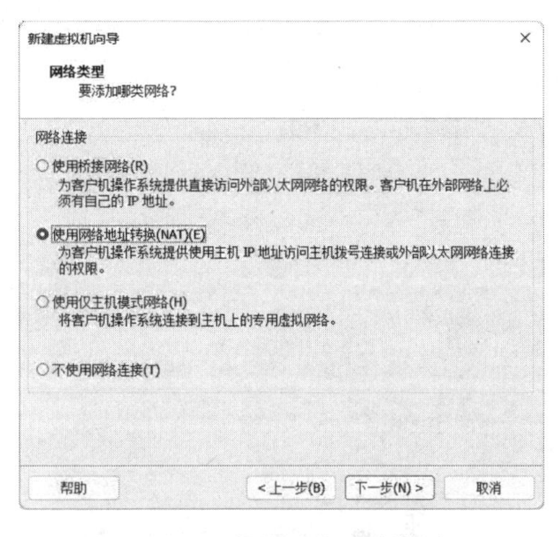

图 4-13　设置网络连接类型

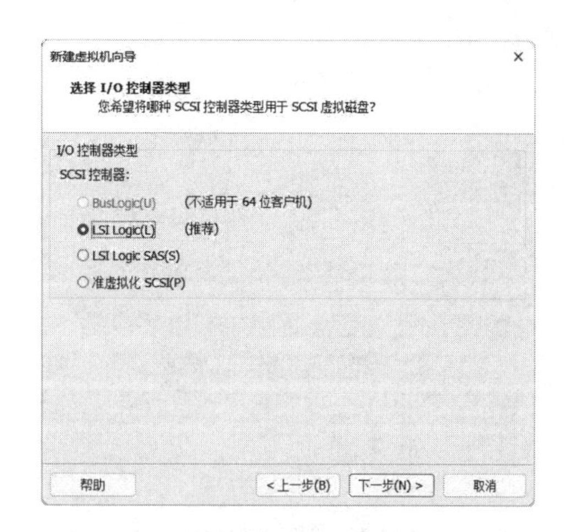

图 4-14　设置虚拟机的 I/O 控制器类型

【小技巧】I/O 控制器类型。LSI Logic 控制器在小文件读取方面有一定优势；LSI Logic SAS 则提供更高的带宽和更低的延迟；准虚拟化 SCSI 则适用于对存储性能有较高要求的场合，如数据库服务器或高性能计算应用。

步骤 10：虚拟磁盘类型。主要包括：IDE，SCSI，SATA，NVMe。建议选择默认推荐的 SCSI 类型，如图 4-15 所示。SCSI 通常包括 LSI Logic SAS、LSI Logic 并行等，常用于需要较高性能和兼容性的场景。

- IDE：这是一种较旧的磁盘接口类型，适用于较旧的操作系统。
- SATA：兼容性好，性能适中，更经济实惠。
- NVMe：较新的高性能磁盘接口类型，如果对磁盘性能要求很高，可选择该项。

步骤 11：选择磁盘。可以创建新虚拟磁盘，也可以使用现有虚拟磁盘或使用物理磁盘。这里选择创建新虚拟磁盘，如图 4-16 所示。

图 4-15　设置虚拟机磁盘类型

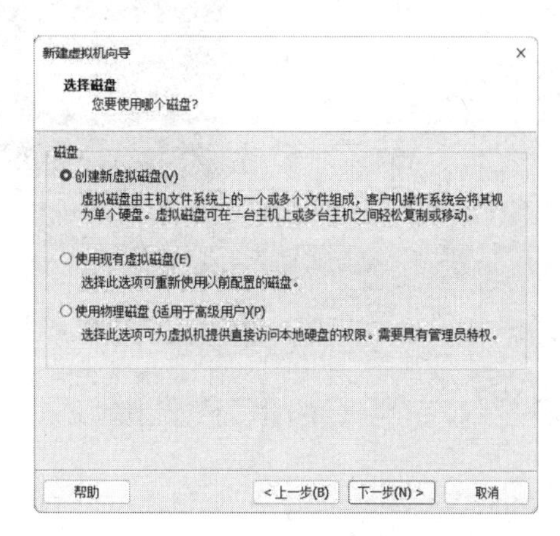

图 4-16　选择磁盘

步骤 12：设置磁盘容量。可以立即分配所有磁盘空间，也可以将虚拟磁盘存储为单个文件，也可以将虚拟磁盘拆分为多个文件。这里选择“将虚拟磁盘拆分为多个文件”，拆分磁盘后，可以更方便地在计算机之间移动虚拟机，如图 4-17 所示。

步骤 13：设置虚拟机存储位置。单击“下一步”按钮，设置存储磁盘文件的目录。所有设置完成，即可看到如图 4-18 所示的虚拟机信息。单击“完成”按钮，即可看到新建的虚拟机。

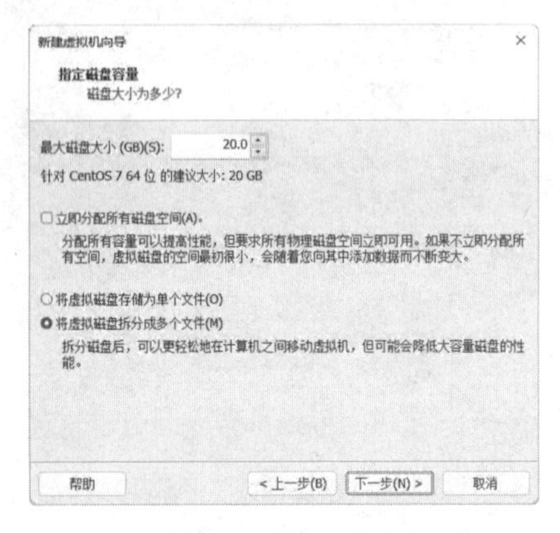

图 4-17　设置磁盘容量

图 4-18　显示虚拟机所有配置参数

步骤 14：回到虚拟机 VMware Workstation 的主界面，按照物理机的步骤安装 CentOS 7 操作系统。安装完成后，操作系统会进行引导，单击“我已完成安装”。如图 4-19 所示。

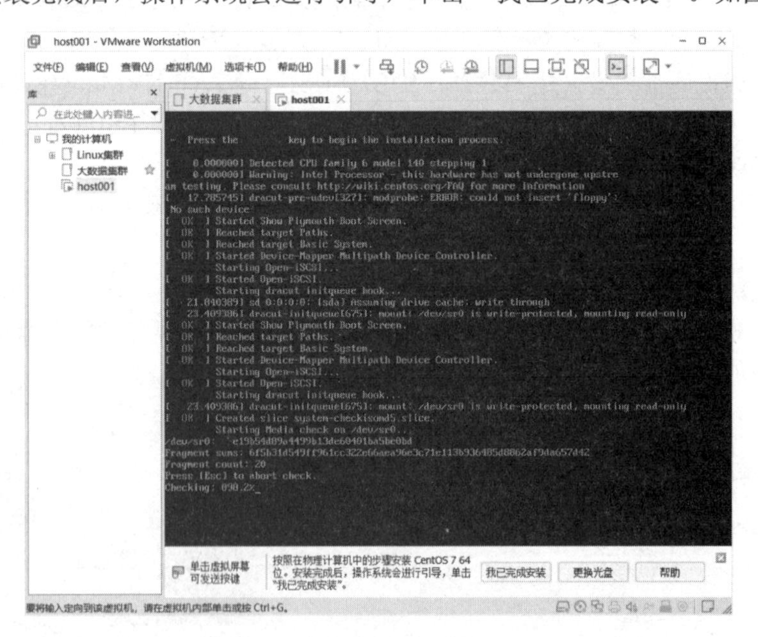

图 4-19　安装 CentOS 7 操作系统

任务 2：安装 CentOS 7 操作系统并配置网络

CentOS(Community Enterprise Operating System)是一种广泛使用的 Linux 发行版，基于 Red Hat Enterprise Linux(RHEL)的源代码构建，经过严格的测试和验证。这使得

CentOS 非常适合用于服务器和关键业务应用。更重要的是，CentOS 是完全免费的开源软件，用户可以免费下载、安装和使用，无须支付任何许可证费用。

步骤 1：按照默认配置，选择语言，如图 4-20 所示。

步骤 2：选择安装位置，这里选择虚拟机中的标准磁盘，单击“完成”按钮，如图 4-21 所示。

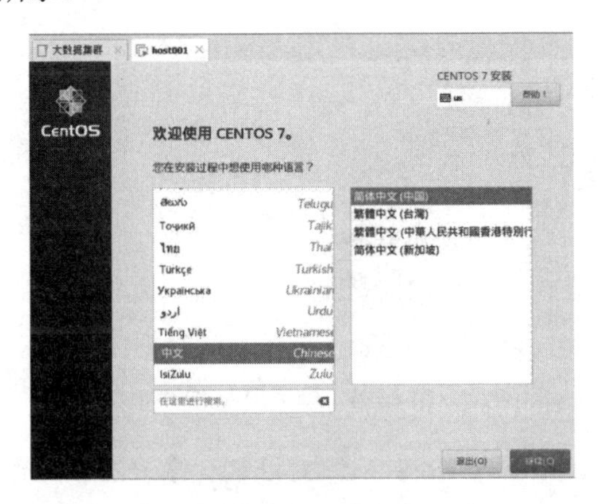

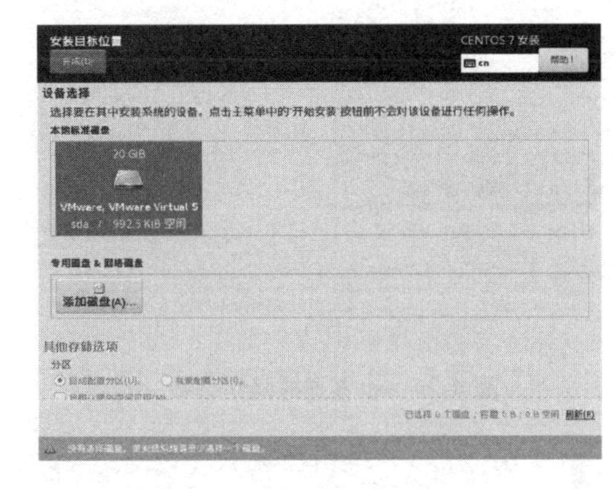

图 4-20　选择语言　　　　图 4-21　设置安装位置

步骤 3：设置完毕，回到安装界面，如图 4-22 所示。

步骤 4：设置用户密码。单击“开始安装”按钮，出现安装界面。在界面中，会提示设置 ROOT 密码，新增用户，如图 4-23 所示。

图 4-22　系统安装信息摘要　　　　图 4-23　安装 CentOS 操作系统

步骤 5：设置虚拟网络参数。选中新建的 CentOS 7 虚拟机，单击“编辑”菜单下的“虚拟网络编辑器”选项，在弹出的设置界面中，选中“VMnet8”网络。修改网络配置时，需要有管理员特权，单击右下角的“更改设置”按钮，即可对网络参数进行设置。取消选择“使用本地 DHCP 服务器将 IP 地址分配给虚拟机”，如图 4-24 所示。

为了便于演示，这里假设设置子网 IP 地址为 192.168.9.101，子网掩码为 255.255.255.0。单击“NAT 设置”按钮，设置 NAT 网关，地址为 192.168.9.2，如图 4-25 所示。

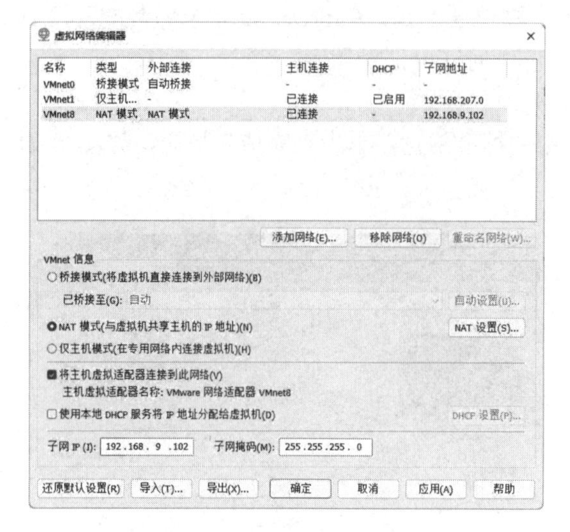

图 4-24　设置虚拟网络参数

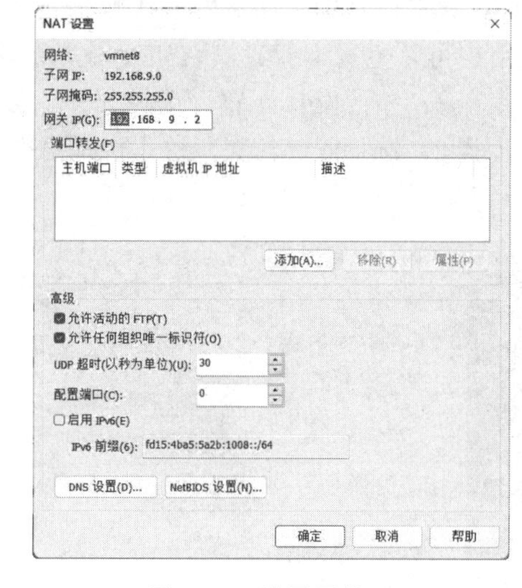

图 4-25　设置网关 IP

步骤 6：在 VI 编辑器模式下，进入/etc/sysconfig/network-scripts 目录，修改网卡配置文件。

```
#vi /etc/sysconfig/network-scripts/ifcfg-ens33
```

配置文件如下：

```
TYPE="Ethernet"    #网络类型(通常是 Ethemet)
PROXY_METHOD="none"
BROWSER_ONLY="no"
BOOTPROTO="static"    #IP 的配置方法[none|static|bootp|dhcp](分别代表：引导时不使用协议|静态分配 IP|BOOTP 协议|DHCP 协议)
DEFROUTE="yes"
IPV4_FAILURE_FATAL="no"
IPV6INIT="yes"
IPV6_AUTOCONF="yes"
IPV6_DEFROUTE="yes"
IPV6_FAILURE_FATAL="no"
IPV6_ADDR_GEN_MODE="stable-privacy"
NAME="ens33"
UUID="e83804c1-3257-4584-81bb-660665ac22f6"    #随机 id
DEVICE="ens33"    #接口名(设备,网卡)
ONBOOT="yes"    #系统启动的时候网络接口是否有效(yes/no)
#IP 地址
IPADDR=192.168.9.101
NETMASK=255.255.255.0
#网关
GATEWAY=192.168.9.2
#域名解析器
DNS1=4.4.4.4
DNS2=144.144.144.144
```

步骤 7：修改 IP 地址后，按 Esc 键并执行“:wq”命令，保存退出。

步骤 8：执行 service network restart 命令，重启网络服务。

```
# service network restart
```

步骤 9：网络测试。测试 ping 百度网站 www.baidu.com，如果能够成功连接网络，即可看到类似的成功提示。

```
[root@localhost ~]# ping www.baidu.com
PING www.a.shifen.com (183.2.172.42) 56(84) bytes of data.
64 bytes from 183.2.172.42 (183.2.172.42): icmp_seq=1 ttl=128 time=22.3 ms
64 bytes from 183.2.172.42 (183.2.172.42): icmp_seq=2 ttl=128 time=24.4 ms
64 bytes from 183.2.172.42 (183.2.172.42): icmp_seq=3 ttl=128 time=24.0 ms
64 bytes from 183.2.172.42 (183.2.172.42): icmp_seq=4 ttl=128 time=24.8 ms
64 bytes from 183.2.172.42 (183.2.172.42): icmp_seq=5 ttl=128 time=24.3 ms
64 bytes from 183.2.172.42 (183.2.172.42): icmp_seq=6 ttl=128 time=24.0 ms
```

【小提示】VI 编辑器。在没有图形界面的命令行环境中，VI 编辑器是一种非常实用的工具。在上面的例子中，就使用了 VI 编辑器配置网卡文件。在 Linux 中，VI 文本编辑器的功能非常强大，可以方便地进行修改、删除等操作。执行“:wq”命令，可以保存当前文件并退出。

任务 3：克隆并配置多台虚拟机

步骤 1：绘制结构拓扑图，如图 4-26 所示。通过结构拓扑图，能够清晰地展示虚拟机环境的整体架构，包括虚拟机的数量、类型、配置以及它们之间的关系。

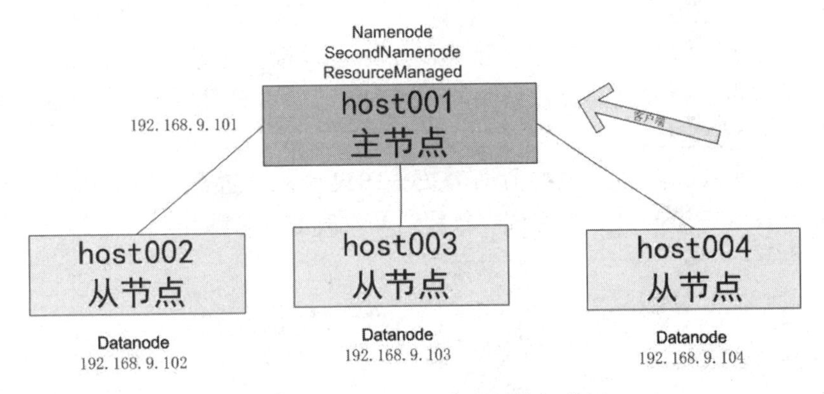

图 4-26　完全分布式集群结构拓扑图

步骤 2：检查虚拟主机软件 Vmware，确保能够正常访问网络。按照任务 1 的步骤，新建一个虚拟机 host001，通过设置网卡，并配置好网络 IP 地址 192.168.1.101。

步骤 3：克隆主机。克隆之前，先关闭需要克隆的主机 host001。选择克隆源、克隆类型、克隆名称和地址，克隆虚拟机 host002、host003、host004。方法为：选中需要克隆的主机如 host001，单击右键，在弹出的菜单中选择“管理”→“克隆”子菜单，如图 4-27 所示。

① 选择克隆状态。在“克隆虚拟机向导”中，可以对虚拟机的当前状态进行克隆，也可以从快照进行克隆。本例中，选中“虚拟机中的当前状态”，如图 4-22 所示。选择完毕，单击“下一页”按钮。

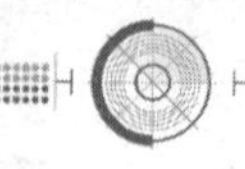

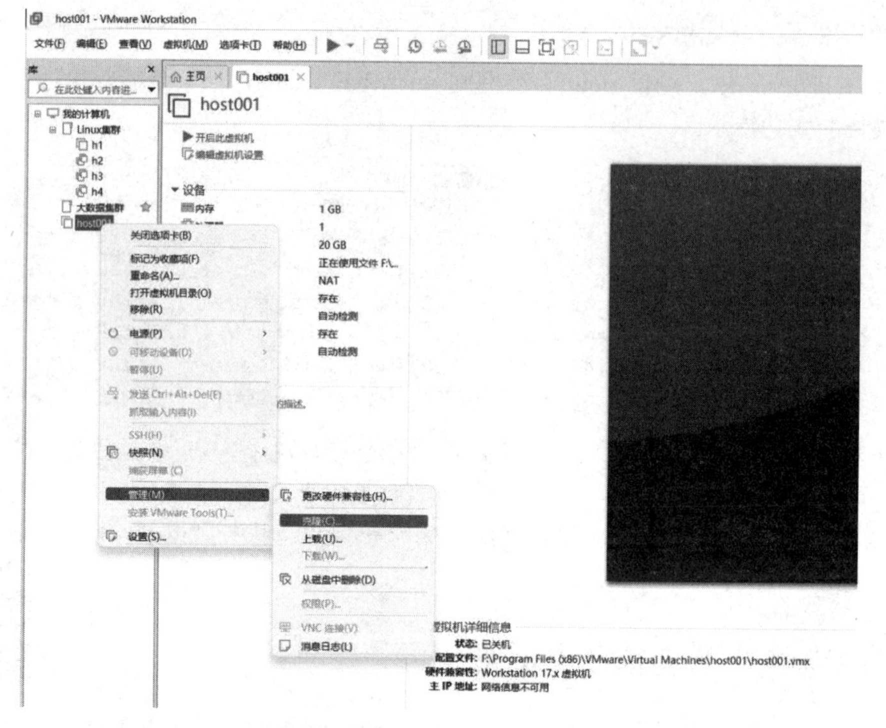

图 4-27　克隆虚拟机 host001

② 选择克隆虚拟机的方法。选择不同的方法，可以设置不同的克隆类型。这里的方法有："创建链接克隆"，"创建完整克隆"，可以根据电脑的资源状况灵活选择，如图 4-28 所示。本例选择"创建连接克隆"，这种方式所需磁盘存储空间较少，但是必须访问原始虚拟主机才能运行。

③ 设置新虚拟机名称。根据前面的拓扑图设计，设置需要克隆的虚拟机名称，如图 4-29 所示。设置完毕，单击"完成"按钮，即可完成克隆操作。

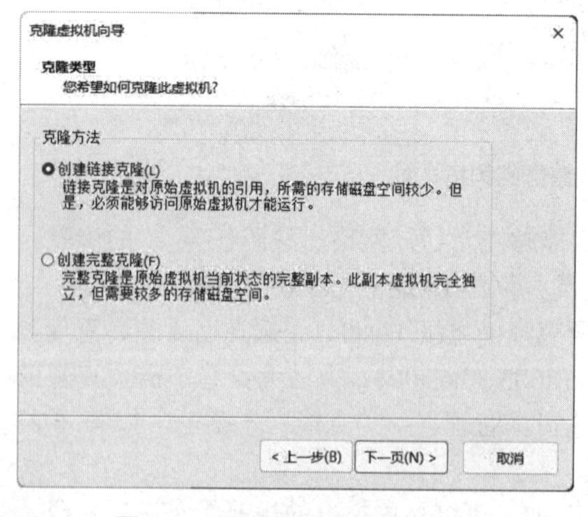

图 4-28　设置克隆虚拟机的方法

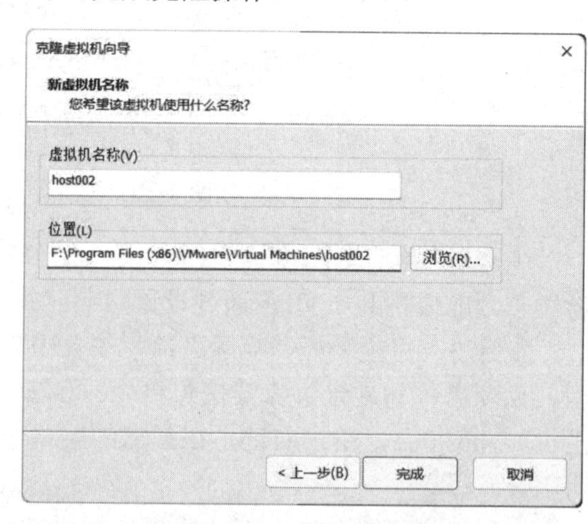

图 4-29　设置新虚拟机的名称和位置

【小提示】利用快照保存虚拟机的状态。为了保存好初始设置环境，建议保存好虚拟机快照。方法为：选中某个虚拟机，单击右键，在弹出的菜单中选择"快照"→"拍摄快照"子菜单，即可记录当前虚拟机状态。如果在后面的调试中出现错误，可以很快恢复到当前保存的状态。

④ 使用同样的方法，完成克隆 host003、host004 两台虚拟机。

步骤 4：网络测试。设置 host002、host003、host004 这三台虚拟机的主机名和 IP 地址。这里以 host002 为例。

① 设置主机名。以 host002 虚拟机为例，设置主机名，命令如下：

```
vi /etc/hostname
```

在编辑界面中，直接修改主机名为：host002。修改完毕，按 Esc 键，执行“:wq”命令，保存退出。

② 设置 IP 地址。设置虚拟机 host002、host003、host004 的 IP 地址分别为：192.168.9.102，命令为：

```
vi /etc/sysconfig/network-scripts/ifcfg-ens33
```

在编辑器中，修改 IP 地址：IPADDR=192.168.9.102。

步骤 5：更改主机名与 IP 之间的映射关系。编辑/etc/hosts 文件，设置映射关系。命令为：

```
vi /etc/hosts
```

在下方增加以下映射关系：

```
192.168.9.101 host001
192.168.9.102 host002
192.168.9.103 host003
192.168.9.104 host004
```

重启网络服务。命令为：

```
service network restart
```

同时，测试网络是否连通。

```
ping www.sohu.com
```

步骤 6：测试主机联通关系。使用同样方法，设置 host003、host004 的主机名和 IP 地址、网络。设置完毕，测试 host001、host002、host003、host004 等主机之间的连通关系。

```
NG! The remote SSH server rejected X11 forwarding request.
Last login: Wed Aug 28 06:24:18 2024
[root@host004 ~]# ping host001
PING host001 (192.168.9.101) 56(84) bytes of data.
64 bytes from host001 (192.168.9.101): icmp_seq=1 ttl=64 time=1.26 ms
64 bytes from host001 (192.168.9.101): icmp_seq=2 ttl=64 time=1.16 ms
^C
[root@host004 ~]# ping www.sohu.com
PING best.sched.d0-dk.tdnsdp1.cn (111.170.0.83) 56(84) bytes of data.
64 bytes from 111.170.0.83 (111.170.0.83): icmp_seq=1 ttl=128 time=10.3 ms
^C
--- best.sched.d0-dk.tdnsdp1.cn ping statistics ---
2 packets transmitted, 1 received, 50% packet loss, time 1001ms
rtt min/avg/max/mdev = 10.357/10.357/10.357/0.000 ms
```

任务 4：Linux 的常见操作

通过上面的操作，可以看到许多实用的 Linux 操作命令。在网络管理过程中，公司中使用的真实服务器或者是云服务器，一般不允许除运维人员之外的其他人员直接接触，而需要通过远程登录的方式来操作。所以，远程登录工具就是必不可缺的。目前，比较主流的有 Xshell，SSH Secure Shell，SecureCRT，FinalShell 等。在本章实训中，使用 XShell 服务器管理工具，完成常见的 Linux 命令操作。

步骤 1：运行 XShell 软件，单击“文件”菜单下的“新建”选项，或者直接按“Ctrl+N”，出现新连接对话框，即可设置连接对话框。这里假设要连接到 host001 这台主机，在界面中设置名称，同时选择“协议”“主机”“端口号”等参数，如图 4-30 所示。单击“连接”按钮，即可进入远程连接界面。

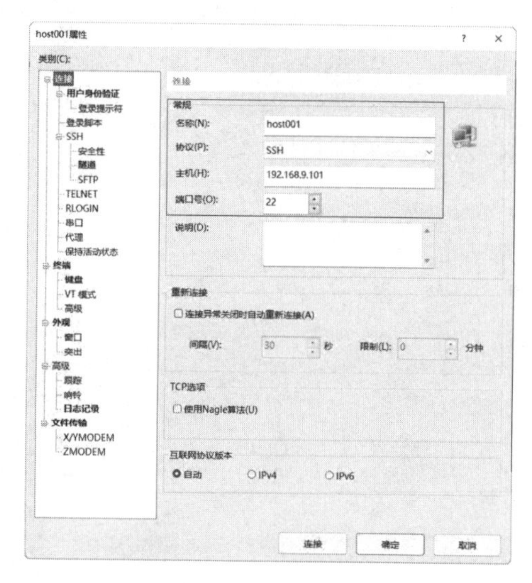

图 4-30　连接对话框

步骤 2：查看当前目录及文件。连接成功后，输入“pwd”命令，即可显示当前工作目录的路径。输入“ls”命令，可以列出目录内容。输入“cd”命令，可以进入某个目录。输入“mkdir”命令，可以新建目录，如图 4-31 所示。

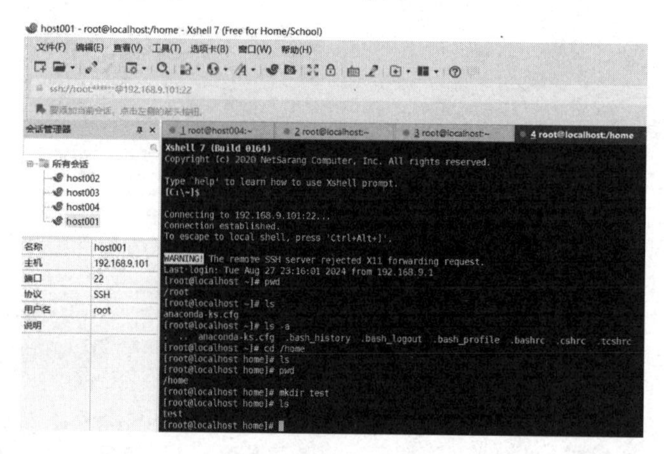

图 4-31　在 Linux 中查看当前目录及文件

步骤 3：文件操作命令。现在，假设要在 host001 机器下的/home 目录下新建一个 test.txt 文件，然后通过远程拷贝命令将 test.txt 复制到 host002 主机下的/home 目录下。具体方法为：使用 touch 命令新建 test.txt 文件，并通过 VI 编辑器输入内容，再使用 SCP 命令，拷贝 test.txt 文件到 host002 主机，如下所示。

```
[root@host001 ~]# pwd
/root
[root@host001 ~]# touch test.txt
[root@host001 ~]# vi test.txt
[root@host001 ~]# ls
anaconda-ks.cfg  test.txt
[root@host001 ~]# scp test.txt root@host002:new.txt
```

步骤 4：在 host002 主机查看拷贝过来的文件 aa.txt。常见的查看命令包括：cat,more 等。如，通过 cat test.txt，可以显示 test.txt 的内容。如果文件内容比较多，可以通过 more test.txt，逐页显示文本内容。

步骤 5：查看系统状态。

通过 hostname 命令，可以显示或设置主机名。

通过 ps 命令，可以查看进程状态。

通过 free 命令，可以查看系统内存使用情况。

通过 top 命令，可以实时显示系统资源使用情况和进程状态。

通过 df 命令，可以查看磁盘空间使用情况。

通过 uname 命令，可以显示系统信息。例如：uname -a 显示系统的所有信息，包括内核版本、主机名、处理器架构等。

上述命令显示如下：

```
[root@host001 ~]# hostname
host001
[root@host001 ~]# ps
  PID TTY          TIME CMD
 1245 pts/0    00:00:00 bash
 1261 pts/0    00:00:00 ps
[root@host001 ~]# free
              total        used        free      shared  buff/cache   available
Mem:         997952      124952      734648        7780      138352      711132
Swap:       2097148           0     2097148
[root@host001 ~]# top
top - 19:00:32 up 1 min,  1 user,  load average: 0.33, 0.24, 0.10
Tasks:  99 total,   1 running,  98 sleeping,   0 stopped,   0 zombie
…
  PID USER      PR  NI    VIRT    RES    SHR S  %CPU %MEM     TIME+ COMMAND
   22 root      20   0       0      0      0 S   0.3  0.0   0:00.56 kworker/0:1
 1263 root      20   0  161944   2204   1552 R   0.3  0.2   0:00.03 top
    1 root      20   0  127944   6456   4076 S   0.0  0.6   0:04.52 systemd
    2 root      20   0       0      0      0 S   0.0  0.0   0:00.00 kthreadd

[root@host001 ~]# df
文件系统                   1K-块     已用      可用 已用% 挂载点
/dev/mapper/centos-root 17811456 2137240 15674216   12% /
```

```
devtmpfs                 486752       0   486752    0% /dev
tmpfs                    498976       0   498976    0% /dev/shm
tmpfs                    498976    7780   491196    2% /run
tmpfs                    498976       0   498976    0% /sys/fs/cgroup
/dev/sda1               1038336  132376   905960   13% /boot
tmpfs                     99796       0    99796    0% /run/user/0
[root@host001 ~]# uname
Linux
[root@host001 ~]# uname -a
Linux host001 3.10.0-862.el7.x86_64 #1 SMP Fri Apr 20 16:44:24 UTC 2018
x86_64 x86_64 x86_64 GNU/Linux
```

步骤 6：查看或关闭防火墙的状态。命令如下：

```
systemctl status firewalld
```

如果防火墙已经打开，可以使用以下命令，关闭防火墙。命令如下：

```
systemctl stop firewalld
```

防火墙在系统启动时，自动禁用。命令如下：

```
systemctl disable firewalld.service
```

查看防火墙状态，可以看到，防火墙已经关闭。

```
[root@host001 ~]# systemctl status firewalld
● firewalld.service - firewalld - dynamic firewall daemon
  Loaded: loaded (/usr/lib/systemd/system/firewalld.service; enabled;
vendor preset: enabled)
  Active: active (running) since 四 2024-08-29 18:58:58 CST; 41min ago
    Docs: man:firewalld(1)
```

任务 5：设置主机之间的免密登录

步骤 1：配置免密码登录。通过拷贝密钥，实现两两之间的免密码登录。每台机器上运行以下命令：

```
ssh-keygen -t rsa -P ''
ssh-copy-id -i ~/.ssh/id_rsa.pub host001
ssh-copy-id -i ~/.ssh/id_rsa.pub host002
ssh-copy-id -i ~/.ssh/id_rsa.pub host003
ssh-copy-id -i ~/.ssh/id_rsa.pub host004
```

操作界面如下所示。

```
[root@localhost ~]# ssh-keygen -t rsa -P ''
Generating public/private rsa key pair.
Enter file in which to save the key (/root/.ssh/id_rsa):
Your identification has been saved in /root/.ssh/id_rsa.
Your public key has been saved in /root/.ssh/id_rsa.pub.
The key fingerprint is:
SHA256:sauYCYAFuEN/xemcvygioqH7oYDwANqDK14tWcNgmh4
root@localhost.localdomain
The key's randomart image is:
```

```
+---[RSA 2048]----+
|o     . .        |
|.o     +        |
|o.oo  + o        |
|*++.o. + o       |
|BEo .+  S        |
|+=..+ .  o       |
|*.++ .  o .      |
|*+.+.= o .       |
|B+o = o          |
+----[SHA256]-----+
```

步骤 2：免密登录测试。

```
[root@localhost ~]# ssh host001
Last login: Wed Aug 28 07:26:12 2024 from host001
[root@host001 ~]# ssh host002
Last login: Wed Aug 28 07:34:24 2024 from host003
[root@localhost ~]# ssh host003
Last login: Wed Aug 28 07:34:41 2024 from host002
[root@localhost ~]# ssh host004
Last login: Wed Aug 28 07:31:41 2024 from 192.168.9.1
```

【小提示】注意，在设置过程中，通过 SSH 登录后，可以及时通过 exit 命令退出，确保在同一台机器上对其他机器的登录认证。

任务 6：在 Liunx 平台下安装 JAVA 运行环境

首先准备 JAVA 文件安装包，同时配置好基本安装环境。这里随机选择一台机器，以 host004 这台虚拟机为例，安装版本为 jdk-8u201-linux-x64.tar.gz。

步骤 1：在 XShell 软件中，单击“窗口”菜单下的“传输新建文件”选项，如图 4-32 所示。

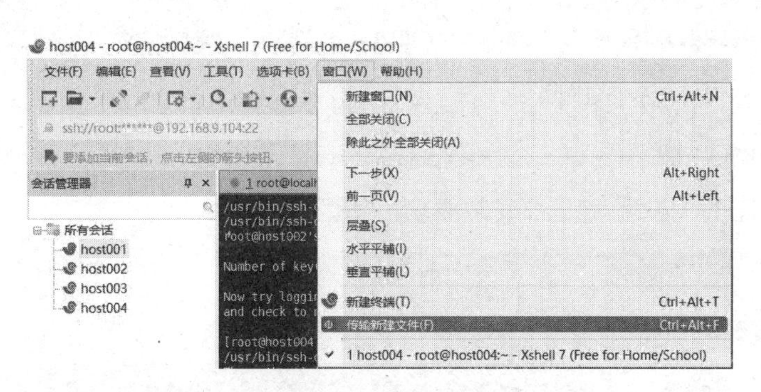

图 4-32　传输新建文件夹

步骤 2：上传文件。XShell 会自动调用文件上传工具 Xftp7。在左边窗口中，选择 JAVA 安装包，将其拖到 linux 的/root 目录下，如图 4-33 所示。

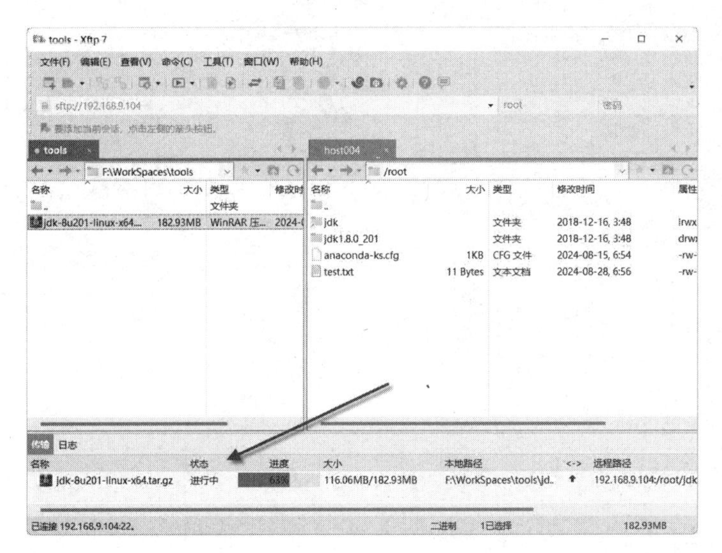

图 4-33　传输 JAVA 安装包

步骤 3：解压 java 的安装包，如图 2 所示。

```
tar -zxvf jdk-8u201-linux-x64.tar.gz -C ~
```

解压完以后，就可以看到 jdk1.8.0_201 这个文件夹。
步骤 4：创建一个软链接。这个有点类似 Windows 下的快捷方式。

```
ln -s jdk1.8.0_201/ jdk
```

步骤 5：编辑环境变量。设置局部的环境变量。

```
vi .bashrc
```

加入以下环境变量：

```
export JAVA_HOME=/root/jdk
export PATH=$JAVA_HOME/bin:$PATH
export CLASSPATH=$JAVA_HOME/lib/dt.jar:$JAVA_HOME/lib/tools.jar:.
```

使环境变量生效，命令如下：

```
source .bashrc
```

步骤 6：验证 JAVA 环境是否安装成功，使用以下命令：

```
java -version
```

成功后，提示如下：

```
[root@host004 ~]# ln -s jdk1.8.0_201/ jdk
[root@host004 ~]# vi .bashrc
[root@host004 ~]# source .bashrc
[root@host004 ~]#  java -version
java version "1.8.0_201"
Java(TM) SE Runtime Environment (build 1.8.0_201-b09)
Java HotSpot(TM) 64-Bit Server VM (build 25.201-b09, mixed mode)
```

使用同样方法，设置其他几台虚拟机的 JAVA 环境，并保证测试环境正常。

任务 7：配置 hadoop 环境

步骤 1：通过 Xshell 软件，将 hadoop 文件包上传到/root 目录下。解压 hadoop-2.7.3.tar.gz 到 root 目录，命令如下：

```
tar -zxvf hadoop-2.7.3.tar.gz -C ~
```

创建超链接：

```
ln -s hadoop-2.7.3 hadoop
```

步骤 2：配置环境变量。

(1) 修改全局环境变量，命令如下：

```
vi .bashrc
```

修改以下环境变量参数：

```
export JAVA_HOME=/root/jdk
export PATH=$JAVA_HOME/bin:$PATH
export CLASSPATH=$JAVA_HOME/lib/dt.jar:$JAVA_HOME/lib/tools.jar:.
export HADOOP_HOME=/root/hadoop
export PATH=$HADOOP_HOME/bin:$HADOOP_HOME/sbin:$PATH
```

使环境变量生效，命令如下：

```
source .bashrc
```

使用 HDFS 命令，测试 HDFS 环境变量是否生效，如下所示：

```
 [root@host004 ~]# HDFS
Usage: HDFS [--config confdir] [--loglevel loglevel] COMMAND
      where COMMAND is one of:
  dfs                  run a filesystem command on the file systems
supported in hadoop.
  classpath             prints the classpath
  namenode -format       format the DFS filesystem
  secondarynamenode      run the DFS secondary namenode
  namenode              run the DFS namenode
  journalnode            run the DFS journalnode
  zkfc                 run the ZK Failover Controller daemon
  datanode              run a DFS datanode
  dfsadmin              run a DFS admin client
  haadmin               run a DFS HA admin client
  fsck                 run a DFS filesystem checking utility
  balancer              run a cluster balancing utility
  jmxget                get JMX exported values from NameNode or DataNode.
  mover                run a utility to move block replicas across
                      storage types
  oiv                  apply the offline fsimage viewer to an fsimage
  oiv_legacy             apply the offline fsimage viewer to an legacy
fsimage
  oev                  apply the offline edits viewer to an edits file
```

```
  fetchdt              fetch a delegation token from the NameNode
  getconf              get config values from configuration
  groups               get the groups which users belong to
  snapshotDiff          diff two snapshots of a directory or diff the
                     current directory contents with a snapshot
  lsSnapshottableDir   list all snapshottable dirs owned by the current
user
                          Use -help to see options
  portmap              run a portmap service
  nfs3                run an NFS version 3 gateway
  cacheadmin          configure the HDFS cache
  crypto              configure HDFS encryption zones
  storagepolicies     list/get/set block storage policies
  version             print the version
```

(2) 进入 hadoop-2.7.3 安装包下的/etc/hadoop 文件目录。

```
[root@host004 hadoop]# cd /root/hadoop/etc/hadoop
```

使用 ls 命令可以看到，这个目录下面，有很多配置文件，如图 4-34 所示。

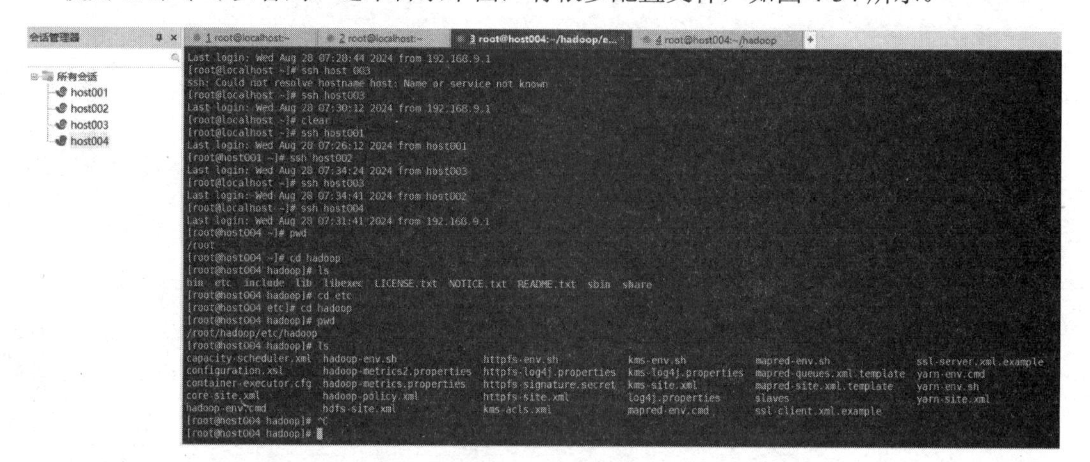

图 4-34　查看 hadoop 重要配置文件

步骤 3：配置 hadoop 关键参数。在表 4-1 中，列出了比较典型的配置文件。这里以 host001 虚拟机的 hadoop 配置为例。

表 4-1　hadoop 重要配置文件说明

文 件 名	功能说明
hadoop-env.sh	用于配置 Hadoop 运行环境的相关参数，如设置 Java 安装路径，日志目录等
HDFS-site.xml	用于配置 HDFS 的副本数量、数据块大小等
core-site.xml	主要用于配置 hadoop 的核心参数，如临时目录、默认文件系统地址等
mapred-site.xml	配置 MapReduce 框架的相关参数，如作业跟踪器的地址、Map 和 Reduce 任务的内存使用限制等
yarn-site.xml	配置 hadoop 的资源管理框架 YARN 的相关参数，如资源管理器的地址、节点管理器的资源分配等

(1) 修改 hadoop-env.sh 文件。命令如下：

```
vi hadoop-env.sh
```

找到 JAVA_HOME 环境变量，并修改以下配置：

```
export JAVA_HOME=/root/jdk
```

使用 echo 查看变量设置情况，如下所示：

```
[root@host001 hadoop]# echo $JAVA_HOME
/root/jdk
```

(2) 修改 HDFS-site.xml 文件。命令如下：

```
vi HDFS-site.xml
```

在<configuration>与</configuration>中，加入以下配置文件。表示将数据复制 3 份，提高数据的可用性和容错性。这里以单个虚拟机为例，设置为 1。

```
<!--表示数据块的冗余度，默认：3-->
<property>
<name>dfs.replication</name>
<value>1</value>
</property>
```

(3) 修改 core-site.xml 文件。命令如下：

```
vi core-site.xml
```

在<configuration>与</configuration>中，加入以下配置文件。修改以下配置：

```
<!--配置 NameNode 地址,8020 是 RPC 通信端口-->
<property>
<name>fs.defaultFS</name>
<value>HDFS://host001:8020</value>
</property>
<!--设置 HDFS 数据保存在 Linux 的某个目录，默认是 Linux 的 tmp 目录-->
<property>
<name>hadoop.tmp.dir</name>
<value>/root/hadoop/tmp</value>
</property>
```

(4) 修改 mapred-site.xml 文件。
在目录中，默认没有该文件，可以通过以下命令复制一份：

```
cp mapred-site.xml.template mapred-site.xml
```

继续修改配置文件，命令如下：

```
vi mapred-site.xml
```

同时修改以下配置：

```
<!--MR 运行的框架-->
<property>
<name>mapreduce.framework.name</name>
<value>yarn</value>
```

```
</property>
```

(5) 修改 yarn-site.xml 文件。命令如下：

```
vi yarn-site.xml
```

修改以下配置：

```
<!--Yarn 的主节点 RM 的位置-->
<property>
<name>yarn.resourcemanager.hostname</name>
<value>host001</value>
</property>
<!--MapReduce 运行方式：shuffle 洗牌-->
<property>
<name>yarn.nodemanager.aux-services</name>
<value>mapreduce_shuffle</value>
</property>
```

【小知识】YARN 基础知识。YARN(Yet Another Resource Negotiator)是 Hadoop 2.0 中的资源管理系统，其主要功能有：资源管理、应用程序管理、调度策略设置。通过 YARN，可以将硬盘、内存等资源动态分配给不同的应用程序，提高资源利用率。YARN 的架构组成包括：ResourceManager、NodeManager、ApplicationMaster 等。

- ResourceManager 是 YARN 的核心组件，负责整个集群的资源管理和调度；ResourceManager 则由调度器和应用程序管理器组成，调度器负责资源的分配，而应用程序管理器负责应用程序的提交、启动和监控。
- NodeManager 运行在每个计算节点上，负责管理本节点的资源和执行来自 ResourceManager 的任务。NodeManager 会定期向 ResourceManager 汇报本节点的资源使用情况和任务执行状态，以便 ResourceManager 进行资源调度和任务监控。
- ApplicationMaster 负责向 ResourceManager 申请资源，并与 NodeManager 协同工作，执行应用程序的任务。它根据应用程序的需求，将任务分配到不同的计算节点上执行，并监控任务的执行状态，确保任务的顺利完成。

步骤 4：格式化 NameNode。现在可以开始格式化了。

```
HDFS namenode -format
```

如果看到“Storage directory /root/hadoop/tmp/dfs/name has been successfully formatted.”等提示信息，说明已经成功格式化。

【小提示】删除 hadoop 下面的 tmp 目录文件。命令如下：

```
rm -rf tmp
```

步骤 5：验证是否成功启动。启动命令如下：

```
start-all.sh
```

使用 jps 命令，可以查看，当前节点上运行的 6 个 hadoop 进程，或者使用 jps 命令，如果能够查看到以下 6 个进程，说明安装成功。可以看到，这里就显示了 YARN 资源管理系统中的关键进程。运行界面如下所示：

```
# jps
3329 Jps
2242 DataNode
2532 ResourceManager
2393 SecondaryNameNode
2124 NameNode
2623 NodeManager
```

通过浏览器访问 ResourceManager 的 Web 界面来查看集群的整体状态。打开 http://192.168.9.101:50070，即可看到 NameNode 节点的 Web 界面，如图 4-35 所示。其中，50070 是 HDFS 的 NameNode 节点的 Web 界面端口号。

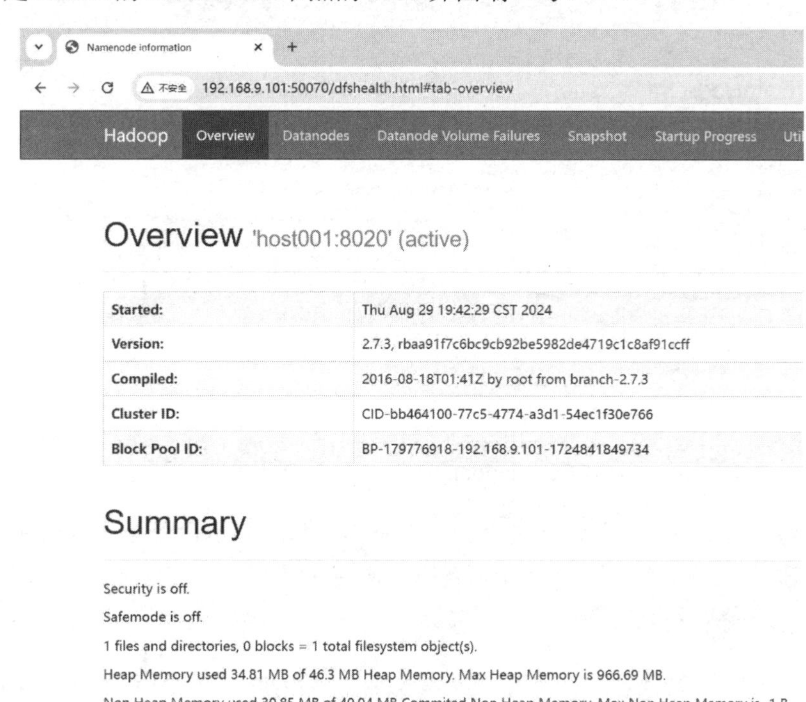

图 4-35　hadoop 信息概览界面

【小技巧】多台分布式虚拟机配置。上面配置的是单台虚拟机环境，在大数据应用场合中，往往需要配置多台分布式虚拟机。修改 slaves 文件。这里存储了服务器主机名列表，命令为：

```
vi slaves
```

修改为分布式主机名：

```
host001
host002
host003
```

同时，把主节点上配置好的 hadoop 文件，复制到从节点上。

```
scp -r hadoop-2.7.3/ root@host001:/root/hadoop-2.7.3
scp -r hadoop-2.7.3/ root@host002:/root/hadoop-2.7.3
scp -r hadoop-2.7.3/ root@host003:/root/hadoop-2.7.3
```

在 host001、host002、host003 创建软链接，并使环境变量生效。

```
ln -s hadoop-2.7.3 hadoop
source .bashrc
```

通过访问 Web 界面，可以查看 HDFS 的一些基本信息，如文件系统的整体状态、存储容量使用情况、DataNode 的列表及状态等。这里展示了多个节点的界面，如图 4-36 所示。

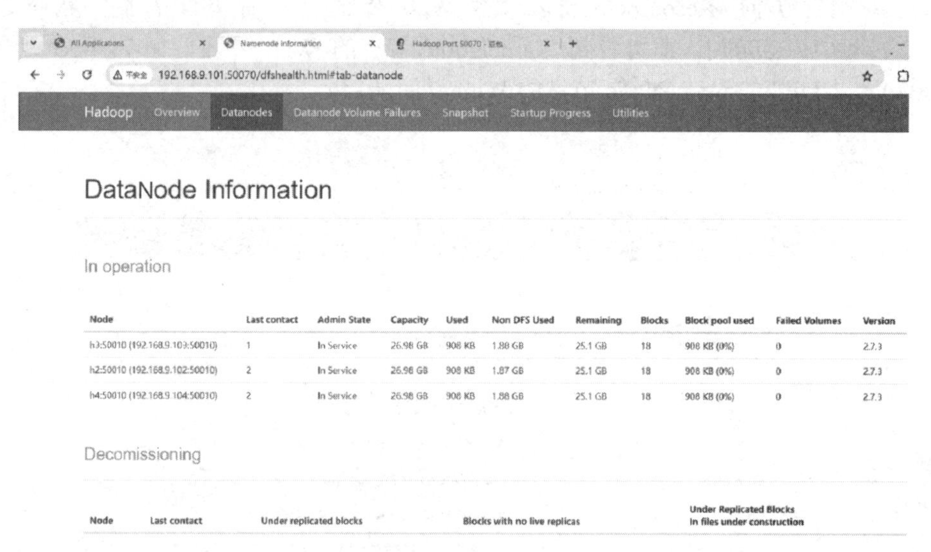

Node	Last contact	Admin State	Capacity	Used	Non DFS Used	Remaining	Blocks	Block pool used	Failed Volumes	Version
h3:50010 (192.168.9.103:50010)	1	In Service	26.98 GB	908 KB	1.88 GB	25.1 GB	18	908 KB (0%)	0	2.7.3
h2:50010 (192.168.9.102:50010)	2	In Service	26.98 GB	908 KB	1.87 GB	25.1 GB	18	908 KB (0%)	0	2.7.3
h4:50010 (192.168.9.104:50010)	2	In Service	26.98 GB	908 KB	1.88 GB	25.1 GB	18	908 KB (0%)	0	2.7.3

Node	Last contact	Under replicated blocks	Blocks with no live replicas	Under Replicated Blocks In files under construction

图 4-36　hadoop 的 DataNode 节点信息

【小提示】如果不能访问 Web 页面，可以关闭本机防火墙，检查网络设置。从而确保节点间的通信畅通，简化配置和减少潜在冲突。命令如下：

```
systemctl stop firewalld
```

打开 http://192.168.9.101:8088，可以看到 hadoop YARN(Yet Another Resource Negotiator)的 ResourceManager 的 Web 界面端口号，如图 4-37 所示。

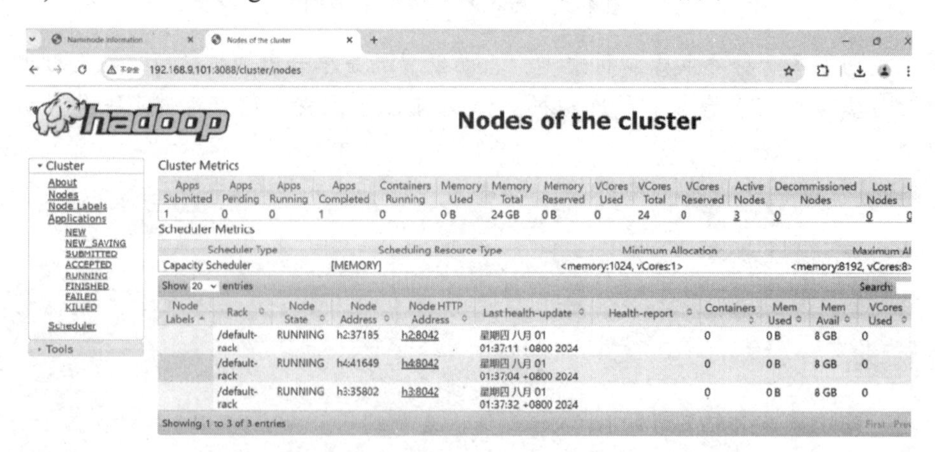

图 4-37　查看集群的资源使用情况

通过 8088 端口，可以查看 YARN 集群的资源使用情况、正在运行和已完成的应用程序信息、节点状态等。在这里，就可以揭开 HDFS 集群的神秘面纱了，如集群的健康状况、容量使用情况、数据节点的数量等，各个数据节点的详细状态和属性，包括节点的主机名、IP 地址、磁盘使用情况。此外，还包括了正在运行或已完成的 HDFS 相关作业和任务，以及 HDFS 中的文件和目录结构，包括文件的名称、大小、修改时间等属性。

任务 8：基于 HDFS 的 MapReduce 词频数据分析

MapReduce 是 Google 公司开源的一项重要技术，它是一种简化的并行计算编程模型，通过“分而治之”思想，把对大规模数据集的操作，分发给一个主节点管理下的各个子节点共同完成，然后整合各个子节点的中间结果，得到最终的计算结果。简而言之，MapReduce 就是“分散任务，汇总结果”。

【小知识】MapReduce 的编程模型。从 MapReduce 自身的命名特点可以看出，MapReduce 至少由两部分组成：Map 和 Reduce。Map 理解为“映射”，Reduce 理解为“化简”。用户只需要编写 map()和 reduce()两个函数(方法)，即可完成简单的分布式程序的设计。MapReduce 编程模型除了 Input(输入)、Split(拆分)、Map(映射)、Reduce(化简)、Output(输出)外，还有 Shuffle(洗牌)以及 Combiner(组合)、Partition(分区)。

下面，用 mapreduce 的算法完成一个词频统计的案例，步骤如下：

步骤 1：进入目录。在虚拟机环境下，确保网络配置正确。启动 HDFS 环境，

```
start-all.sh
```

步骤 2：进入/root/hadoop/share/hadoop/mapreduce 这个目录，命令如下：

```
cd /root/hadoop/share/hadoop/mapreduce
```

通过 ls 查看这个目录，可以看到 mapreduce jar 包，该包使得大规模数据能够被分割成多个小的任务单元，分别在不同的计算节点上并行处理。

步骤 3：准备数据。新建一个 my.txt 文件，里面包含了各种颜色数据。命令如下：

```
vi my.txt
```

在文件中，填写以下数据：

```
blue yellow
yellow blue
purple black
purple blue
blue blue
purple purple
blue yellow
```

步骤 4：上传数据。在 HDFS 上面建立一个 color 文件夹。命令如下：

```
HDFS dfs -mkdir /color
```

把 my.txt 文件上传到 input 文件夹下。命令如下：

```
HDFS dfs -put my.txt /color/color.txt
```

步骤 5：用 mapreduce 算法完成词频统计。命令如下：

```
hadoop jar hadoop-mapreduce-examples-2.7.3.jar wordcount
/color/color.txt /mycolor
```

这里，计算资源的调用和分配由 yarn 完成。结果如下所示。

```
[root@host001 mapreduce]# hadoop jar hadoop-mapreduce-examples-2.7.3.jar
wordcount /color/color.txt /mycolor
24/08/02 03:13:54 INFO client.RMProxy: Connecting to ResourceManager at
/192.168.9.101:8032
24/08/02 03:13:56 INFO input.FileInputFormat: Total input paths to
process : 1
24/08/02 03:13:56 INFO mapreduce.JobSubmitter: number of splits:1
24/08/02 03:13:56 INFO mapreduce.JobSubmitter: Submitting tokens for job:
job_1722539222089_0001
24/08/02 03:13:57 INFO impl.YarnClientImpl: Submitted application
application_1722539222089_0001
24/08/02 03:13:58 INFO mapreduce.Job: The url to track the job:
http://host001:8088/proxy/application_1722539222089_0001/
24/08/02 03:13:58 INFO mapreduce.Job: Running job:
job_1722539222089_0001
24/08/02 03:14:10 INFO mapreduce.Job: Job job_1722539222089_0001 running
in uber mode : false
24/08/02 03:14:10 INFO mapreduce.Job:  map 0% reduce 0%
24/08/02 03:14:18 INFO mapreduce.Job:  map 100% reduce 0%
24/08/02 03:14:25 INFO mapreduce.Job:  map 100% reduce 100%
24/08/02 03:14:26 INFO mapreduce.Job: Job job_1722539222089_0001
completed successfully
24/08/02 03:14:27 INFO mapreduce.Job: Counters: 49
    File System Counters
        FILE: Number of bytes read=55
        FILE: Number of bytes written=237349
        FILE: Number of read operations=0
        FILE: Number of large read operations=0
        FILE: Number of write operations=0
        HDFS: Number of bytes read=191
        HDFS: Number of bytes written=33
        HDFS: Number of read operations=6
        HDFS: Number of large read operations=0
        HDFS: Number of write operations=2
    Job Counters
        Launched map tasks=1
        Launched reduce tasks=1
        Rack-local map tasks=1
        Total time spent by all maps in occupied slots (ms)=4992
        Total time spent by all reduces in occupied slots (ms)=4803
        Total time spent by all map tasks (ms)=4992
        Total time spent by all reduce tasks (ms)=4803
        Total vcore-milliseconds taken by all map tasks=4992
        Total vcore-milliseconds taken by all reduce tasks=4803
        Total megabyte-milliseconds taken by all map tasks=5111808
        Total megabyte-milliseconds taken by all reduce tasks=4918272
    Map-Reduce Framework
        Map input records=7
```

```
        Map output records=14
        Map output bytes=141
        Map output materialized bytes=55
        Input split bytes=106
        Combine input records=14
        Combine output records=4
        Reduce input groups=4
        Reduce shuffle bytes=55
        Reduce input records=4
        Reduce output records=4
        Spilled Records=8
        Shuffled Maps =1
        Failed Shuffles=0
        Merged Map outputs=1
        GC time elapsed (ms)=201
        CPU time spent (ms)=1800
        Physical memory (bytes) snapshot=302608384
        Virtual memory (bytes) snapshot=4159918080
        Total committed heap usage (bytes)=142962688
    Shuffle Errors
        BAD_ID=0
        CONNECTION=0
        IO_ERROR=0
        WRONG_LENGTH=0
        WRONG_MAP=0
        WRONG_REDUCE=0
    File Input Format Counters
        Bytes Read=85
    File Output Format Counters
        Bytes Written=33
```

步骤 6：验证数据的正确性。命令如下：

```
HDFS dfs -cat /mycolor/part-r-00000
```

结果如下：

```
[root@host001 mapreduce]# HDFS dfs -cat /mycolor/part-r-00000
black   1
blue    6
purple  4
yellow  3
```

通过结果可以看到，数据计算是正确的，统计结果如图 4-38 所示。

同样，在 Web 界面中，可以查看详细的数据块信息，如图 4-39 所示。

其中，Block ID 为 1073741872，这是 HDFS 中数据块的唯一标识符。它用于区分不同的数据块，方便 HDFS 系统对数据块进行管理和定位。Block Pool 则是一组数据块的集合，通常与一个特定的 NameNode(HDFS 的主节点)相关联。在例子中，BP-1810963009-192.168.9.101-1722446247811 就是一个典型的 ID 号，中间包含了随机生成的数字或者特定的标识符，用于区分不同的 Block Pool。Generation Stamp 通常用于表示数据块的版本信息。Size 表示这个数据块的大小。Availability 通常表示数据块的可用性状态。

```
                Combine output records=4
                Reduce input groups=4
                Reduce shuffle bytes=55
                Reduce input records=4
                Reduce output records=4
                Spilled Records=8
                Shuffled Maps =1
                Failed Shuffles=0
                Merged Map outputs=1
                GC time elapsed (ms)=201
                CPU time spent (ms)=1800
                Physical memory (bytes) snapshot=302608384
                Virtual memory (bytes) snapshot=4159918080
                Total committed heap usage (bytes)=142962688
        Shuffle Errors
                BAD_ID=0
                CONNECTION=0
                IO_ERROR=0
                WRONG_LENGTH=0
                WRONG_MAP=0
                WRONG_REDUCE=0
        File Input Format Counters
                Bytes Read=85
        File Output Format Counters
                Bytes Written=33
[root@h1 mapreduce]# hdfs dfs -cat /mycolor/part-r-00000
black   1
blue    6
purple  4
yellow  3
```

图 4-38　关于颜色的计算结果

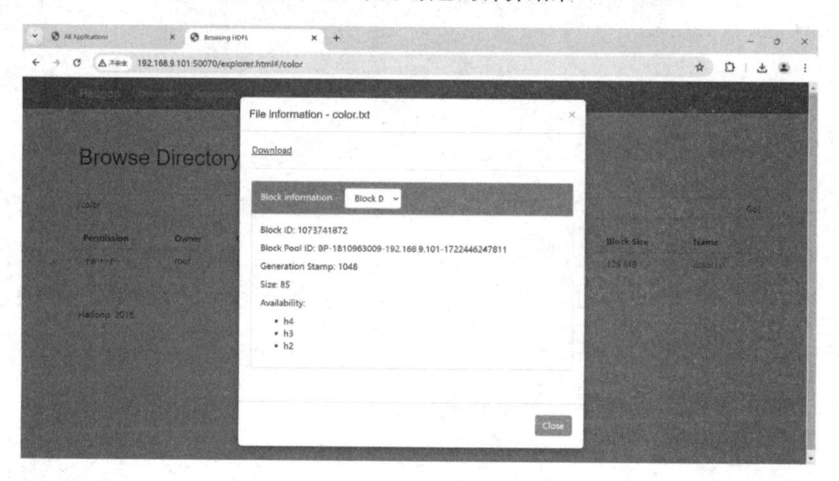

图 4-39　数据块文件相关信息

课 后 拓 展

1. Hadoop 云计算架构体系

Hadoop 由 Doug Cutting 设计，名字来源于他孩子的玩具大象。Hadoop 同样也是一个强大的分布式计算框架，适用于处理大规模数据集。2002 年，Doug Cutting 与好伙伴 Mike Cafarella 共同创建了开源网页爬虫项目 Nutch，这是一个与 Google 搜索引擎类似的开源网络搜索引擎。当时，他们也遇到了海量数据的存储与处理挑战。

就在 Doug Cutting 苦思冥想之时，2003 年，谷歌发表了关于 GFS 的论文，向业界介绍了其分布式文件系统设计方案。Doug Cutting 看到谷歌的这篇论文后，非常吃惊，这正是他所需要的啊！于是，以 GFS 的设计为蓝图，他开始用 Java 实现一个分布式文件系统，这就是后来的 Hadoop HDFS。而后在 2006 年，Doug Cutting 加入了雅虎，并领导团队将 Hadoop 发展成了一个可在网络上运行的系统。可以说，HDFS 就是 GFS 的开源实现，而 MapReduce 则是 Google MapReduce 的开源实现。HDFS 为海量的数据提供了存储，而 MapReduce 为海量的数据提供了计算。Hadoop 云计算架构如图 4-40 所示。

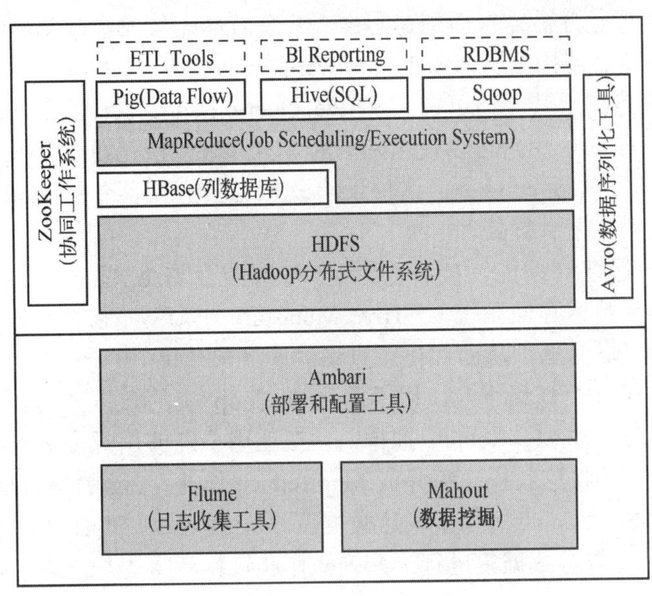

图 4-40 Hadoop 云计算架构

(1) ZooKeeper。ZooKeeper 是一种集中式服务，用于维护配置信息、命名、提供分布式同步和提供组服务。最初在雅虎上构建，其设计的主要目的是将那些复杂且容易出错的分布式一致性服务封装起来，构成一个高效可靠的原语集，并以一系列简单易用的接口提供给用户使用。由于其可靠性和效率，很多大型公司都采用 ZooKeeper。比如小米公司的米聊，其后台就采用了 ZooKeeper 作为分布式服务的统一协作系统。还有阿里公司的开发人员也广泛使用 ZooKeeper，并对其进行了适当修改，开源了一款 TaoKeeper 软件，以适应自身业务需要。

(2) HBase。HBase 是一个开源的分布式存储系统，它是 Google Bigtable 的开源实现，用于存储海量的结构化数据。HBase 建立在 Hadoop 及其文件系统 HDFS 之上，并利用 Hadoop 的 MapReduce 来处理其内部的大数据。与 Bigtable 一样，HBase 的设计目标是，在廉价的 PC 服务器上提供高可靠性、高性能和可伸缩性的结构化存储。这种存储系统非常适合那些需要随机、实时读/写大数据的场景。

HBase 的数据组织方式与传统的关系型数据库有所不同。尽管它也使用行和列的概念，但 HBase 采用面向列的存储方式，这与传统关系型数据库中基于行的存储形成了鲜明的对比。这样的设计使 HBase 特别适合存储稀疏数据，因为它不会因为缺失的值而浪费存储空间。每个表可以存储数百亿行和数百万列数据，并且表中的每一行可以有不同的列数。行的唯一标识符是行键，这使得对数据的访问非常快速和高效。

HBase 作为一个 NoSQL 数据库，为非结构化数据和半结构化数据提供了高效的存储解决方案。它不支持传统的 SQL 查询，但通过行键可以快速检索数据。尽管 HBase 不支持多行事务，但它能确保单行数据的原子性操作。它特别擅长处理不适合用传统数据库存储的数据，如图片、视频、XML 和 HTML 等。

(3) Hive。Apache Hive 是一个基于 Hadoop 的开源数据仓库系统，专门为大规模数据集的处理和分析而设计。与 Hadoop 的分布式文件系统 HDFS 紧密集成，Hive 允许用户将 HDFS 中的数据映射为结构化的数据库表格，为大数据查询和分析提供了简化手段。起初 Facebook 为满足其日志分析需求而创建，由于其高效性能与成本效益，Hive 很快获得了业界的广泛关注，并随后被捐赠给 Apache Software Foundation。

Hive 的核心优势在于其查询语言——Hive Query Language(HQL)，这是一种类似 SQL 的查询语言。通过 HQL，用户可以使用熟悉的 SQL 风格进行数据查询，而 Hive 会自动将其转换为 Hadoop MapReduce 任务。这种设计极大地方便了不熟悉 MapReduce 的用户，使他们也能轻松地对大数据进行处理。

为了进一步增强查询性能，Hive 支持多种数据存储格式、索引和用户自定义函数(UDFs)。特别是其元数据存储系统——Hive Metastore (HMS)，它为数据分析师提供了关于数据结构和位置的宝贵信息，从而优化了查询的速度与效果。

(4) Pig。Pig 是一个高级平台，用于简化 Hadoop 上的数据处理和分析任务。起初由雅虎开发，它主要是一种 MapReduce 抽象，旨在让用户能够用更高级别的语言来表达复杂的数据处理操作，然后将这些操作编译成 MapReduce 作业。Pig 的核心是 Pig Latin 语言，这是一种过程式脚本语言，专门用于表达数据流。与 Hive 的 SQL 风格的 HQL 不同，Pig Latin 更加过程式，使得对数据集进行一系列操作和转换变得更加直观，从而形成高效的数据处理流程。

此外，Pig 还支持将使用 Java、Python 和 JavaScript 等语言编写的自定义函数(UDFs)集成到脚本中，增强了对大数据转换和分析的能力。Pig 特别适用于复杂的数据处理场景，尤其是在需要从多个数据源汇总数据并在多个阶段进行转换时。虽然 Hive 在处理可以轻松映射到 SQL 脚本的任务方面表现出色，但对于那些需要更细致操作和多阶段处理的复杂数据流，Pig 则更为合适。总地来说，Pig 通过其独特的 Pig Latin 脚本和灵活的处理流程，在 Hadoop 生态系统中为处理各种复杂数据场景提供了强大的支持。

(5) Mahout。Apache Mahout 作为 Apache 软件基金会的一个重要项目，是一个专注于机器学习的开源软件库。自 2008 年作为 Apache Lucene 子项目成立以来，Mahout 致力于提供高效、可扩展的机器学习算法，尤其擅长处理大规模数据集。它的主要功能集中在三个领域：推荐引擎(协同过滤)、聚类和分类。作为一个纯 Java 库，Mahout 旨在为开发者提供灵活且可定制的工具集，而不是一个带有图形界面的完整应用程序。Mahout 的出现源自与 Lucene 相关的搜索、文本挖掘技术的密切联系，随后逐渐发展成为独立的项目，专注于应对机器学习领域的挑战。随着大数据和机器学习在商业和科研领域的快速发展，Mahout 的重要性和应用范围不断扩大，已成为数据科学家和机器学习工程师在处理复杂数据问题时的重要工具。

(6) Sqoop。Apache Sqoop(SQL-to-Hadoop)是一个高效的数据传输工具，专门用于在 Apache Hadoop 和传统关系型数据库(如 MySQL、Oracle、PostgreSQL 等)之间进行大规模数据交换。这个工具允许用户轻松地从各种支持 JDBC 的关系型数据库中导入数据到 Hadoop 生态系统(包括 HDFS、HBase、Hive)中，同时也支持将数据从 Hadoop 导出至这些关系型数据库中。Sqoop 的重要性在于，它架起了 Hadoop 和传统数据库系统之间的桥梁，使得两者之间的数据迁移和集成变得简单高效。Sqoop 的特点主要表现在以下两个方面。

一方面，Sqoop 在数据导入和导出过程中，能够实现高度的并行处理和容错能力。Sqoop 的工作原理依赖于 MapReduce 框架，这使得它能自动读取关系型数据库的模式信息，极大地简化了数据转换和传输过程。在导入数据时，Sqoop 能够根据数据库表的结构自动分割工作，以实现更有效的数据处理。它还支持增量导入，允许用户仅导入自上次导入以来发生变化的数据，这对于处理大量不断更新的数据来说是非常实用的功能。

另一方面，Sqoop 与 Hadoop 无缝集成。Hadoop 以其高可扩展性和对大数据处理的能力而闻名。Hadoop 可以处理各种类型和格式的数据，而 Sqoop 正是利用了这一特性，使得结构化的关系型数据库数据可以轻松地转移到 Hadoop 环境中，用于更复杂的分析和处理。

(7) Flume。Apache Flume 是一个分布式、高可用的日志收集系统，最初由 Cloudera 公司开发，后来被捐赠给 Apache 软件基金会，成为开源项目。其主要设计目的是高效地收集、聚合和传输大量的日志数据。Flume 的核心组件包括 Source、Channel 和 Sink。Source 是数据的输入源，负责接收或获取数据。Channel 则作为数据的临时存储区或缓冲区，用于对传输数据进行排队。Sink 是数据的最终输出端，它从 Channel 中获取数据并处理，可能将其发送到另一个 Flume agent 或其他数据存储系统如 HDFS。

Flume 的设计具有高度的灵活性，可以容易地配置成满足不同数据流需求的拓扑结构。例如，通过串联多个 Flume agents，可以创建分层的数据收集拓扑结构。此外，Flume 支持多种数据源，除了收集日志，还可以从其他数据源收集数据，并将其传输到 Hadoop、Kafka、ElasticSearch、Hive、HBase 等大数据系统中。为了增强其可靠性和扩展性，Flume 提供了事件、拦截器、Channel 选择器和 Sink 处理器等概念，使其更为强大且具有扩展性。

事件是 Flume 处理的基本数据单位，它包含实际的数据载荷和可能的一些数据头，用于数据路由和优先级跟踪。拦截器能够在数据流中检查和更改事件，而 Channel 选择器则负责将数据从 Source 移动到一个或多个 Channel。Sink 处理器提供了对 Sink 的高级控制，如故障转移和负载均衡。

(8) Ambari。Apache Ambari 是 Apache Software Foundation 推出的开源项目，它的核心目标是为 Apache Hadoop 集群的配置、管理和监控提供简化及优化方案。作为 Hadoop 生态中的关键元素，Ambari 致力于为大数据环境操作和维护带来更直观和高效的体验。与传统命令行方法形成对比，Ambari 提供了一个基于 Web 的交互界面，允许管理员在多主机上轻松地部署、调整和扩展 Hadoop 服务。

在功能上，Ambari 为用户呈现了明确的配置步骤，确保在任意数量的主机上安装和配置 Hadoop 服务都是简单而清晰的，同时也妥善处理了集群中 Hadoop 组件之间的配置细节。在集群的管理层面，Ambari 带有集中式的管理工具，有助于用户轻松地启动、停止或调整 Hadoop 服务。在监控方面，Ambari 不仅提供了一个可视化的展示面板，还整合了 Ambari Metrics System 以收集和呈现集群的关键数据。与此同时，Ambari Alert Framework 实时监测系统，确保在面对关键问题(如节点故障或磁盘短缺)时能够为管理员及时发出警报。

此外，Ambari 为开发者和集成商提供了完备的 REST API，确保他们能在自己的产品或方案中无缝地集成 Hadoop 的配置、管理和监控功能，从而进一步强化 Hadoop 生态的适应性和拓展性。

2. Spark 云计算架构体系

Apache Spark 是一款开源的、通用的大规模数据处理引擎，它最初由美国加州大学伯克利分校的 AMPLab 开发，并迅速成为 Apache 软件基金会的顶级项目。

Spark 的核心优势在于其内存计算能力，这显著减少了多次数据处理操作中的 I/O 开销，特别是在需要多次迭代的数据分析任务中。这是通过一个称为弹性分布式数据集(RDD)的抽象来实现的，RDD 是一个容错的、并行的数据结构，允许用户显式地将数据持久化到内存中，从而加速迭代算法和交互式数据分析。

Spark 支持多种编程语言，包括 Scala(其本身用 Scala 编写)、Java、Python 和 R，这使得各种背景的开发者都能使用 Spark 来处理大数据问题。其提供了强大的高级 API，包括用于结构化数据处理的 Spark SQL、用于流式数据处理的 Spark Streaming、用于机器学习的 MLlib 和用于图形处理的 GraphX。

Spark 可以在多种环境中运行，既可以独立部署，也能在云环境中使用，并且可以与其他资源管理器(如 Hadoop YARN 或 Apache Mesos）集成。它还提供了丰富的生态系统来支持各种数据处理需求，包括批处理、实时分析、数据科学和机器学习在内的各种数据处理任务。

3. Storm 云计算架构体系

Apache Storm 是一种免费的开源分布式实时计算系统。它是由 BackType(后来被 Twitter 收购)开发的，专为处理大量的实时数据流而设计。Storm 使得可以在分布式环境中以可靠的方式处理无限数据流，并且能保证每条数据都会被处理。Storm 的这些特性使其成为执行实时分析、在线机器学习、持续性计算、分布式 RPC(远程过程调用)等应用的理想平台。

Storm 的核心概念包括 spouts 和 bolts。spouts 负责从数据源读取数据流并将其传输到拓扑中，bolts 则执行数据处理，如过滤、聚合、连接等。一个完整的数据处理流程在 Storm 中被称为“拓扑”(topology)，它定义了数据如何从 spouts 流向 bolts，并且这个流程可以无限运行或者根据需要进行调整。

Storm 的一个关键特性是其“至少处理一次”(at least once)或“精确一次”(exactly once)处理语义，保证数据不会丢失，这对于需要高可靠性的系统尤其重要。此外，Storm 提供了对每个消息的确认机制，确保消息在完整的处理链中得到处理。在性能方面，Storm 在小型集群上就能够实现毫秒级的延迟，并且每秒能够处理数百万条消息，这得益于其高效的消息处理架构。它也可以无缝地扩展到更大的集群，以支持更大规模的数据处理需求。

Storm 的可伸缩性也是它的一个显著特点。它可以分布在数十台到数千台机器上，并且能够处理任何规模的数据流。Storm 集群通过使用 Nimbus 服务和 Supervisor 节点进行自动化管理，Nimbus 负责分发代码、分配任务和监视失败，而 Supervisor 则在工作节点上监听工作。尽管 Storm 有许多优点，但是在某些情况下，如批处理或需要长期数据存储的任务中，可能不是最佳选择。在这些场景下，Apache Hadoop 等框架更加适用。

4. Flink 云计算架构体系

随着技术的发展，目前涌现了许多热门的架构。比如，Flink 就是其中的优秀代表。

Flink 的生态非常丰富，可以与其他大数据技术和工具无缝对接，比如，可以与 Hadoop、Spark、Kafka、Elasticsearch 等技术进行集成，实现端到端的数据处理流程。Flink 提供了统一的编程模型，既可以用于流处理，也可以用于批处理。Flink 最适合的应用场景是低时延的数据处理场景，通过高并发 pipeline 处理数据，时延毫秒级，且兼具可靠性。此外，Flink 提供了丰富的状态管理相关的特性，用户可以基于业务模型选择最高效、合适状态类型，通过增加节点来扩展系统的处理能力。

本章小结

云计算服务是大数据的重要支撑，它为大数据分析提供了必要的基础设施、工具和支持，使其更加高效、灵活和经济。本章重点讲解了云计算的概念、部署模式和服务模式，以及基于云计算的大数据服务架构，如 hadoop、Spark 等。通过本章系列实训，可以详细了解 HDFS 大数据集群环境部署过程，对大数据主机配置、大数据存储、大数据分析等计算过程有一个更加直观的认识。通过本章的学习，进一步掌握 Linux、Java 等基础知识，可以达到举一反三的效果。

第 5 章 网页结构分析与 Python 编程基础

在互联网环境中，网页数据比较常见。网页的结构有很多共通的规律，了解网页结构，我们可以快速地进行节点定位，从而精准获取所需要的数据。

本章学习目标：

- 了解网页的基本结构。
- 熟悉 Python 开发环境的配置，熟悉 Python 的基本语法及库。
- 了解网页数据的请求与响应方法。

课前思考：

- 解析网页数据时，有哪些高效实用的工具？
- 如何利用 Python 读取网页数据？

课 前 自 学

一、网页的基本结构

1. 网页的组成

网页中的数据元素非常多样，它们可以是文本、图像、视频、音频、链接、脚本等。这些元素是用户能够直接看到的。但实际上，网页的组成分为三个部分：

(1) HTML。HTML 的全称为超文本标记语言，它是标准通用标记语言下的一个应用，也是一种规范、一种标准，它通过标记符号来标记要显示在网页中的各个部分。HTML 文本是由 HTML 标签组成的描述性文本，HTML 标签可以定义文字、图片、音频、视频、超链接等。用户在网页上看到的各种内容都是通过 HTML 文本来实现的。

(2) CSS。网页的基本内容是通过 HTML 文本来实现的，但是 HTML 文本只能实现最基本的网页样式。随着 HTML 的发展，为了满足网页开发者的需求，CSS 应运而生。CSS 全称为层叠样式表。CSS 选择器用来对 HTML 页面中的元素进行控制，它为 HTML 语言提供了一种样式描述，定义了元素的显示方式，提供了丰富的样式定义以及设置文本和背景属性的能力。CSS 可以将所有的样式声明统一存放，进行统一管理。在 CSS 中，一个文件的样式可以从其他的样式表中继承。读者在有些地方可以使用自己更喜欢的样式，在其他地方则可以继承或层叠作者的样式。这种层叠的方式使作者和读者都可以灵活地加入自己的设计，满足个人的需求。

(3) JavaScript。JavaScript(JS)是一种面向对象的解释型脚本语言，它具有简单、动态、跨平台的特点。它被广泛应用于 Web 开发中，帮助开发者构建可拓展的交互式 Web 应用。

要了解网页的基本结构，可以直接在菜单中选择“检查”命令。以 Google 浏览器为例，可以通过“检查”命令来查看网页结构，如图 5-1 所示。

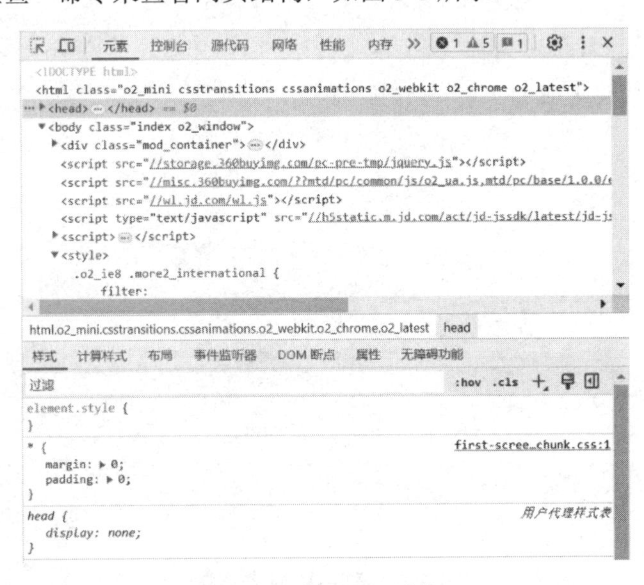

图 5-1 查看网页结构

2. 网页的层级结构

网页通过文档对象模型(document object model，DOM)来描述网页层次结构。DOM 是 W3C(万维网联盟)制定的标准接口规范，是一种处理 HTML 和 XML 文件的标准 API。DOM 将 HTML 文本作为一个树形结构，DOM 树的每个结点都表示了一个 HTML 标签或 HTML 标签内的文本项，它将网页与脚本或编程语言连接起来。借助 DOM 树，开发者可以通过 JavaScript 来创建动态 HTML，如图 5-2 所示。

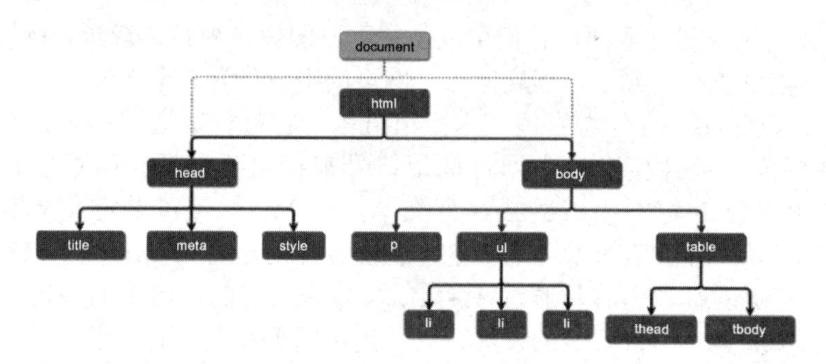

图 5-2　DOM 节点树

DOM 标准规定 HTML 文档中的每个成分都是一个节点(node)：整个文档是一个文档节点；每一个 HTML 元素是一个元素节点；包含在 HTML 元素中的文本是文本节点；每一个 HTML 属性是一个属性节点，只有元素才有属性；注释属于注释节点。

以下面的文档为例:

```
<html>
    <head>
        <title>样例</title>
    </head>
    <body>
        <h1>这是一个 HTML 文件</h1>
        <p>这是一个<i>样例</i>文档
    </body>
</html>
```

将上面的网页代码生成 DOM 节点树，如图 5-3 所示。

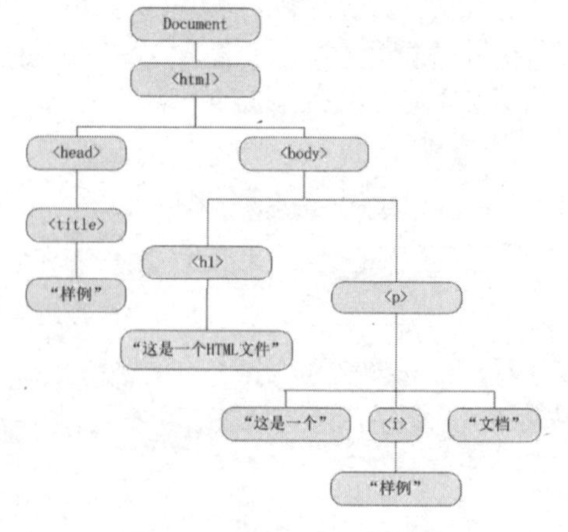

图 5-3　网页 DOM 节点树

图 5-3 中，每一个方框表示一个节点，其中包含三类节点：根节点(document)、元素节点(使用尖括号括起来的节点)和文本节点(使用双引号括起来的节点)。通过这种层级结构，可以快速地进行节点定位。

二、Python 简介与特点

1. Python 简介

Python 是一门开源免费的脚本编程语言，以其简单易学、免费开源、丰富的库、跨平台兼容、面向对象、动态类型等特点而闻名。这些特点使得 Python 广受欢迎，并应用于 Web 开发、数据分析、人工智能、科学计算等领域。

Python 的流行，也带动了工程师就业市场的热度，而且已成为大数据技术和数据科学职业领域不可或缺的技能之一。与 Python 相关的就业岗位包括 Python 开发人员、机器学习工程师、数据科学家、数据分析师、BI 分析师、数据工程师、数据架构师。

2. Python 的特点

(1) 简单易学。Python 的语法相对简洁明了，阅读 Python 程序像是在读英语。它采用缩进来表示代码块，使得代码结构清晰易懂。同时，Python 也支持多种编程范式，如面向过程、面向对象和函数式编程，使得开发者可以灵活地应对不同的编程需求。

(2) 免费开源。在开源方面，Python 具有许多优势，它允许开发者自由地获取、使用、修改和分享源代码。Python 的开源特性使其拥有一个庞大的开发者社区。开源的特性使得 Python 的代码可以被广大开发者审查和测试，从而发现和修复潜在的安全漏洞及稳定性问题。这使得 Python 成为一个广受欢迎的选择，特别是在科学研究、数据分析和教育等领域。

(3) 丰富的库。Python 拥有庞大的开源库生态系统，涵盖了文件处理、网络编程、数据库接口、图形界面开发、科学计算等各个领域。这些开源库不仅提高了开发效率，还降低了开发成本。这也使得 Python 成为一门非常全能的编程语言，几乎可以胜任任何类型的开发工作。

(4) 跨平台兼容。Python 具有良好的跨平台兼容性，可以被移植到 Windows、Linux、macOS 等大多数平台中。这使得 Python 成为一门非常灵活的编程语言，可以轻松地在不同的平台上进行开发和部署。

(5) 面向对象。Python 支持面向对象编程，这使得代码更加模块化、可重用和可维护。通过类和对象的概念，开发者可以更好地组织和管理代码，提高代码的可读性和可维护性。

(6) 动态类型。Python 是动态类型的语言，这意味着可以在运行时改变变量的类型。这种灵活性使得 Python 在快速原型设计和迭代开发方面非常有用。

不过，Python 也有一些比较明显的缺点，比如运行速度慢、代码加密困难等。Python 使用动态类型系统，这意味着它需要在运行时跟踪每个对象的类型信息。这可能导致 Python 程序比使用静态类型语言编写的类似程序占用更多的内存。在大型项目中，确保代码的可读性和可维护性需要做一些额外的工作。

三、Python 基础语法

Python 是一种高级编程语言，以其简洁、易读的语法而获得用户好评。以下是一些基本的 Python 语法概念。

(1) 变量。就像一个盒子，可以给它起个名字，比如叫“苹果”，然后往里面放东西。在 Python 里，可以用等号(=)给变量赋值，比如：

```
apple = "一个苹果"
name = "张三"
```

(2) 数据类型。Python 有很多不同的数据类型，比如数值型(整型如 123、浮点型如 3.14)、字符串型(如“你好”)、列表等。可以用内置的函数来检查一个变量的类型，比如：

```
type(apple)
```

(3) 打印输出。使用 print()函数可以将数据输出到屏幕，比如：

```
print("你好，世界！")
```

(4) 控制结构。通过控制结构可以让程序根据条件做出不同的选择，比如，根据年龄来判断是否成年。Python 由 if 语句来实现这种逻辑：

```
age = 18
if age >= 18:
    print("你是成年人。")
```

(5) 循环。当需要重复做某件事情时，就要用到循环语句。Python 提供了 for 循环和 while 循环。for 循环通常用于遍历列表或字符串，而 while 循环则用于在满足某个条件时重复执行代码。比如：

```
# for 循环
for i in range(5):
    print(i)

# while 循环
i = 0
while i < 5:
    print(i)
    i += 1
```

(6) 函数。想象一下，如果有一个特别的吃苹果的方法，那么就可以把它写下来，这样每次想吃苹果时都可以按照这个方法来做。在 Python 中，可以定义函数来封装一段代码，以便重复使用。比如

```
def greet(name):
    print("你好，" + name + "！")


greet("张三")
```

(7) 类和对象。如果有很多苹果，每个苹果都有自己的特性，比如颜色、大小。在

Python 中，可以创建一个“苹果类”，然后创建具体的苹果对象，每个对象都有类定义的属性和方法。比如

```
# 创建一个苹果类
class Apple:
    def __init__(self, color, weight):
        # 初始化方法，当创建一个新的苹果对象时，这个方法会被调用
        # color 和 weight 是传递给这个方法的参数
        self.color = color
        self.weight = weight

    def describe(self):
        # 一个方法，用于描述苹果的信息
        print(f"这是一个{self.color}的苹果，重量为{self.weight}克。")

    def eat(self):
        # 一个方法，用于表示吃苹果的动作
        print("正在吃苹果...")


# 创建一个具体的苹果对象
red_apple = Apple("红色", 200)

# 调用对象的方法
red_apple.describe()  # 输出：这是一个红色的苹果，重量为 200 克。
red_apple.eat()  # 输出：正在吃苹果...
```

在这个例子中，Apple 类有两个属性：color 和 weight，分别表示苹果的颜色和重量。这个类还有两个方法：describe()和 eat()，分别用于描述苹果的信息和表示吃苹果的动作。然后，创建了一个名为 red_apple 的苹果对象，并调用了它的 describe()和 eat()方法。

(8) 模块和包。有时候，进行数据分析的程序会变得很大，就像有很多不同的果园。Python 允许把代码分成不同的文件(模块)，并且可以安装和使用其他人编写的代码库(包)，这样可以共享和重用代码。模块指一个包含若干函数定义、类定义或常量的 Python 源程序文件，库或包指包含若干模块的文件夹，并且该文件夹中包含一个名为__init__.py 的文件。

(9) 错误处理。编程时，错误是难免的。Python 由 try 和 except 语句来捕获和处理错误，这样程序就不会因为一个小错误而完全停止运行。

(10) 注释。在代码中，可以写注释来解释代码的含义。Python 的注释以“#”开头，Python 在执行时会忽略这些行。

课 中 实 训

任务 1：Python 开发环境配置

Python 环境的核心组件就是 Python 解释器，它负责解释和执行 Python 代码。

步骤 1：下载 Python 安装包。

本例选择 Anaconda 安装包，下载地址为：https://anaconda.org.cn/anaconda/install。也可以到 Python 官网下载适用于所使用的操作系统的 Python 安装包。Python 提供了各种版本的安装包，如 Python 2.x 和 Python 3.x，根据需求选择合适的版本。下载完成后，运行安装包，选择默认安装选项或按照自己的需求进行设置。一般情况下，保持默认设置即可。

安装完成后，可以通过在命令行中输入“python”命令，验证 Python 是否安装成功。如果出现 Python 的版本信息，则表示安装成功。

步骤 2：配置编辑器。

在 Python 编程中，我们需要一个编辑器来编写和编辑 Python 代码。选择一个适合自己的编辑器是非常重要的。以下是几种常用的编辑器。

(1) Python 自带的 IDLE 编辑器：Python 自带了一个简单的集成开发环境(IDE)——IDLE。它是 Python 官方提供的，功能简单易用，适合初学者。在 Python 解释器安装完成后，可以在开始菜单或应用程序文件夹中找到 IDLE。

(2) Visual Studio Code：一个轻量级的文本编辑器，可用于 Python 以及其他编程语言的开发。它具有丰富的插件和扩展生态系统，可根据个人需求进行配置，并提供了调试功能。

(3) PyCharm：一款功能强大的 Python IDE，专门为 Python 开发而设计。它提供了丰富的特性和工具，支持大型项目开发，并提供了智能代码完成、静态分析、调试等功能。

(4) Anaconda：一个免费的、易于安装的包管理器、环境管理器。Anaconda 提供了 7500 多个开源包，并自动安装了超过 250 个软件包。Anaconda 与平台无关，因此无论在 Windows、macOS 还是 Linux 上都可以使用。包安装的命令为：conda install 包名。在 Anaconda 安装包中，有一个自带的 IDE 环境 Spyder，这是一个专门为科学计算和数据分析而设计的 Python IDE。它提供了多种用于数据分析的工具和库，如 NumPy、SciPy 和 Pandas 等。

【小提示】Jupyter Notebook 启动时出现无法自动打开浏览器的问题。

解决方法如下。

步骤 1：直接复制最下方的 URL 并粘贴到浏览器的地址栏，或者在本地计算机输入 http://localhost:8888/tree，即可打开 Jupyter Notebook。不过，每次出现这个问题时，输入会比较麻烦，可以修改配置文件直接打开。

步骤 2：查找配置文件。按下 WIN+R 键，打开 cmd 命令窗口。在命令行中输入如下命令：

```
jupyter notebook --generate-config
```

如果有提示，则输入 y 并按 Enter 键，如图 5-4 所示。根据上面得到的路径，在资源管理器中找到 jupyter_notebook_config.py 文件。

```
C:\Windows\system32\cmd.exe - jupyter notebook --generate-config
Microsoft Windows [版本 10.0.22000.318]
(c) Microsoft Corporation。保留所有权利。

C:\Users\wenbo>jupyter notebook --generate-config
Overwrite C:\Users\wenbo\.jupyter\jupyter_notebook_config.py with default config? [y/N]
```

图 5-4　jupyter_notebook_config.py 文件地址

步骤 3：编辑配置文件。按下 Ctrl+F 组合键查找，在查找目标处输入如下内容：

```
c.NotebookApp.password=
```

找到目标所在位置后，在目标下方添加代码。这段代码就指定了 Jupyter Notebook 自动打开的浏览器，可以根据自己的喜好选择浏览器(谷歌、Edge 等)。

```
import webbrowser
webbrowser.register('chrome',None,webbrowser.GenericBrowser(r'C:\Program
Files(x86)\Google\Chrome\Application\chrome.exe'))
c.NotebookApp.browser = 'chrome'。
```

注意：浏览器的安装的位置。例如，计算机中谷歌浏览器的安装位置是 C:\Program Files(x86)\Google\Chrome\Application\chrome.exe，如果谷歌浏览器不是安装在这个位置，需要改成目前安装的位置。

设置完毕，如图 5-5 所示。

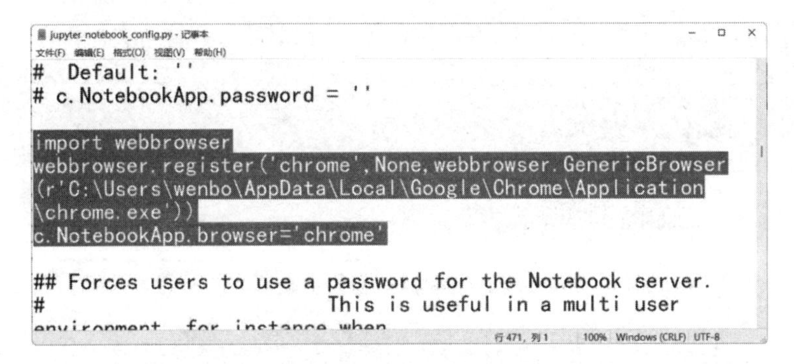

图 5-5　编辑配置文件

步骤 4：重启 Jupyter Notebook。保存后，重启 Jupyter Notebook，这时就会发现 Jupyter Notebook 能够自动打开浏览器了，如图 5-6 所示。

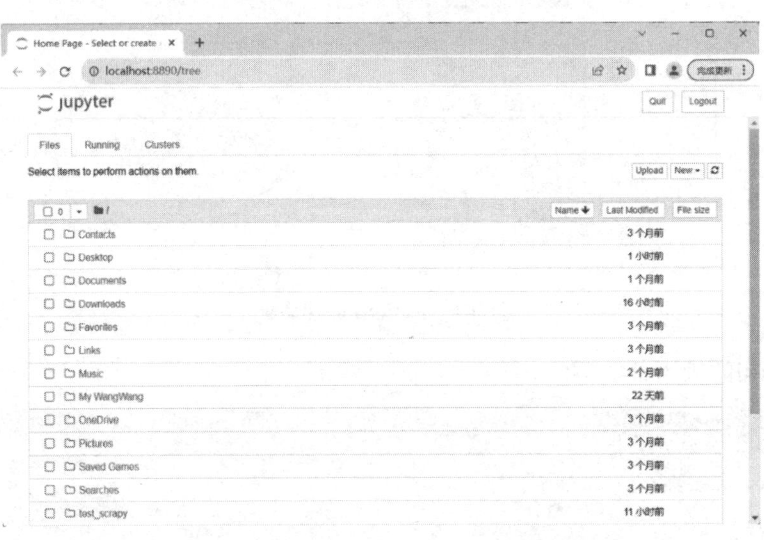

图 5-6　Jupyter Notebook 网络编程界面

任务 2：Python 基础案例

(1) print 语句的应用。如下：

```
# 第一个 Python 小程序
print ("hello，我的第一个 Python 程序")
```

(2) for 语句的应用。如下：

```
# 每天努力一点点
item = 1
for i in range(365):
    item = item * (1+0.01)
    item1= item * (1-0.01)
print(item)
print(item1)
```

```
# 每天懈怠一点点
item = 1
for i in range(365):
    item = item * (1-0.01)
print(item)
```

运行代码后的界面如图 5-7 所示。

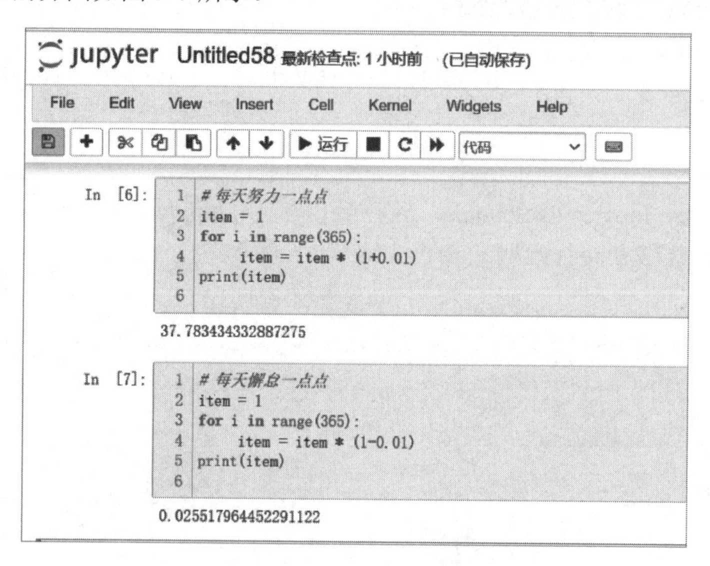

图 5-7 Python 循环案例

(3) if 语句的应用。如下：

```
# 要买西瓜的数量
num =100
flag = input('有卖西瓜的吗？输入 Y/N：')
if flag == 'Y':
   num = 50
print(f'实际买的西瓜数量为：{num}')
```

运行代码后的界面如图 5-8 所示。

```
In [20]:
1  # 要买的西瓜数量
2  num =100
3  flag = input('有卖西瓜的吗？输入Y/N：')
4  if flag == 'Y':
5      num = 50
6  print(f'实际买的西瓜数量为：{num}')
7
8
```

```
有卖西瓜的吗？输入Y/N：Y
实际买的西瓜数量为：50
```

图 5-8　if 条件判断案例

(4) if-else 语句的应用。如下：

```
# 输入一个百分制成绩，输出对应的字母等级
score = float(input('请输入一个百分制成绩：'))
if score<0 or score>100:
    print('无效成绩')
else:
    # 如果 score 本来的值是实数，例如 85
    # 整除 10 之后得到 8.0 形式的数字，不影响后续的计算
    score = score // 10
    if score in (9,10):
        print('A')
    elif score == 8:
        print('B')
    elif score == 7:
        print('C')
    elif score == 6:
        print('D')
    else:
        print('F')
```

运行代码后的界面如图 5-9 所示。

```
In [24]:
1  # 输入一个百分制成绩，输出对应的字母等级
2  score = float(input('请输入一个百分制成绩：'))
3  if score<0 or score>100:
4      print('无效成绩')
5  else:
6      # 如果score本来的值是实数，例如85
7      # 整除10之后得到8.0形式的数字，不影响后续的计算
8      score = score // 10
9      if score in (9,10):
10         print('A')
11     elif score == 8:
12         print('B')
13     elif score == 7:
14         print('C')
15     elif score == 6:
16         print('D')
17     else:
18         print('F')
19
```

```
请输入一个百分制成绩：85
B
```

图 5-9　if-elif 条件判断案例

(5) 嵌套循环语句的应用。如下：

```
# 打印九九乘法表
for i in range(1, 10):
    for j in range(1, i+1):
```

```
        # {i*j:<2d}表示计算并替换表达式 i*j 的值
        # 把计算结果格式化为 2 位字符串，不足 2 位的使用空格填充
        # <表示左对齐，也就是在右侧填充空格
        print(f'{i}*{j}={i*j:<2d}', end=' ')
    print()
```

运行代码后的界面如图 5-10 所示。

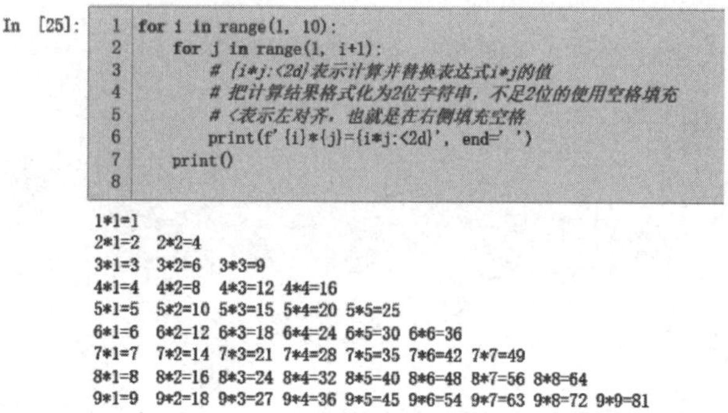

```
In [25]:  1 for i in range(1, 10):
          2     for j in range(1, i+1):
          3         # {i*j:<2d}表示计算并替换表达式i*j的值
          4         # 把计算结果格式化为2位字符串，不足2位的使用空格填充
          5         # <表示左对齐，也就是在右侧填充空格
          6         print(f'{i}*{j}={i*j:<2d}', end=' ')
          7     print()
          8

1*1=1
2*1=2  2*2=4
3*1=3  3*2=6  3*3=9
4*1=4  4*2=8  4*3=12 4*4=16
5*1=5  5*2=10 5*3=15 5*4=20 5*5=25
6*1=6  6*2=12 6*3=18 6*4=24 6*5=30 6*6=36
7*1=7  7*2=14 7*3=21 7*4=28 7*5=35 7*6=42 7*7=49
8*1=8  8*2=16 8*3=24 8*4=32 8*5=40 8*6=48 8*7=56 8*8=64
9*1=9  9*2=18 9*3=27 9*4=36 9*5=45 9*6=54 9*7=63 9*8=72 9*9=81
```

图 5-10　九九乘法表

(6)　鸡兔同笼问题。如下：

```
# 鸡兔同笼

try:
    m = int(input('请输入鸡和兔的总数：'))
    n = int(input('请输入笼子里腿的总数：'))
except:
    print('两个数字必须都是整数。')
else:
    y = (n-2*m) / 2
    x = m - y
    if y==int(y) and y>0 and x>0:
        print(f'鸡{x}只，兔{y}只。')
    else:
        print('无解。')
```

运行代码后的界面如图 5-11 所示。

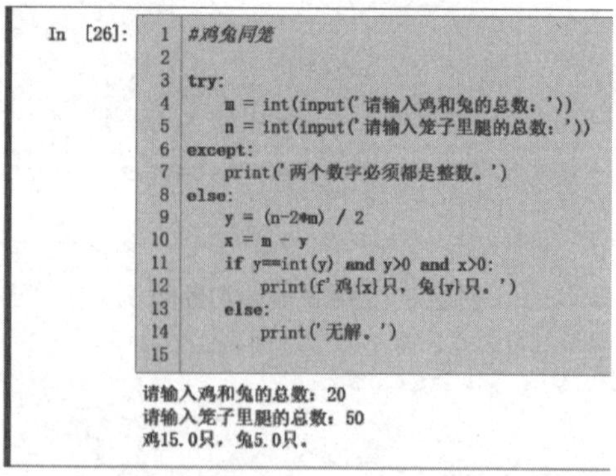

```
In [26]:  1 #鸡兔同笼
          2
          3 try:
          4     m = int(input('请输入鸡和兔的总数：'))
          5     n = int(input('请输入笼子里腿的总数：'))
          6 except:
          7     print('两个数字必须都是整数。')
          8 else:
          9     y = (n-2*m) / 2
         10     x = m - y
         11     if y==int(y) and y>0 and x>0:
         12         print(f'鸡{x}只，兔{y}只。')
         13     else:
         14         print('无解。')
         15

请输入鸡和兔的总数：20
请输入笼子里腿的总数：50
鸡15.0只，兔5.0只。
```

图 5-11　鸡兔同笼

(7) 计算前 *n* 个正整数的阶乘之和。如下：

```
#计算前 n 个正整数的阶乘之和 1!+2!+3!+...+n!的值
try:
    n = int(input('请输入一个正整数：'))
    assert n > 0
except:
    print('必须输入正整数。')
else:
    # result 表示前 n 项的和，temp 表示每一项
    result, temp = 0, 1
    # 充分利用相邻两项之间的关系，减少不必要的计算，提高执行效率
    for i in range(1, n+1):
        temp = temp * i
        result = result + temp
    print(result)
```

运行代码后的界面如图 5-12 所示。

```
In [27]:
1  #计算前n个正整数的阶乘之和1!+2!+3!+...+n!的值
2  try:
3      n = int(input('请输入一个正整数：'))
4      assert n > 0
5  except:
6      print('必须输入正整数。')
7  else:
8      # result表示前n项的和，temp表示每一项
9      result, temp = 0, 1
10     # 充分利用相邻两项之间的关系，减少不必要的计算，提高执行效率
11     for i in range(1, n+1):
12         temp = temp * i
13         result = result + temp
14     print(result)
15

请输入一个正整数：10
4037913
```

图 5-12　计算前 *n* 个正整数的阶乘之和

任务 3：网页数据的请求与响应

解析数据传输的过程，可以类比人与人的沟通交流过程。

1. 网页数据通信过程

(1) 人与人的沟通交流。解析人与人的沟通交流过程，除了发起方、响应方、沟通内容，还有一个隐含的内容，即沟通协议，是指双方都明白的沟通机制，如语言、方言、手势、文化背景等。

(2) 人机交互。人与人的沟通交流中，有时发起方和响应方的角度是可以互换的。在人机交互中，机器不会主动发起交互(虽然现在推送使用得很多，但推送一般都是单向的)。基于人机交互的构成要素，包括：

- 沟通协议：人和机器都能明白的数据通信格式。
- 请求内容：人通过某种机构向机器发起数据请求。
- 响应内容：机器接收到数据请求并做出逻辑处理后，进行数据响应的内容。

(3) Web 应用。基于 B/S 的 Web 应用中，同样包括：

- 沟通协议——HTTP 协议。
- 请求内容——HTTP 请求。
- 响应内容——HTTP 响应。

HTTP 协议是基于一种客户机(client)-服务器(server)的通信模式。以 Web 交互过程为例，由客户端浏览器发起一个 HTTP 请求，服务器端收到请求后进行逻辑处理，并将处理结果返回给客户端进行 HTTP 响应，如图 5-13 所示。

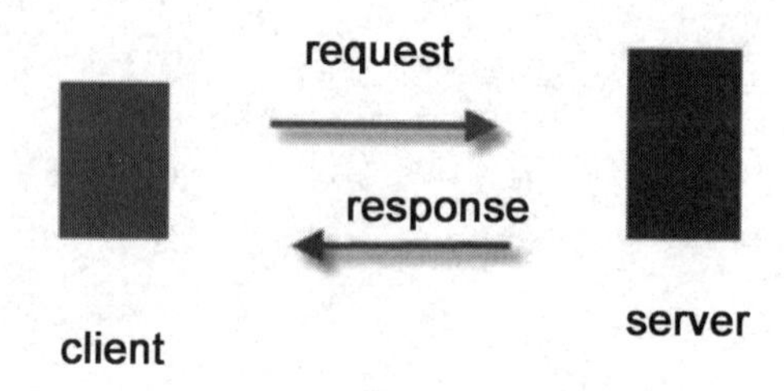

图 5-13　HTTP 协议的请求与响应过程

在这个交流过程中，所有的请求(request)都是由客户机发起的，服务器对客户请求做出响应(response)，每个响应都是独立于其他响应的，服务器不需要跟踪响应消息的状态。

2. 请求消息

客户端向服务器发送的 HTTP 请求消息由四部分组成：请求行(request line)、请求头(header)、空行(CLF)、请求体(payload 或 body)。

HTTP 请求消息的一般格式如图 5-14 所示。

HTTP请求格式

请求行	请求方法(method)	空格	请求地址(path)	空格	协议版本	\r\n
请求头	header1	:	value1			\r\n
	header2	:	value2			\r\n
	header3	:	value3			\r\n
	header...	:	value3...			\r\n
	header N	:	value N			\r\n
空行	\r\n					
请求体	请求体					

图 5-14　HTTP 请求格式

请求行分为三部分：请求方法、请求地址和协议版本，以 CRLF(\r\n)结束。HTTP/1.1 定义的请求方法有 8 种，即 GET、POST、PUT、DELETE、PATCH、HEAD、OPTIONS、TRACE，最常用的两种为 GET 和 POST，如果是 RESTful 接口，一般会用到 GET、POST、DELETE、PUT。

3. 响应消息

HTTP 响应消息的格式除响应状态行(第一行)与请求消息的请求行不一样以外，其他基本一样。使用响应头字段是为了给浏览器和服务器提供报文主体大小、所使用的语言、认证信息等内容。但排除响应状态行和请求行的区别后，从头部字段上也是能区分出 HTTP 请求和 HTTP 响应的，HTTP 响应格式如图 5-15 所示。

HTTP 响应格式						
响应状态行	协议版本	空格	响应码	空格	响应信息	\r\n
响应头	header1	:	value1			\r\n
	header2	:	value2			\r\n
	header ...	:	value ...			\r\n
	header N	:	value N			\r\n
空行	\r\n					
响应体	响应体					

图 5-15　HTTP 响应格式

下面，通过网络抓包工具 Fiddler，分析浏览器和服务器之间的传输过程，对发送与接收的数据进行分析。

步骤 1：下载并安装 Fiddler 软件。进入 Fiddler 官网，选择 Fiddler Classic 版本，按照默认提示完成安装。

步骤 2：在浏览器中打开淘宝网站，在搜索框中输入“小米电视”关键词，在下方展示了详细的搜索结果，如图 5-16 所示。

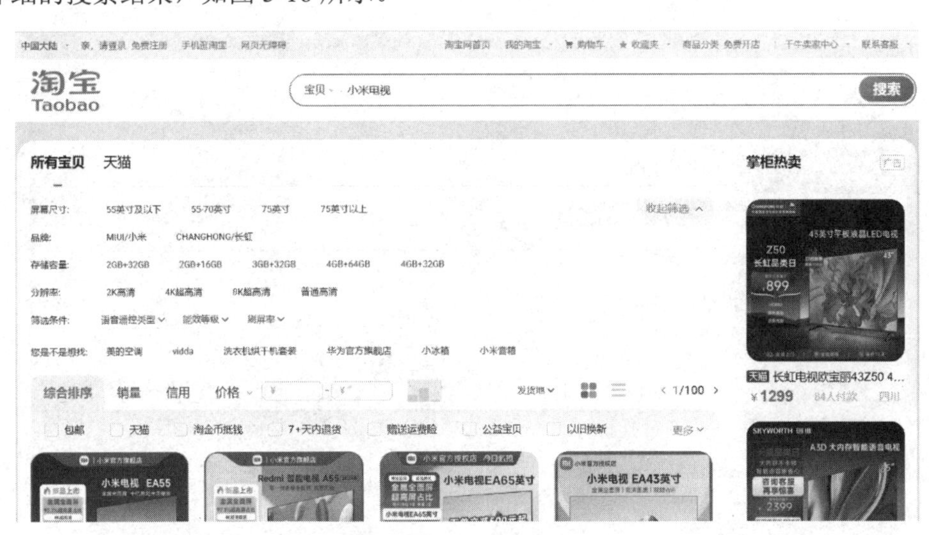

图 5-16　网页搜索结果

步骤 3：启动 Fiddler 软件，清空会话窗口中的会话内容。在浏览器中再次单击“搜索”按钮，切换到 Fiddler 后，可以看到捕获的所有网络请求，如图 5-17 所示。

在右侧窗口中，上方 Request 窗口展示的 Inspectors 面板，用于查看请求头的相关内容；可以看到，此时捕获请求所采用的是 GET 方法。下方的 Response 窗口默认展示了 Headers 面板，该面板用于查看响应头的相关内容，如图 5-18 所示。

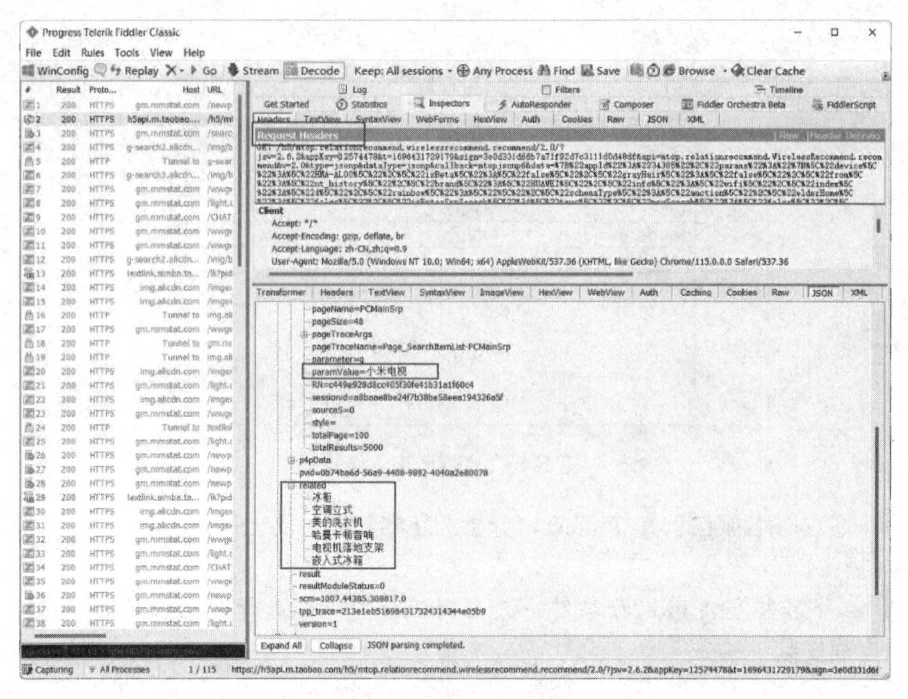

图 5-17　捕获的网络请求信息

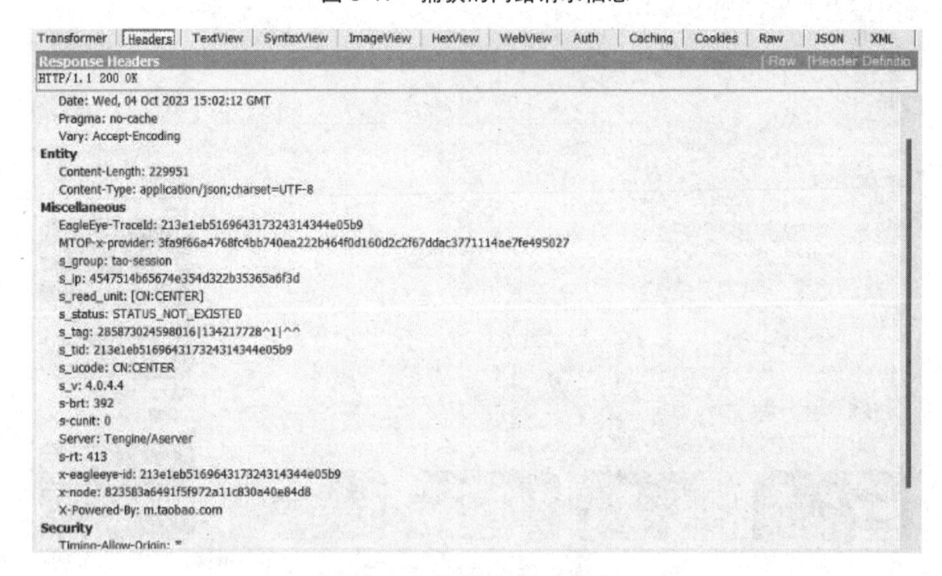

图 5-18　查看网页响应头的内容

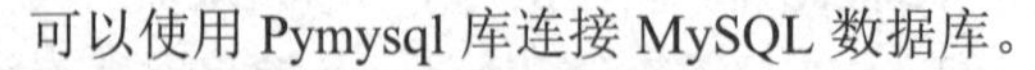

任务 4：使用 Python 连接 MySQL 数据库

可以使用 Pymysql 库连接 MySQL 数据库。

```
import pymysql
# 配置数据库连接参数
db_config = {
    'host': '192.168.1.100',
    'user': 'root',
```

```
    'password': '123456',
    'db': '大数据财管 2302'  # 注意这里使用 db 而不是 database
}
# 建立数据库连接
try:
    conn = pymysql.connect(**db_config)
    print("数据库连接成功! ")
    # 创建游标对象
    cursor = conn.cursor()
    # 执行 SQL 语句
    sql = "SELECT * FROM members"
    cursor.execute(sql)
    # 获取所有记录
    results = cursor.fetchall()
    # 打印结果
    for row in results:
        print(row)
except pymysql.MySQLError as e:
    print(f"数据库连接失败: {e}")
# 关闭游标和连接
cursor.close()
conn.close()
```

运行结果如图 5-19 所示。

```
数据库连接成功!
('1', 'lisa001', '0', '17', 'Female', 'mobile', 'android', 'Direct', '3')
('2', 'lisa002', '0', '27', 'Male', 'mobile', 'iOS', 'Direct', '5')
('3', 'lisa003', '0', '24', 'Female', 'mobile', 'android', 'Seo', '4')
('4', 'lisa004', '0', '21', 'Male', 'desktop', 'windows', 'Direct', '5')
('5', 'lisa005', '0', '17', 'Male', 'mobile', 'iOS', 'Direct', '6')
('6', 'lisa006', '1', '29', 'Female', 'desktop', 'windows', 'Ads', '3')
('7', 'lisa007', '0', '28', 'Female', 'mobile', 'android', 'Direct', '4')
('8', 'lisa008', '1', '25', 'Female', 'mobile', 'iOS', 'Direct', '4')
('9', 'lisa009', '1', '24', 'Male', 'desktop', 'windows', 'Seo', '4')
('10', 'lisa010', '1', '22', 'Male', 'desktop', 'windows', 'Seo', '2')
('11', 'lisa011', '1', '32', 'Female', 'desktop', 'mac', 'Ads', '2')
('12', 'lisa012', '0', '31', 'Male', 'desktop', 'windows', 'Direct', '8')
('13', 'lisa013', '1', '30', 'Female', 'mobile', 'other', 'Seo', '6')
('14', 'lisa014', '0', '30', 'Female', 'desktop', 'mac', 'Direct', '7')
('15', 'lisa015', '0', '28', 'Female', 'desktop', 'windows', 'Direct', '3')
('16', 'lisa016', '0', '27', 'Male', 'mobile', 'iOS', 'Direct', '4')
('17', 'lisa017', '1', '25', 'Female', 'desktop', 'windows', 'Ads', '3')
('18', 'lisa018', '1', '23', 'Female', 'mobile', 'iOS', 'Seo', '9')
```

图 5-19 数据库连接测试

更改执行语句:

```
sql = "SELECT distinct(mem_device) FROM members"
```

运行结果如图 5-20 所示。

```
数据库连接成功!
('mobile',)
('desktop',)
(None,)
```

图 5-20 数据库连接并执行去重 SQL 语句

更改语句，按店铺名称、店铺数进行分类。

```
sql = "SELECT shop_name,count(shop_name) FROM `shops` GROUP BY shop_name"
```

运行结果如图 5-21 所示。

```
数据库连接成功!
('官方旗舰店', 34)
('家电直销企业店', 5)
('电视米家企业店', 4)
('优品企业店', 10)
('家电生活馆', 8)
('诚普科技企业店', 4)
('家电正品直销店', 18)
('咨耀科技企业店', 27)
('智能大家电企业店', 7)
('叮咚企业店', 9)
('电视自营店', 15)
('大家电旗舰店', 28)
('鑫叮咚专卖店', 13)
('米家大家电直销店', 18)
('智能电视企业店', 10)
('大牌家电实惠店', 1)
('大家电正品店', 5)
('苏宁易购官方旗舰店', 29)
```

图 5-21　按店铺名称、店铺数进行分类

课 后 拓 展

Python 数据计算库

在 Python 中，有内置模块、标准库和扩展库之分。内置模块和标准库是 Python 官方的标准安装包自带的，内置模块没有对应的文件，可以认为是封装在 Python 解释器主程序中的；标准库有对应的 Python 程序文件，这些文件在 Python 安装路径中的 Lib 文件夹中；扩展库安装成功之后，相应的文件会存放于 Python 安装路径的 Lib\site-packages 文件夹中。

Python 所有内置对象不需要做任何的导入操作就可以直接使用，内置模块对象和标准库对象必须先导入才能使用，扩展库则需要正确安装之后才能导入和使用其中的对象。

1. Python 常用标准库

常用标准库：math(数学模块)、random(随机模块)、datetime(日期时间模块)、time(时间操作相关的模块)、collections(包含更多扩展版本序列的模块)、operator(常用运算符模块)、functools(与函数以及函数式编程有关的模块)、itertools(与迭代有关的模块)、urllib(与网页内容读取以及网页地址解析有关的库)、string(字符串模块)、re(正则表达式模块)、os(系统编程模块)、os.path(与文件、文件夹有关的模块)、shutil(高级文件操作)、zlib(数据压缩模块)、hashlib(安全哈希与报文摘要模块)、socket(套接字编程模块)、tkinter(GUI 编程库)、sqlite3(操作 SQLite 数据库的模块)、csv(读写 CSV 文件的模块)、json(读写 JSON 文件的模块)、pickle(数据序列化与反序列化模块)、statistics(统计模块)、threading(多线程编程模块)。

2. Python 常用扩展库

常用扩展库：jieba(用于中文分词)、NumPy(用于数组计算与矩阵计算)、SciPy(用于科

学计算)、Pandas(用于数据分析与处理)、Matplotlib(用于数据可视化或科学计算可视化)、openpyxl(用于读写 Excel 2007 及更高版本文件)、requests(用于实现网络爬虫功能)、Beautifulsoup4(用于解析网页源代码)、Scrapy(爬虫框架)、MoviePy(用于编辑视频文件)、xlrd(用于读取 Excel 2003 及之前版本文件)、xlwt(用于写入 Excel 2003 及之前版本文件)、python-docx(用于读写 Word 2007 及更新版本文件)、python-pptx(用于读写 PowerPoint 2007 及更新版本文件)、PymuPDF(用于操作 PDF 文件)、pymssql(用于操作 Microsoft SQLServer 数据库)、PyPinyin(用于处理中文拼音)、Pillow(用于数字图像处理)、PyOpenGL(用于计算机图形学编程)、Selenium(用于自动化测试)、sklearn(用于机器学习)、PyTorch(用于深度学习)、TensorFlow(用于深度学习)、Flask(用于网站开发)、Django(用于网站开发)、PyOpenCV(用于计算机视觉)。

【小技巧】在编写代码时，一般建议先导入内置模块和标准库对象再导入扩展库对象，最后导入自己编写的自定义模块。建议每个 import 语句只导入一个模块或一个模块中的对象。

本章小结

网页的组成元素主要有文字、图片、音频、视频、超链接等。Python 语言广泛应用于 Web 开发、数据分析、人工智能、科学计算等领域。本章主要讲解了网页的基本结构和 Python 编程基础知识，并结合网页数据分析的典型案例，运用 Python 工具进行了实例演示。

第6章 大数据采集

在日常生活中，有许多和大数据采集相关的场景。比如，某同学需要撰写一篇毕业论文，为了更好地了解某类金融产品，需要从股票市场 API 获取大量的股票信息。再比如，随着物联网技术的发展，越来越多的设备能够生成数据。这些都需要高效率采集数据，并进行高效存储管理。

本章学习目标：

- 熟悉大数据采集的工具，了解调试 Scrapy 爬虫原理。
- 熟悉大数据采集的方法，掌握对网页数据进行采集的方法。

课前思考：

- 如何采集股票类金融产品的数据？
- 试列举常用的物联网设备。

课 前 自 学

一、大数据采集技术

在海量数据的背景下，精确地挖掘出那些能够为决策提供支持的关键信息，构成了大数据应用的核心。大数据采集是指从各种数据源中收集、转换和标准化数据的过程。

1. 数据源

数据源包括结构化数据来源和非结构化数据来源。结构化数据有传统的关系型数据库和新兴的 NoSQL 数据库等；非结构化数据，如日志文件、社交媒体内容、音频和视频等。对于这些不同的数据源，必须采用相应的、有针对性的数据采集方法和技术，如图 6-1 所示。

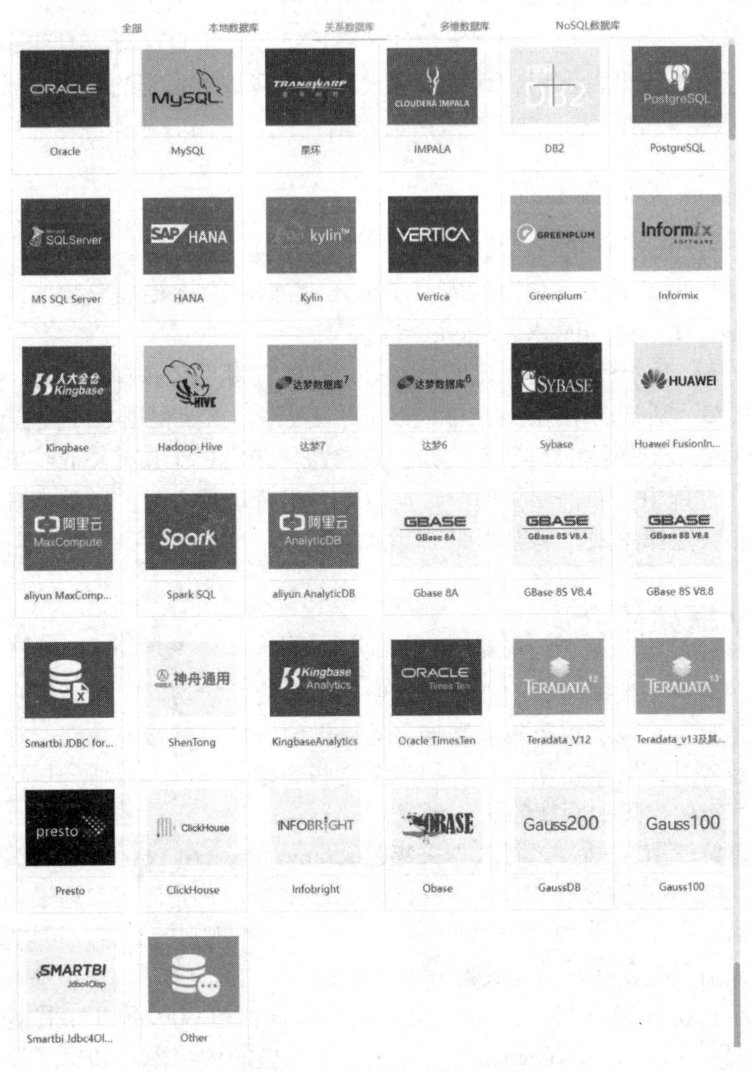

图 6-1　各种不同的数据源

(1) 本地数据，如 json、Excel、CSV、TXT、数据分析包等。如果是 txt 文件，其中的数据需要以英文逗号作为分隔符。

(2) 关系数据库。关系数据库将数据存储在表格中，可以使用结构化查询语言(SQL)来管理和查询。关系数据库的类型非常多，比较典型的有 MySQL、PostgreSQL、Oracle Database、Microsoft SQL Server、IBM DB2、MariaDB、Google Cloud SQL、Sybase ASE，以及国产的达梦数据库、Gauss 数据库等。

(3) NoSQL 数据库。它不遵循传统的关系型数据库的结构化模型，通常具有更好的可扩展性、灵活性和性能，适用于处理大量的非结构化或半结构化数据。比较典型的有以灵活的文档模型和丰富的查询语言为特点的 MongoDB、谷歌开发的高性能列式存储系统 Google Bigtable、亚马逊提供的完全托管的图形数据库服务 Amazon Neptune、多模型的开源数据库管理系统 OrientDB 等。

2. 常见的大数据采集技术和工具

大规模、快速地采集数据是确保数据价值得以有效提取的关键步骤，其效率直接影响数据的质量和时效性。为了提高数据采集的效率，可以使用自动化工具和脚本来大幅度提高数据采集的速度，也可以利用云计算资源来快速扩展数据采集的规模，或者通过集成第三方 API 简化数据采集流程，快速获取所需数据。针对不同的数据源，需要使用不同的数据采集技术和工具。

(1) 数据爬取：通过爬虫技术从网站上抓取数据，常用的工具有 Scrapy、Beautiful Soup 等。

(2) 数据库采集：从关系型数据库、NoSQL 数据库中直接抽取数据，常用的工具有 Debezium、Canal、Kettle、dataX、Sqoop 等。

(3) 日志采集：通过读取服务器日志文件获取数据，常用的工具有 Fluentd、Logstash 等。

(4) API 采集：通过调用第三方 API 接口获取数据，需要根据 API 文档进行开发。

(5) 流式采集：通过消息队列等方式实时采集数据，常用的工具有 Kafka、RabbitMQ 等。

在数据采集过程中，要确保采集的数据质量，避免后期大量的数据清洗和验证工作。同时，要遵守相关法律法规，确保数据采集的合法性。

二、Scrapy 框架简介

以电商平台为例，数据采集的渠道包括但不限于网站的访问记录、用户的购买历史以及商品的详尽信息，可以利用第三方数据服务提供商所提供的接口来获取行业动态、竞争对手的相关信息等外部数据资源。整合和清洗这些数据，可以为业务分析提供强有力的支持，从而辅助商家做出更加明智的业务决策。

这里重点讲解使用 Scrapy 进行数据采集。Scrapy，一个由 Python 语言编写的免费开源网络爬虫框架。Scrapy 的设计初衷是简化网络抓取过程，它允许用户通过编写“蜘蛛”程序来定制数据抓取的任务。这些“蜘蛛”是一系列指令和规则的集合，可以教会 Scrapy 如何导航网页、识别和提取有价值的数据。

自 2008 年首次亮相以来，Scrapy 已经成为数据抓取和网页内容采集的重要工具。Scrapy 的开发团队起源于 Mydeco，这是一家位于伦敦的网络聚合和电子商务公司。经过多个阶段发展后，Scrapy 现在由 Zyte 公司(前身为 Scrapinghub)负责维护和更新。Scrapy 最初是在 BSD 许可下发布的，这种开放的许可方式为广大的开发者提供了使用和贡献代码的自由。自其 1.0 版本在 2015 年发布后，Scrapy 经过不断的迭代和改进，已经成为 Python 网络爬虫技术的代表性产品。与 Django 等框架一样，Scrapy 鼓励代码复用，其模块化的设计使得开发者能够轻松构建并扩展复杂的爬虫项目。

课 中 实 训

任务 1：安装并启动 Scrapy 爬虫框架

步骤 1：直接在 Jupyter Notebook 下，输入：

```
pip install Scrapy
```

安装 Scrapy 爬虫框架。或者打开 Anaconda Prompt 命令行模式，输入：

```
conda install scrapy
```

安装 Scrapy 爬虫框架，需要对相关包进行更新时，可以选择“y”，如图 6-2 所示。

```
Anaconda Prompt - conda install scrapy

(base) C:\Users\wenbo>conda install scrapy
Retrieving notices: ...working... DEBUG:urllib3.connectionpool:Starting new HTTPS connection (1): repo.anaconda.com:443
DEBUG:urllib3.connectionpool:Starting new HTTPS connection (1): repo.anaconda.com:443
DEBUG:urllib3.connectionpool:Starting new HTTPS connection (1): repo.anaconda.com:443
DEBUG:urllib3.connectionpool:https://repo.anaconda.com:443 "GET /pkgs/main/notices.json HTTP/1.1" 404 None
DEBUG:urllib3.connectionpool:https://repo.anaconda.com:443 "GET /pkgs/r/notices.json HTTP/1.1" 404 None
DEBUG:urllib3.connectionpool:https://repo.anaconda.com:443 "GET /pkgs/msys2/notices.json HTTP/1.1" 404 None
done
Collecting package metadata (current_repodata.json): \ DEBUG:urllib3.connectionpool:Starting new HTTPS connection (1): repo.anac
DEBUG:urllib3.connectionpool:Starting new HTTPS connection (1): repo.anaconda.com:443
DEBUG:urllib3.connectionpool:Starting new HTTPS connection (1): repo.anaconda.com:443
DEBUG:urllib3.connectionpool:Starting new HTTPS connection (1): repo.anaconda.com:443
DEBUG:urllib3.connectionpool:Starting new HTTPS connection (1): repo.anaconda.com:443
DEBUG:urllib3.connectionpool:Starting new HTTPS connection (1): repo.anaconda.com:443
| DEBUG:urllib3.connectionpool:https://repo.anaconda.com:443 "GET /pkgs/r/win-64/current_repodata.json HTTP/1.1" 200 None
DEBUG:urllib3.connectionpool:https://repo.anaconda.com:443 "GET /pkgs/msys2/noarch/current_repodata.json HTTP/1.1" 200 None
DEBUG:urllib3.connectionpool:https://repo.anaconda.com:443 "GET /pkgs/msys2/win-64/current_repodata.json HTTP/1.1" 200 None
- DEBUG:urllib3.connectionpool:https://repo.anaconda.com:443 "GET /pkgs/main/noarch/current_repodata.json HTTP/1.1" 200 None
/ DEBUG:urllib3.connectionpool:https://repo.anaconda.com:443 "GET /pkgs/main/win-64/current_repodata.json HTTP/1.1" 200 None
/ DEBUG:urllib3.connectionpool:https://repo.anaconda.com:443 "GET /pkgs/r/noarch/current_repodata.json HTTP/1.1" 200 None
done
Solving environment: done

## Package Plan ##

  environment location: d:\Users\wenbo\anaconda3

  added / updated specs:
    - scrapy
```

图 6-2　安装 Scrapy 框架

【小提示】编辑环境变量。为了方便后续工作，可以设置环境变量，将 Anaconda 安装目录下的 Scripts 文件夹的路径添加到 Windows 系统的 PATH 变量中，如图 6-3 所示。

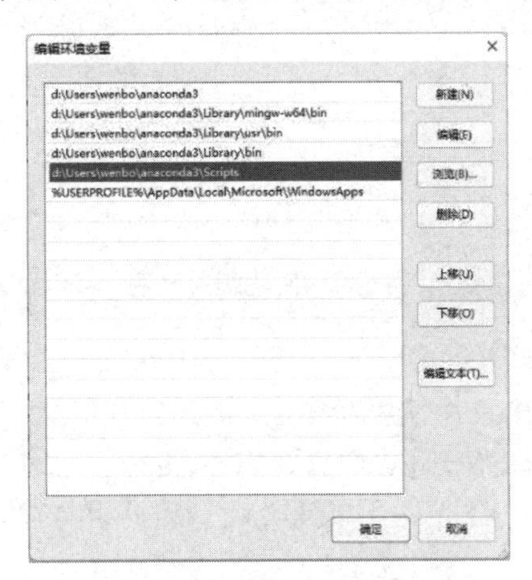

图 6-3　编辑环境变量

步骤 2：测试框架。在命令行界面中输入“scrapy version”，可以查看 Scrapy 框架的版本，同时测试是否安装成功，如图 6-4 所示。

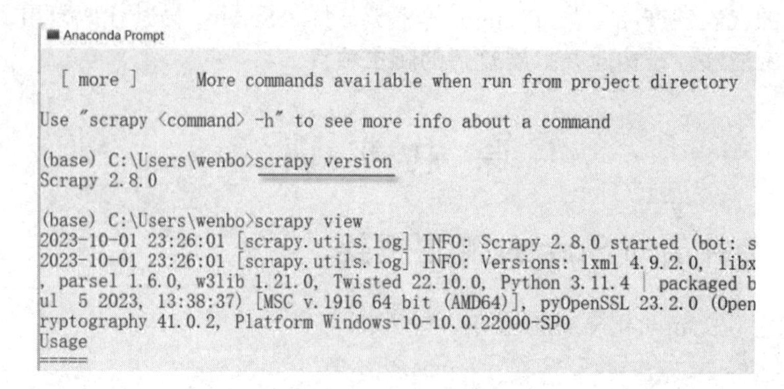

图 6-4　测试 Scrapy 框架

步骤 3：创建爬虫项目工程。输入“scrapy startproject 工程名”命令，即可在当前目录下创建一个新的工程文件夹。

步骤 4：创建爬虫文件。进入当前工程目录，使用“scrapy genspider 爬虫名 起始URL”命令，设置爬虫文件名，以及起始 URL 地址。

步骤 5：启动爬虫工程。使用“scrapy crawl 爬虫名”命令，即可执行爬虫，如图 6-5 所示。

```
Anaconda Prompt
(base) C:\Users\wenbo>scrapy startproject test_scrapy
New Scrapy project 'test_scrapy', using template directory 'D:\Users\wenbo\anaconda3\Lib\site-packag
es\scrapy\templates\project', created in:
    C:\Users\wenbo\test_scrapy

You can start your first spider with:
    cd test_scrapy
    scrapy genspider example example.com

(base) C:\Users\wenbo>cd test_scrapy

(base) C:\Users\wenbo\test_scrapy>scrapy genspider test_spider www.douban.com
Created spider 'test_spider' using template 'basic' in module:
  test_scrapy.spiders.test_spider

(base) C:\Users\wenbo\test_scrapy>scrapy crawl test_spider
2023-10-01 23:57:11 [scrapy.utils.log] INFO: Scrapy 2.8.0 started (bot: test_scrapy)
2023-10-01 23:57:11 [scrapy.utils.log] INFO: Versions: lxml 4.9.2.0, libxml2 2.10.3, cssselect 1.1.0
, parsel 1.6.0, w3lib 1.21.0, Twisted 22.10.0, Python 3.11.4 | packaged by Anaconda, Inc. | (main, J
ul  5 2023, 13:38:37) [MSC v.1916 64 bit (AMD64)], pyOpenSSL 23.2.0 (OpenSSL 1.1.1w  11 Sep 2023), c
ryptography 41.0.2, Platform Windows-10-10.0.22000-SP0
2023-10-01 23:57:11 [scrapy.crawler] INFO: Overridden settings:
{'BOT_NAME': 'test_scrapy',
 'FEED_EXPORT_ENCODING': 'utf-8',
 'NEWSPIDER_MODULE': 'test_scrapy.spiders',
 'REQUEST_FINGERPRINTER_IMPLEMENTATION': '2.7',
 'ROBOTSTXT_OBEY': True,
 'SPIDER_MODULES': ['test_scrapy.spiders'],
 'TWISTED_REACTOR': 'twisted.internet.asyncioreactor.AsyncioSelectorReactor'}
2023-10-01 23:57:11 [asyncio] DEBUG: Using selector: SelectSelector
2023-10-01 23:57:11 [scrapy.utils.log] DEBUG: Using reactor: twisted.internet.asyncioreactor.Asyncio
```

图 6-5　创建爬虫案例

需要注意的是，这里的爬虫工程不同于普通的 Python 工程。如果需要在 Python 工程中使用，可以添加启动脚本来直接使用命令启动爬虫。

【小技巧】通过脚本调试 Scrapy 爬虫。在 Scrapy 工程中，是通过命令行方式调试爬虫的，但是在实际应用过程中会有许多不便之处。因此，可以在脚本中执行命令行，启动爬虫。具体方法如下。

步骤 1：新建一个启动脚本 main.py。

步骤 2：引入 scrapy.cmdline 模块中的 execute()方法，执行爬虫命令。

```
from scrapy.cmdline import execute
execute('scrapy crawl 爬虫名'.split())
```

步骤 3：在 Jupyter、Pycharm 或 Spider 等 IDE 环境中，运行 main.py 脚本。

注意，调试过程中，必须使用当前目录，如：cd test_scrapy。

任务 2：通过 XPath 对网页进行解析

XPath 的全称是 XML path language，即 XML 路径语言，用来在 XML 文档中查找信息。XPath 于 1999 年 11 月 16 日成为 W3C 标准，它被设计出来，供 XSLT、XPointer 以及其他 XML 解析软件使用。它虽然最初是用来搜寻 XML 文档的，但同样适用于 HTML 文档的搜索。因此，在做数据采集的时候，完全可以使用 XPath 实现相应的数据信息抽取，如表 6-1 所示。

表 6-1 XPath 常用规则

表 达 式	描 述
nodename	假设的名称，表示选取此节点下的所有子节点
/	从当前节点选取直接子节点
//	从当前节点选取子孙节点
.	选取当前节点
…	选取当前节点的父节点
@	选取属性

下面，列出 XPath 的一个常用匹配规则，用于在 XML 或 HTML 文档中查找具有特定属性的元素：

```
//title[@lang='eng']
```

它代表选择所有名称为 title，同时属性 lang 的值为 eng 的节点。

- // 表示从文档中的任何位置开始搜索。
- title 是元素的名称。
- [@lang='eng'] 是一个谓词，用于过滤那些具有 lang 属性且该属性的值为'eng'的<title>元素。

在这个例子中，XPath 正在寻找所有<title>元素，这些元素有一个 lang 属性，并且该属性的值为'eng'。具体来说：后面会通过 Python 的 lxml 库，利用 XPath 对 HTML 进行解析。

步骤 1：使用 lxml 库之前，首先要确保其已安装好。可以使用 pip3 来安装：

```
pip install lxml
```

步骤 2：使用 XPath 对网页进行解析。

代码 6-1 使用 XPath 对网页进行解析

```
from lxml import etree
```

```
text = '''
<div>
   <ul>
       <li class="item-0"> <a href="product1.html">product1</a></li>
       <li class="item-1"> <a href="product2.html">product2</a></li>
       <li class="item-inactive"> <a 
href="product3.html">product3</a></li>
       <li class="item-1"> <a href="product4.html">product4</a></li>
       <li class="item-1"> <a href="product5.html">product5</a></li>
   </ul>
</div>
'''
html = etree.HTML(text)
result = etree.tostring(html)
print(result.decode('utf-8'))
```

在上面的代码中，首先导入 lxml 库的 etree 模块，然后声明了一段 HTML 文本，接着调用 HTML 类进行初始化，这样就成功构造了一个 XPath 解析对象。此处需要注意一点，HTML 文本中的最后一个 li 节点是没有闭合的，而 etree 模块可以自动修正 HTML 文本，如图 6-6 所示。这里调用 tostring 方法即可输出修正后的 HTML 代码，但是结果是 bytes 类型，于是利用 decode 方法将其转换成 str 类型。

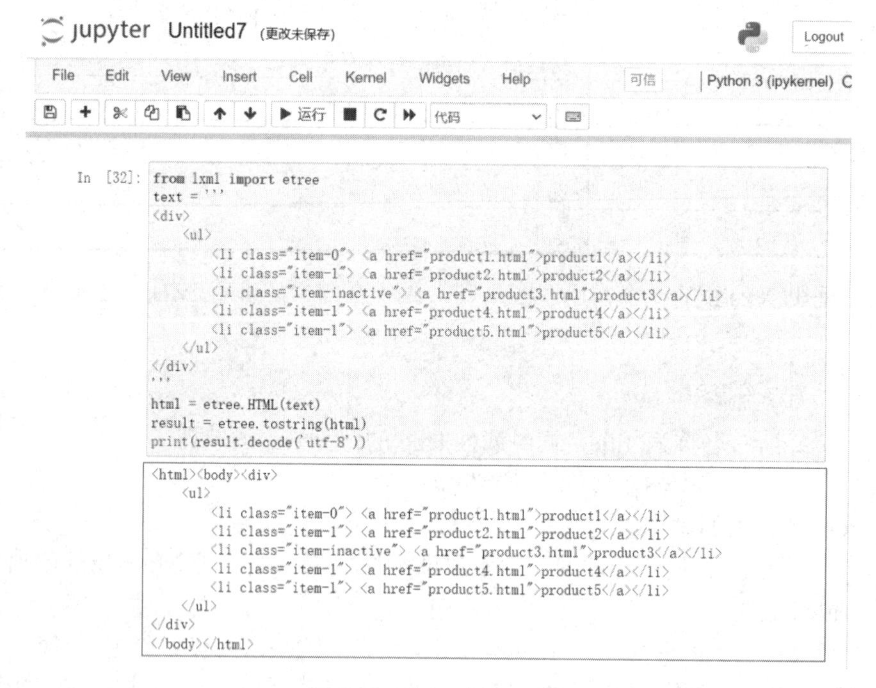

图 6-6　XPath 解析对象

可以看到，经过处理之后的 li 节点标签得以补全，并且自动添加了 body、html 节点。

步骤 3：以//开头的 XPath 规则来选取所有符合要求的节点。这里以实例中的 HTML 文本为例，选取所有节点，实现代码如下：

代码 6-2　选取所有节点

```
from lxml import etree
```

```
text = '''
<div>
    <ul>
        <li class="item-0"> <a href="link1.html"> first item </a></li>
        <li class="item-1"> <a href="link2.html"> second item </a></li>
        <li class="item-inactive"> <a href="link3.html"> third item
</a></li>
        <li class="item-1"> <a href="link4.html"> fourth item </a></li>
        <li class="item-0"> <a href="link5.html"> fifth item </a>
    </ul>
</div>
'''
html = etree.HTML(text)
result = html.xpath('//*')
print(result)
```

运行结果如图 6-7 所示。

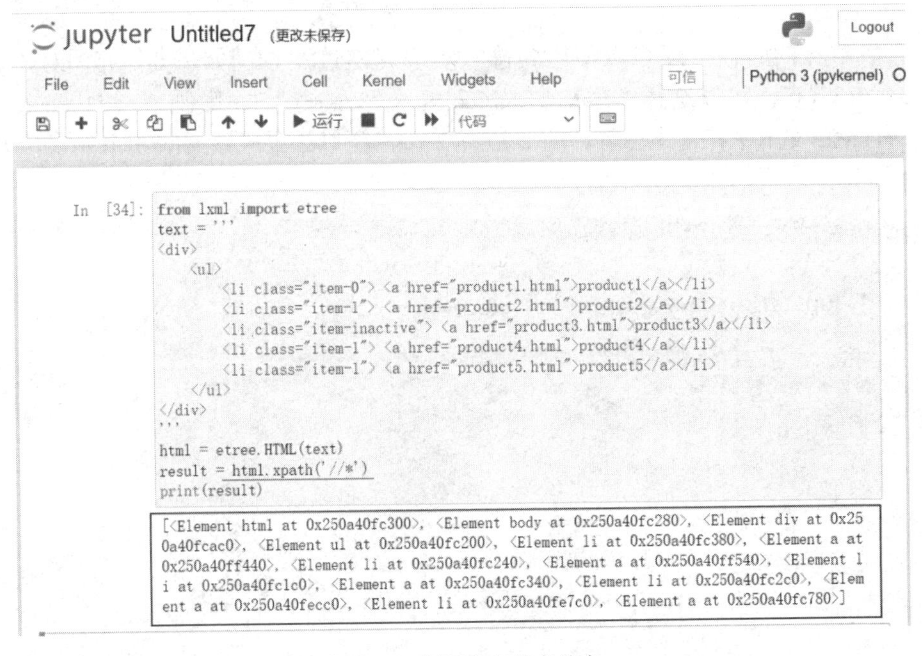

图 6-7 获取所有节点信息

这里使用“*”代表匹配所有节点，也就是获取整个 HTML 文本中的所有节点。从运行结果可以看到，返回形式是一个列表，其中每个元素是 Element 类型，类型后面跟着节点的名称，如 html、body、div、ul、li、a 等，所有节点都包含在列表中。

步骤 4：特定节点信息获取。

如果只希望获取 div 节点，实例如下：

```
result = html.xpath('//div')
```

如果只希望获取 div 节点的所有直接子节点 ul，如图 6-8 所示。实例如下：

```
result = html.xpath('//div/ul')
```

```
In  [47]: from lxml import etree
          text = '''
          <div>
              <ul>
                  <li class="item-0"> <a href="product1.html">product1</a></li>
                  <li class="item-1"> <a href="product2.html">product2</a></li>
                  <li class="item-inactive"> <a href="product3.html">product3</a></li>
                  <li class="item-1"> <a href="product4.html">product4</a></li>
                  <li class="item-1"> <a href="product5.html">product5</a></li>
              </ul>
          </div>
          '''
          html = etree.HTML(text)
          #result = html.xpath('//*')
          #选择div节点的所有直接子节点ul
          result = html.xpath('//div/ul')
          print(result)

          [<Element ul at 0x250a40db300>]
```

图 6-8　获取特定节点信息

在选取节点的时候，还可以使用@符号实现属性过滤。例如，要选取 class 属性为 item-1 的 li 节点，可以这样实现：加入[@class=“item-1”]，限制节点的 class 属性为 item-1。HTML 文本中符合这个条件的 li 点有 3 个，所以结果应该返回 3 个元素，如图 6-9 所示。

```
result = html.xpath('//li[@class="item-1"]')
```

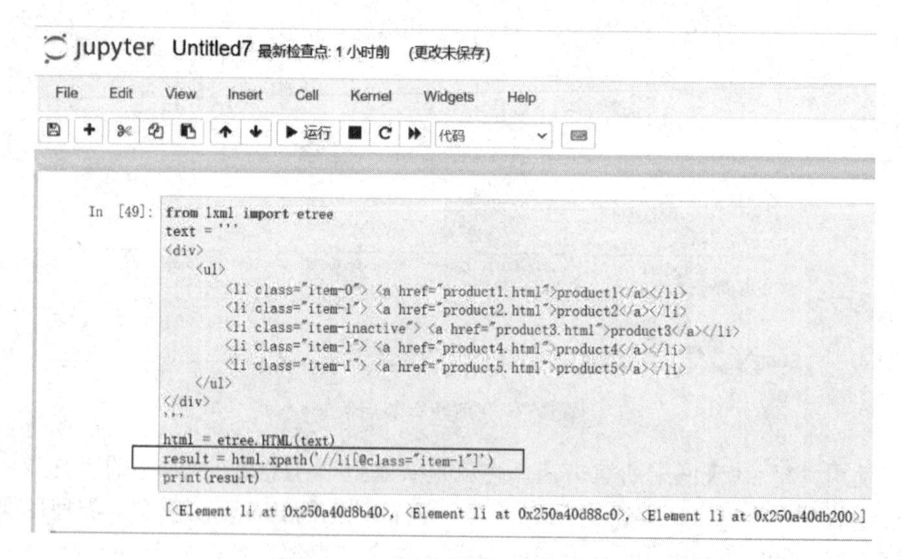

图 6-9　使用@符号实现属性过滤

步骤 5：获取节点的文本信息。用 XPath 中的 text()方法，可以获取节点中的文本，如图 6-10 所示。

```
result = html.xpath('//li[@class="item-1"]/a/text()')
```

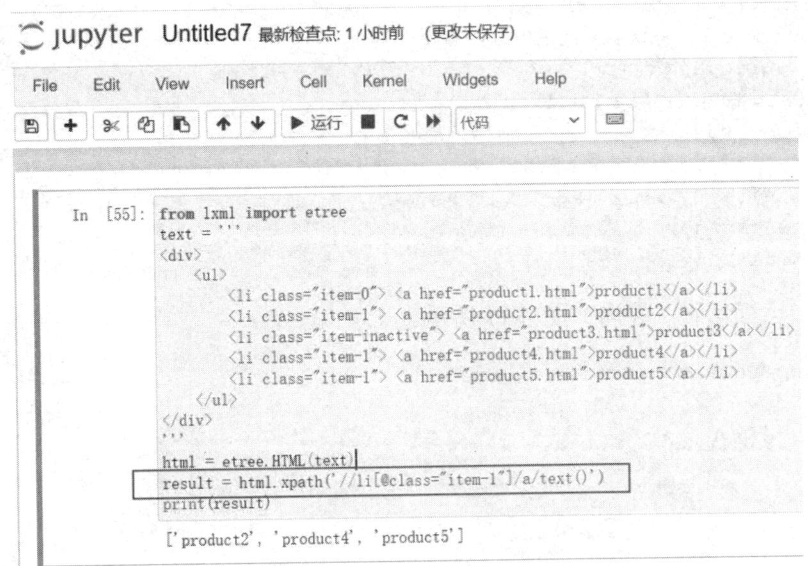

图 6-10　获取节点的文本信息

任务 3：获取电商平台类目信息

通过 lxml 库和 xpath 语法，使用路径表达式来选取文档中的节点或者节点集，可以极大地提高数据提取的效率。这里以电商平台的类目信息提取为例。在这个代码中，使用了两种不同的 HTTP 客户端库来获取网页内容，然后使用 lxml 库解析 HTML，并提取类目信息。

步骤 1：代码如下。

代码 6-3　获取平台的类目信息

```
#代码 6-3：获取平台的类目信息
import urllib3
#导入 urllib3 库，这是一个用于 HTTP 客户端的第三方库
import requests
#导入 requests 库，用于发送 HTTP 请求
from lxml import etree
#导入 lxml 库中的 etree 模块，用于解析 HTML 和 XML 文档

#定义一个函数 get_html_by_urllib3，使用 urllib3 库来获取网页内容
def get_html_by_urllib3(url):
    pool_manager = urllib3.PoolManager()
    r = pool_manager.request('get',url)
    return r.data.decode()

#定义函数 get_html_by_requests，使用 requests 库来获取网页内容
def get_html_by_requests(url):
    r = requests.get(url)
    return r.text

#调用 get_html_by_urllib3 函数，获取商品类目的网页内容
```

```
html = get_html_by_urllib3("https://www.jd.com/allSort.aspx")
#使用 lxml.etree 将获取到的 HTML 内容转换为一个可解析的树结构
tree = etree.HTML(html)
#使用 XPath 表达式提取类目信息
site_categorys = tree.xpath("//div[@class='main-
classify']/div[@class='list']")[0].xpath(".//a/text()")
#遍历提取到的类目信息，打印每个类目的名称
for site_category in site_categorys:
print(site_category)
```

步骤 2：运行代码，界面如图 6-11 所示。

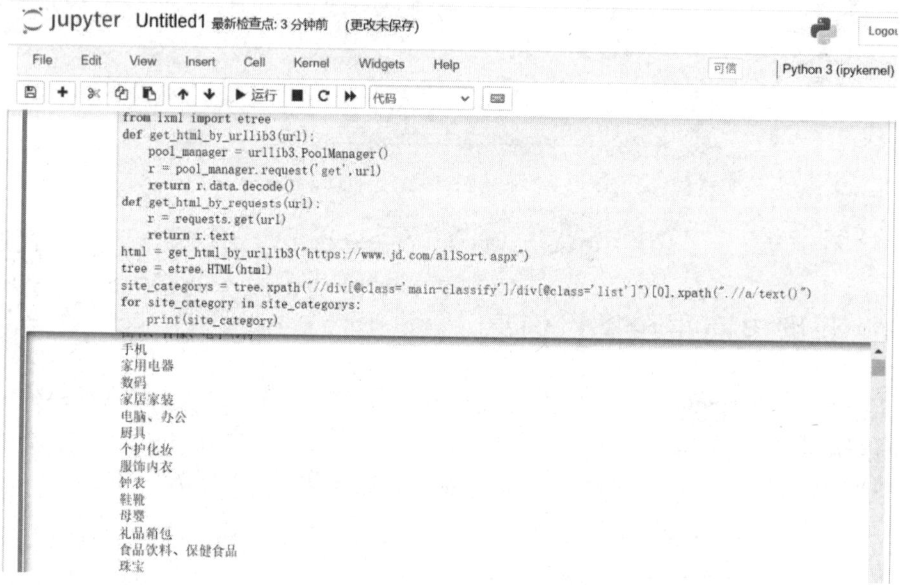

```
jupyter Untitled1 最新检查点: 3 分钟前 (更改未保存)
File Edit View Insert Cell Kernel Widgets Help    可信 | Python 3 (ipykernel)

from lxml import etree
def get_html_by_urllib3(url):
    pool_manager = urllib3.PoolManager()
    r = pool_manager.request('get',url)
    return r.data.decode()
def get_html_by_requests(url):
    r = requests.get(url)
    return r.text
html = get_html_by_urllib3("https://www.jd.com/allSort.aspx")
tree = etree.HTML(html)
site_categorys = tree.xpath("//div[@class='main-classify']/div[@class='list']")[0].xpath(".//a/text()")
for site_category in site_categorys:
    print(site_category)

手机
家用电器
数码
家居家装
电脑、办公
厨具
个护化妆
服饰内衣
钟表
鞋靴
母婴
礼品箱包
食品饮料、保健食品
珠宝
```

图 6-11　获取电商平台商品类目信息

课 后 拓 展

大数据采集方法

1. ETL

ETL 即提取、转换、加载，是一种数据仓库技术，用于从多个来源汇总数据到一个中央存储库(通常被称为数据仓库)中。ETL 通过一系列业务规则来清洁和整理原始数据，为存储、分析和机器学习等后续步骤做准备。通过这一过程，企业能够满足特定的商业智能需求，如预测业务决策的结果、生成报告和控制面板、减少运营无效率等。

ETL 的重要性在于它提供了一种方法，可以处理和转换来自不同来源的结构化和非结构化数据。这些数据包括客户数据、库存和运营数据、物联网设备的传感器数据、营销数据以及员工数据等。ETL 通过转换和准备数据，使原始数据集更易于分析，从而产生有意义的见解。例如，零售商可以分析销售数据以预测需求和管理库存，营销团队可以将 CRM 数据与社交媒体反馈结合，以研究消费者行为。

ETL 通过确保数据处理流程的可靠性、准确性、细致性和高效性，进一步提升了商业智能和分析的质量。它为组织提供了深刻的历史背景，通过整合遗留数据和新平台数据，提供了一个长期的数据视角。同时，ETL 还提供了一个统一的数据视图，方便进行深入的分析和报告，提高了数据质量，节省了移动、分类和标准化数据所需的时间。此外，ETL 还可以自动执行重复的数据处理任务，从而提高分析效率。

2. Kafka

Apache Kafka 是一个开源的分布式事件处理平台，它由 Apache 软件基金会维护，使用 Java 和 Scala 编写。作为一个高效、可扩展、高吞吐量和低延迟的系统，Kafka 旨在处理各种实时数据源的需求。它通过 Kafka Connect 集成外部系统，以便数据导入和导出，并通过 Kafka Streams 库支持流处理应用的构建。

在架构上，Kafka 是围绕所谓的提交日志构建的，这允许用户将数据发布到系统中，并使其他用户或应用程序能够订阅这些数据。Kafka 的通信基于一个高效的 TCP 协议，该协议利用“消息集”抽象来优化网络传输，通过将消息批量处理，减少网络往返次数，达到更高的数据传输效率。

Kafka 的设计目标是，将消息的随机写入流转换为顺序的线性写入。这样做不仅提高了写入性能，还有助于提高数据存储的效率。这种设计支持了大规模数据的处理需求，并且能够保持低延迟的数据传输特性，使得 Kafka 在实时数据处理领域表现出色。

自 2011 年 LinkedIn 开源之后，Kafka 迅速成长并获得了广泛的应用。在实际应用中，Kafka 已被多家知名公司采用，以满足其实时数据处理和分析的需求。例如，Uber 利用 Kafka 管理乘客与司机的实时匹配，英国的天然气智能家居系统使用它来提供实时分析和预测性维护，LinkedIn 则利用 Kafka 来执行其平台上的大量实时服务。这些案例体现了 Kafka 在实时数据处理方面的强大能力。

本章小结

本章主要讲解了大数据的数据源、常见的大数据采集技术和工具，并通过 Python 工具的运用安装 Scrapy 爬虫框架，包括了解调试 Scrapy 爬虫原理、通过 XPath 对网页进行解析、获取类目信息；结合数据采集的整体架构，讲解了电商平台类目信息采集案例；通过选择合适的工具和技术，提高数据采集的效率和质量，为后续的数据处理和分析打下良好的基础。

第 7 章

大数据预处理

在整个数据分析过程中，数据预处理是一个非常重要的环节。比如，在金融领域，业务人员经常需要处理大量的股票价格、交易量、财务报表等数据；在电商行业，电商平台每天都会产生大量的用户行为数据，包括浏览历史、购买记录、评分和评论等。在数据预处理过程中，经常要去除无关信息和异常值，转换和整理数据。

本章主要目标：

- 了解常见的数据问题与原因。
- 熟悉数据预处理的基本流程，了解数据清洗的常用方法。
- 通过 Openrefine、Python 等工具进行数据预处理的方法。

课前思考：

- 如何将分钟、小时、日、月等不同时间尺度的数据对齐？
- 如何剔除无关数据，对异常值进行处理？

课 前 自 学

一、数据处理过程中的常见问题及原因

在数据分析中，需求和数据的顺序并不是固定的。有时候用户会先有明确的需求，比如想要开发一个图像识别系统来识别不同类型的动物。有时候，可能有一大堆图片，但不知道这些数据可以用来做什么。在这种情况下，就需要用到各种不同的数据处理和分析方法，识别可能存在的数据问题。

1. 数据质量审核中的常见问题

(1) 数据不一致问题。数据一致性审核是确保数据在不同系统、数据库或数据集之间保持一致性的过程。数据不一致问题主要表现为以下方面：

- 数据冗余：数据在不同地方重复存储，可能导致更新时不一致。数据冗余可能发生在数据库中，也可能发生在文件系统、数据仓库或不同的数据存储系统中。这种重复可能是有意的，也可能是无意的。
- 数据冲突：当同一数据项在多个系统中有不同值时，会出现冲突。
- 数据格式不一致：数据不符合预期的格式要求，例如日期格式不正确、数值格式错误等。有时候，即使字段名相同，数据类型可能不同，如一个系统使用字符串类型，另一个使用日期类型。
- 时间不一致：不同系统的时间戳可能存在偏差，导致数据同步时出现问题。
- 数据版本控制：如果数据集有多个版本，需要确保所有系统使用的是同一版本。

(2) 数据缺失问题。在数据同步过程中，可能会出现数据缺失的情况。数据缺失指的是在数据集中存在一些缺失数值或缺失的字段。这可能缘于数据采集过程中的技术问题，或者是因为被采集数据的主体没有提供完整的信息。

(3) 数据异常问题。异常值指的是与其他数据明显不符的数值。这可能是由数据采集过程中的测量或传输错误引起的。在处理异常值时，需要先进行异常值识别，然后根据业务背景和数据分布情况进行判断，可以选择删除异常值或者使用合理的替代值。异常值可能会对数据分析产生过大的影响，如果不经过适当处理，可能会使分析结果产生偏差。对于异常值，可以通过缩放、变换或其他方法将其调整到正常范围内，同时也可以使用统计方法进行识别和处理。

2. 数据问题背后的原因

出现上述问题的原因有很多。了解问题的源头，有助于提高数据质量。

(1) 使用了不正确或不完整的数据源。想象一下，现在要做一杯美味的果汁，如果用一堆腐烂的橘子做原材料，那么肯定不美味。同样，基于不正确或不完整的数据，分析结果也不会可靠。橘子的品种、生长环境不同，也会得出不同的果汁口味。同样，数据是随时间变化的，如果不考虑数据的背景，数据来源的质量和准确性也会受到影响。

(2) 忽略了样本偏差和数据分布。样本不具有代表性，不能反映整体情况。如果你只从果园的一边摘橘子，可能会错过另一边的橘子；或者是在摘橘子时，只考虑了颜色，却

忽略了尺寸，结果可能也不准确。同样，在数据样本中也有类似的道理，检查模型对参数变化的敏感性很重要。如果不进行这样的分析，可能会对模型的稳健性产生误判。

(3) 预处理方法不合适。常见的问题有数据清理不彻底、采用了错误的统计方法。比如，没有清除数据中的错误、缺失值或异常值，这就像是在做一道菜时，如果没有去掉不新鲜的食材，最后的味道可想而知。同样，采用不合适的统计方法来分析数据，也会导致结论不准确。

要解决上述问题，就需使用精准的数据预处理技术，提高数据的质量、整合性、适应性和安全性。数据预处理是数据分析或数据挖掘中非常重要的一个过程，它主要通过一系列的方法来清理脏数据、抽取精准的数据、调整数据的格式，从而得到一组符合准确、完整、简洁等标准的高质量数据，保证该数据能更好地服务于数据分析或数据挖掘工作。

二、数据预处理的流程与方法

在数据分析和挖掘领域，数据预处理扮演着至关重要的角色。它通过一系列有针对性的解决方案，应对数据中的各种问题，并将这些解决方案系统地整合到整个处理流程中。这些步骤旨在逐步提升数据质量，整合不同来源的数据，调整数据格式以及保留关键信息。数据预处理的方法多样，包括数据分类与质量审查、数据清洗、数据集成、数据规约、数据变换以及数据离散化等。数据预处理的详细流程如图 7-1 所示。

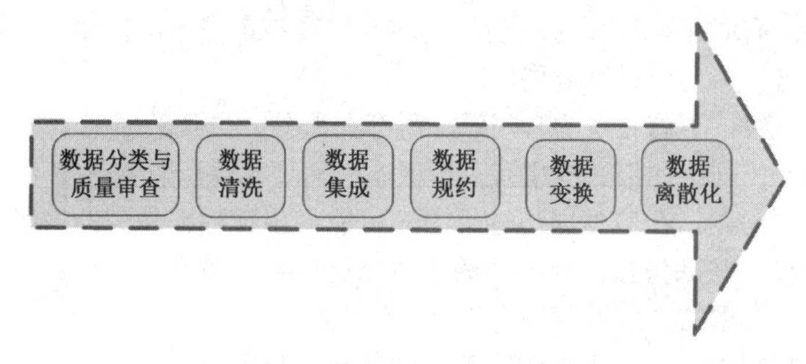

图 7-1 数据预处理流程

1. 数据分类与质量审查

就像在家里整理杂物一样，人们需要按照一定的规则和方法来归类和筛选。首先，要自动化识别数据，对数据进行梳理和打标，构建数据资产目录和清单。要确定哪些数据是不需要的，哪些数据是要留下的。

其次，根据数据资产清单，设计数据分类体系。可以根据它们的特点和用途进行分类，比如按照数据类型(文字、图片、视频等)、数据来源(社交媒体、电商平台等)或数据用途(用户画像、市场预测等)进行分类。在分类的基础上，对数据进行分级，通常分为核心数据、重要数据和一般数据。

最后，通过定量与定性相结合的方式，识别数据分级要素，如数据领域、群体、区域、精度、规模、深度、覆盖度、重要性和安全风险等，就像在整理杂物时，要检查每件东西是否完好、是否有用。在数据分类分级的基础上，还需要制定相应的数据安全保护措施，确保数据在收集、存储、处理、传输和销毁等全生命周期的安全，确保符合法律法规和行业标准。

2. 数据清洗

数据清洗是将数据库精简以除去重复记录，并使剩余部分转换成符合标准的过程；狭义上的数据清洗特指在构建数据仓库和实现数据挖掘前对数据源进行处理，使数据实现准确性、完整性、一致性、适时性、有效性，以适应后续操作的过程。数据清洗主要涉及将“脏”数据变成“干净”数据的步骤，包括删除重复数据、填充缺失数据、检测异常数据等，达到清除冗余数据、规范数据、纠正错误数据的目的。如表 7-1 所示，初始数据中间有许多缺失、异常数据。

表 7-1　清洗之前的数据列表

商品名称	销售数量	销售价格	销售金额	库存数量
高纤粗粮饼	1	4	4	329
高纤粗粮饼	5	4		173
香辣牛肉面	1	5	5	485
香辣牛肉面	2		10	419
雪花啤酒	400	5.5	22	677
雪花啤酒	0	5.5	55	642

(1) 重复记录的检测及消除方法。数据重复指的是在数据集中存在相同的记录或观测。这可能是数据采集过程中的重复录入或者重复收集引起的。在处理数据重复时，需要进行数据去重操作，保留唯一的记录或观测。在数据集中，有些数据可能是重复的，这可能会导致数据分析结果的不准确。因此，在处理数据时，需要对重复数据进行清理。对于重复数据，可以通过比对、合并或其他方法进行清理。清理重复数据可以提高数据的准确性和可靠性。

通过判断记录间的属性值是否相等来检测记录是否相等。合并/清除是消重的基本方法。如果数据重复则保留时间戳最新的那一条数据，剩下重复的数据删除；如果有空数据，则对空数据直接选择删除。

(2) 解决不完整数据(缺失值)的方法。在数据集中，有些数据可能没有记录或被遗漏，这就导致了缺失值的出现。如果处理不当，就会对数据分析产生负面影响。在处理数据缺失时，可以选择删除含有缺失值的数据行或列，或者使用插值方法对缺失值进行填补。对于缺失值，可以通过插值、回归或其他方法进行填充或删除。值得一提的是，删除缺失值可能会影响数据的完整性，所以需要谨慎考虑。

对于缺失数据，常见的方法有：

- 删除法。当缺失的观测比例非常低时(如 5%以内)，直接删除存在缺失的观测；或者当某些变量的缺失比例非常高时(如 85%以上)，直接删除这些缺失的变量。
- 替换法。用某种常数直接替换那些缺失值。例如，对连续变量而言，可以使用均值或中位数替换；对于离散变量，可以使用众数替换。但是重要数据列字段无法填补，比如年龄字段。
- 插补法。根据其他非缺失的变量或观测来预测缺失值，常见的插补法有回归插补法、K 近邻插补法、拉格朗日插补法等。

(3) 对于异常值与错误值的处理方法。用统计分析的方法识别可能的错误值或异常值，如偏差分析、识别不遵守分布或回归方程的值，也可以用简单规则库(常识性规则、业务特定规则等)检查数据值，或使用不同属性间的约束、外部的数据来检测和清理数据。

- n 个标准差法：σ 为样本标准差，当 n=2 时，满足条件的观测就是异常值；当 n=3 时，满足条件的观测就是极端异常值。
- 箱线图判别法：通过提供数据的最小值、第一四分位数(Q1，25%)、中位数(Q2，50%)、第三四分位数(Q3，75%)和最大值的信息，借助箱体和触须(whiskers)的形式直观地表示数据的分布情况。

如果数据近似服从正态分布，优先选择 n 个标准差法，因为数据的分布比较对称；否则优先选择箱线图法，因为分位数并不会受到极端值的影响。通过对表 7-1 的数据进行填补、异常值处理，得到如表 7-2 的数据。

表 7-2　对表 7-1 中部分数据进行清洗后的列表

商品名称	销售数量	销售价格	销售金额	库存数量
高纤粗粮饼	1	4	4	329
高纤粗粮饼	5	4	20	173
香辣牛肉面	1	5	5	485
香辣牛肉面	2	5	10	419
雪花啤酒	4	5.5	22	677
雪花啤酒	10	5.5	55	642

3. 数据集成

数据集成是一种数据预处理技术，包括将来自众多异构数据源的数据合并成一致的数据，以保留和支持统一的观点的信息。数据集成例程将多个数据源中的数据结合起来并统一存储，把多个数据源合并成一个数据源，以达到增大数据量的目的。这些来源可能涉及多个数据库、数据立方体或平面文件等，如图 7-2 所示。需要注意的是，在合并多个数据源时，因为数据源对应的现实实体的表达形式不同，所以要考虑实体识别、属性冗余、数据值冲突等问题。

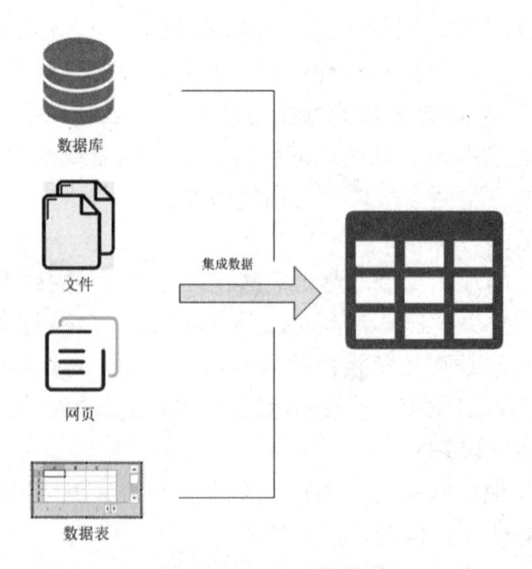

图 7-2　数据集成

数据集成可以帮助企业优化分析，提高业务应用之间的一致性，并向客户、供应商和合作伙伴等外部合作方提供可靠的共享数据，满足迁移和整合数据需求。进行数据集成时，最常用的是提取、转换和加载（ETL）流程。

- 提取：将数据从源系统移至临时的暂存数据库，在暂存数据库中进行清理，确保数据质量。
- 转换：将数据转换为结构化数据，使其符合目标数据源的要求。
- 加载：将结构化数据加载到数据仓库或其他存储实体。

完成数据集成后，就可以进行数据分析，为业务用户提供所需信息，支持他们制定明智的决策。

4. 数据归约

在数据集成与清洗后，能够得到整合了多数据源且数据质量完好的数据集。但是，集成与清洗无法改变数据集的规模。这时，依然需要通过技术手段来降低数据规模，这就是数据归约(data reduction)。数据规约采用编码方案，能够通过小波变换或主成分分析有效地压缩原始数据，或者通过特征提取技术进行属性子集的选择或重造。数据规约主要负责在保持数据原貌的前提下，最大限度地精简数据量，其方法包括降低数据的维度、删除与数据分析或数据挖掘主题无关的数据等。数据规约如图 7-3 所示。

	A1	A2	A3	…	A2000
Y1					
Y2					
Y3					
…					
Y1000					

	A1	A2	A3	…	A100
Y1					
Y2					
Y3					
…					
Y500					

图 7-3　数据规约

在数据处理过程中，数据量往往非常庞大，如果不进行规约，就会导致数据处理效率低下，甚至无法进行数据分析。因此，数据规约是数据处理的重要环节。数据归约的主要类型有：

(1) 维归约：通过减少所需自变量的个数，以减少数据的复杂性，同时保留重要的信息。维归约可以提高计算效率，减少计算资源需求，加速数据处理过程，提高模型的泛化能力。同时，可以帮助将高维数据投影到二维或三维空间。代表方法有主成分分析(PCA)、线性判别分析(LDA)、t 分布随机邻域嵌入(t-SNE)。

(2) 数量归约：用替代的、较小的数据表示形式替换原始数据。代表方法有对数线性回归、聚类、抽样等。

(3) 数据压缩：通过特定的变换方法，将原始数据转换为一个更为紧凑的表示形式。这种转换能够减少数据的存储空间或传输时间。根据数据恢复的完整性，数据压缩可以分为有损压缩和无损压缩两大类。在无损压缩中，原始数据可以从压缩后的数据中完全恢复，没有任何信息损失；有损压缩则允许在压缩过程中损失一部分信息，以换取更高的压缩率，如 JPEG 图像和 MP3 音频压缩。

5. 数据变换

数据变换是将数据转换成适当的形式，以降低数据的复杂度，改善数据的质量、结构和适用性，它通过平滑聚集、数据概化、规范化等方式将数据转换成适用于数据挖掘的形式。常用方法有：通过标准化，将数据转换为均值为 0、标准差为 1 的标准正态分布；通过归一化，将数据缩放到一个特定的范围如[0,1]，便于处理不同量级的特征；通过对数变换，对数据应用对数函数，以减少偏度和处理具有指数分布的数据。

需要说明的是，数据清理、数据集成、数据变换、数据规约都是数据预处理的主要步骤，它们没有严格意义上的先后顺序，在实际应用时并非全部会被使用，具体要视业务需求而定。

6. 数据离散化处理

数据的离散化处理，简单来说，就是把连续的数据变成不连续的，或者说把一大串的数字变成几个分类的过程。假设在某个实验室中，有许多温度计，它们记录了一天中不同时间的温度。如果把这些温度数据直接用于分析，可能会非常复杂。但是，如果把这些温度分成几个类别，比如“低温”“中温”和“高温”，那么就可以更容易地分析一天中温度的变化趋势。

离散化处理的好处有很多。一方面，它可以让数据更容易理解和分析。比如，当看到“高温”这个类别，就能大概知道这部分温度超出常规范围，而不需要去记住具体的温度。另一方面，离散化后的数据更适用于一些机器学习和数据挖掘的算法，因为这些算法通常更容易处理分类数据而不是连续数据。

当然，离散化处理也有需要注意的地方。比如，如何合理地划分数据的范围是一个需要考虑的问题。如果划分得太粗，可能会丢失一些重要的信息；如果划分得太细，又可能使数据变得过于复杂。在实际应用中，离散化处理可以帮助用户更好地理解数据的分布，简化模型的复杂度，并且可用于数据隐私保护，比如在发布统计数据时，避免泄露具体个体的信息。

在处理数据格式错误时，需要先进行数据格式检查，然后进行数据转换或者修正，使其符合预期的格式要求。在数据处理过程中，可能会遇到数据格式不一致或转换错误等问题。这些问题可能会导致数据分析的错误或失败。对于数据格式问题，需要在数据处理前进行数据清洗和预处理，例如使用脚本、程序或其他工具来转换数据格式并确保数据的统一性。

课 中 实 训

任务 1：使用 Excel 进行数据预处理

Microsoft Excel 是许多数据相关从业者的主要分析工具，它可以处理各种数据，统计分析和辅助决策操作。如果不考虑性能和数据量，Microsoft Excel 可以进行大部分数据处理工作。

步骤 1：Excel 有效性分析。

假设现在对某列选中的文本进行验证。打开 Excel，将 txt 中的内容复制粘贴到 Excel 第一列中。选中第一列数据，选择“数据”菜单，找到“数据验证”选项，在弹出的“数据验证”对话框中分别设置“验证条件”“最大值”和“最小值”参数，如图 7-4 所示。

设置完成后，选择“数据验证”下拉列表中的“圈释无效数据”选项，会看到表格中用椭圆圈注的无效数据，如图 7-5 所示。

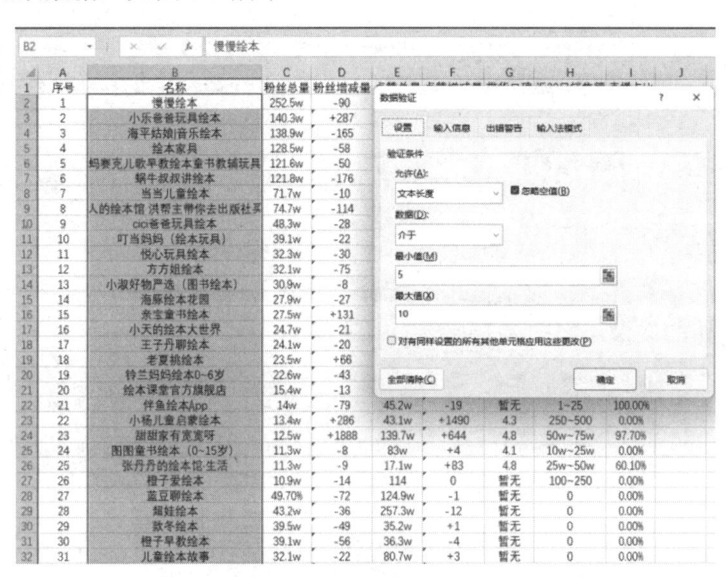

图 7-4　设置数据验证

步骤 2：Excel 数据分析并清除无效数据。

打开 Excel，输入原始数据。选中所有数据单元格区域，单击“数据”选项卡中的“删除重复项”按钮，如图 7-6 所示。

图 7-5　用椭圆圈注无效数据

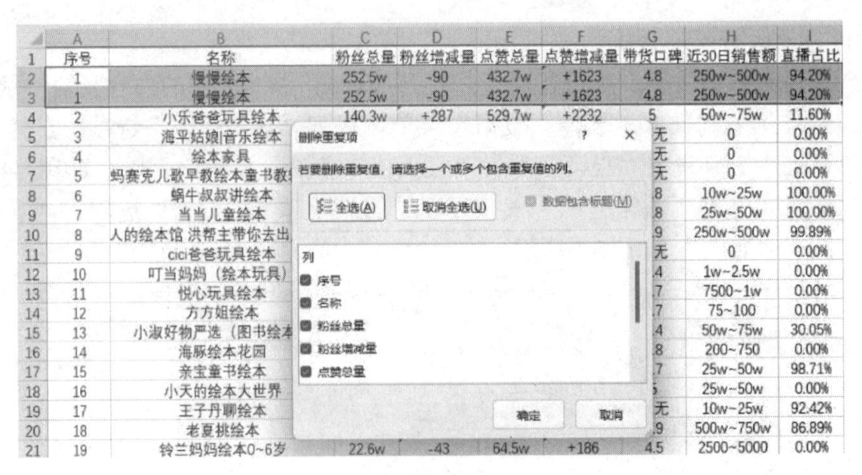

图 7-6　删除重复项

在弹出的“删除重复项”对话框中，选择“全选”按钮，执行完删除重复项操作后，就可以获得所需要的效果，如图 7-7 所示。

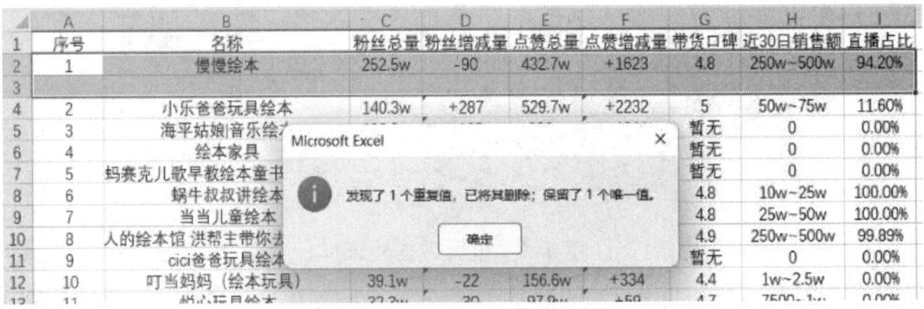

图 7-7　删除重复项结果

任务 2：使用 OpenRefine 进行数据预处理

OpenRefine 是一个专为数据清理和格式转换而设计的开源软件。它不仅可以快速简单地清理数据，还可以让非编程人员轻松地看见和使用数据。与传统的电子表格软件不同，OpenRefine 操作数据更类似于数据库的方式，以列和字段的方式工作，而非以单元格的方式工作，意味着 OpenRefine 不仅适合对新的行数据进行编码，而且功能十分强大。OpenRefine 的探索、清洗、整合数据功能强大，主要用于快速筛选数据、清理数据、排重、分析时间维度上的分布与趋势等。

OpenRefine 可以很好地解决数据清洗问题，它支持的文件格式包括 csv、tsv、xls/xlsx、cdf、ods、JSON、XML、行文本格式(比如 log 文件)等。还可以导出 OpenRefine 的压缩包，将文件发布到互联网上(HTML table)。

OpenRefine 不仅支持使用通用精练表达式语言(GREL)、Python/Jython 和 Clojure 进行数据转换，而且具有强大的数据清理功能。它能够识别文本文件中的半结构化数据，并通过转换、构面、聚类等功能清洗和整理数据，使其结构更加清晰和规范化。OpenRefine 的另一个特点是，它可以解析网站数据，并具备获取 URL、使用 jsoup HTML 解析器和 DOM 引擎等功能。

OpenRefine 下载地址：http://openrefine.org/。

步骤 1：安装软件。

OpenRefine 是基于 JAVA 环境的，要保证电脑上有最新的 JAVA 环境；在默认情况下，OpenRefine 会分配 1 G 内存给 JAVA，想要处理大数据，可以扩展内存。安装完毕，打开服务地址 http://127.0.0.1:3333，浏览器内访问即可打开 OpenRefine。在界面中，可以点击 Language Settings 进行语言选择：选择简体中文，可以快速切换到中文。

步骤 2：导入数据文件，创建新项目。创建 OpenRefine 项目十分简单，只需要三步：选择文件、预览数据内容、确认创建。单击右侧的“新建项目”按钮，选择数据集，即可创建新项目，如图 7-8 所示。

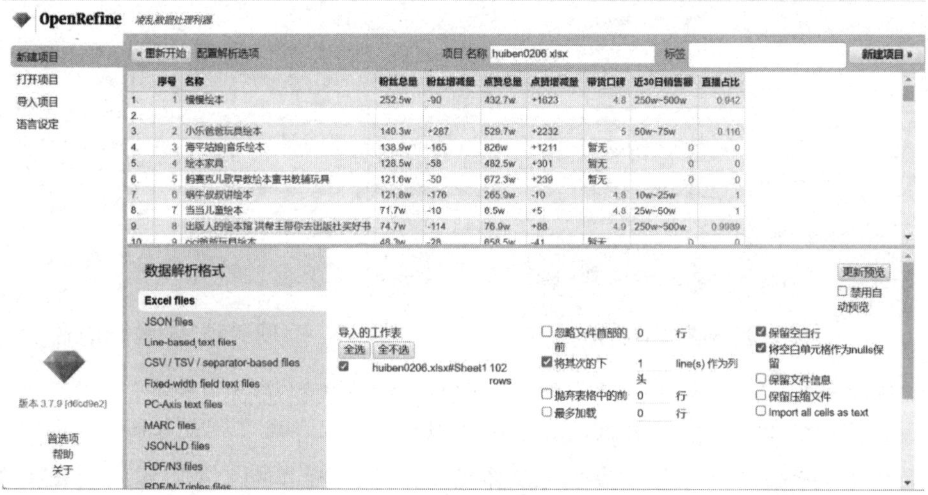

图 7-8 导入数据文件

【小技巧】操作列。列是 OpenRefine 中的基本元素，也是具有同一属性的大量值的集合，可以按照很多方法查看处理。OpenRefine 对于列的操作十分便利，在 OpenRefine 中，有隐藏、展开、按需要转换、移动、重命名和删除等操作。通过操作列，可以更加直观方便地观察数据、分析数据。

步骤 3：分析和修改数据。

分析数据包括排序和各类透视功能，还包括文本过滤和检重、相似类型或文本的归类操作。修改数据步骤则包括排序、单元格转换、删除等。

(1) 归类。在选择数据时，有时需要筛选几类相似的数据。用归类的方法对相似的数据类进行操作，可以清晰地进行分类，如按照文本归类、按数值归类、按时间线归类、按散点图归类，也可以按字、按复数、数字对数、文本长度、空字符串等进行归类，如图 7-9 所示。

(2) 编辑数据。选择菜单栏中的下拉箭头，可以对每一列数据进行清洗和转换。如果要对数据进行编辑，可以单击每一行右侧的 Edit(编辑)按钮，对数据进行修改。

(3) 数据排序。由于数据的某些列是同一类型的但没有放到邻近的列，所以杂乱无章，对数据管理时要调整某些列的顺序。单击数据列，选择“排序”选项，可以对单元格值按照文本(区别大小写或者不区别)、数字、日期、布尔值排序。对每个类别有两种不同的排序方式：一是按文本、数字、日期、布尔值(false 值先于 true 值，或 true 值先于 false 值)排列，二是对错误值和空值指定排列顺序。比如错误值可以排在最前面，这样容易发现问题，如图 7-10 所示。

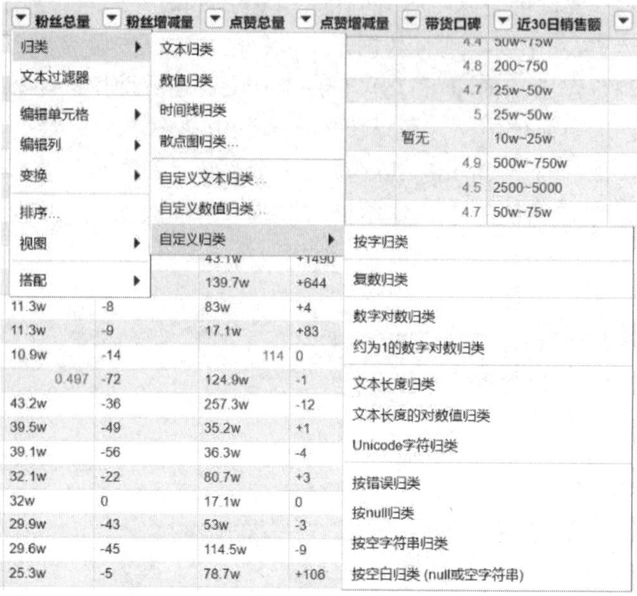

图 7-9　对数据进行归类

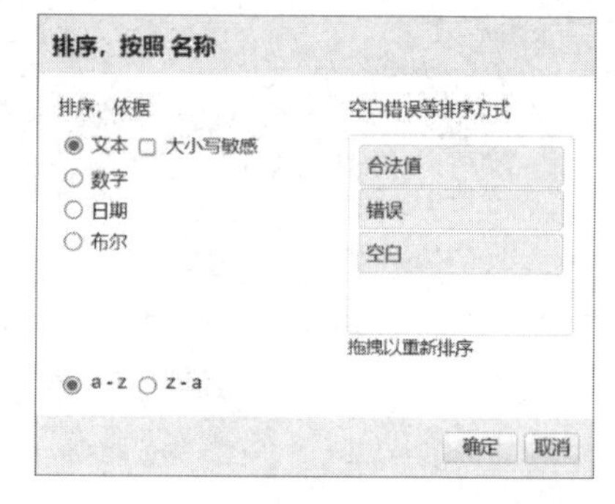

图 7-10　对数据进行排序

(4)　数据透视。就像从不同的角度观察宝石一样，数据透视并不改变数据，但可以让用户获得数据集的有用信息。数据透视可以获得数据中一个变化后的子集，比如只显示某个参数要求下的行。数据透视主要包括文本透视(返回一个不同分类数量的列表)、数字透视(某个数值范围的分布)、时间轴透视(要求数据为日期格式)、定制透视、对标星和标旗行进行透视等。

(5)　重复检测。重复值是数据集中出现两次或更多次的恼人数据。重复数据不仅浪费存储空间，并且会导致干扰。因此，可以删除重复值。重复项透视(duplicates facet)就是一种能够检测重复的简单办法。但是其也有限制性，比如其只能对字符串进行重复检测。其中，“向下填充”表示：如果某数据位置为空值，则使用上一行的数据值填补该位置(用于填补空缺数据)。“相同空白填充”表示：使重复数据的位置值变成空值(用于去除重复数据)。具体操作如图 7-11 所示。

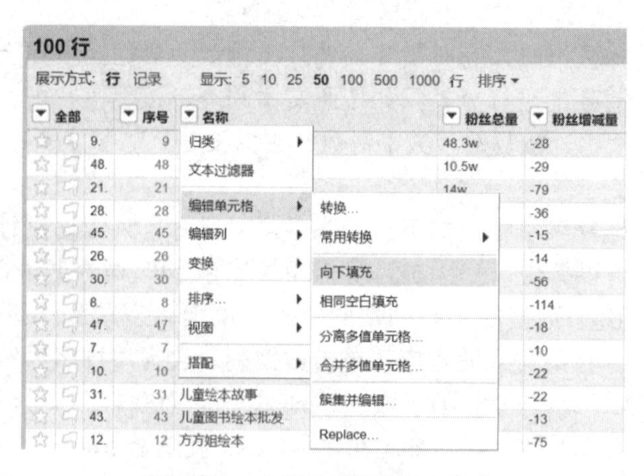

图 7-11　对单元格进行空白填充

(6) 文本过滤。当想寻找那些匹配某个特定字符串的行时，最简单的方法是使用文本过滤功能。如果要对数据进行过滤，可以选择 Facet 下的 Text facet 命令。在左边区域 Facet/Filter 下可以看到内容分组的结果，有助于用户对数据进行分析。如果要对显示的数据继续查询，例如，想要查看含有“伴鱼”关键词的数据，可以过滤数据表，在屏幕上只显示与“伴鱼”相关的数据，如图 7-12 所示。

图 7-12　文本过滤

步骤 4：单元格转换。

(1) 移除首尾空白。对数据执行移除多余首尾空白操作，是提升数据质量的很好的开始。这保证了不会因为首尾处的空白使得相同的值被误认为不同；移除首尾空白的操作只能针对字符串，而不能对整数操作。

(2) 收起连续空白。这个操作很安全，而且总是对数据清洗有益，会将整数转化成字符串，如图 7-13 所示。

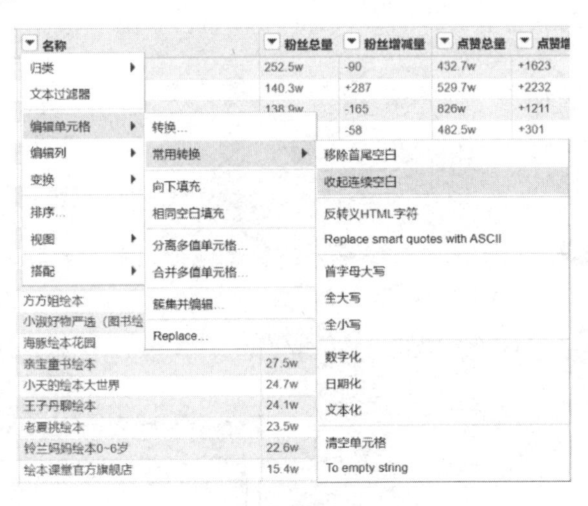

图 7-13　移除首尾空白

(3) 反转义 HTML 字符。HTML 代码内容就能够被正确解析。

(4) 首字母大写(common transforms | to uppercase)。这些值的变化主要是因为整数被转换成了字符串(因为数字被认为没有被大写)。

【小知识】GREL 语法。

在 OpenRefine 里 GREL 语法是比较重要的，也是一种编程语言。

1) 数据分类

使用 OpenRefine 去除无关的数据列，并对已有的数据进行分类。

row.index：当前行的索引值

row.starred：当前行是否打星号

row.flagged：当前行是否被标记

当前行是否打星号，如图 7-14 所示。

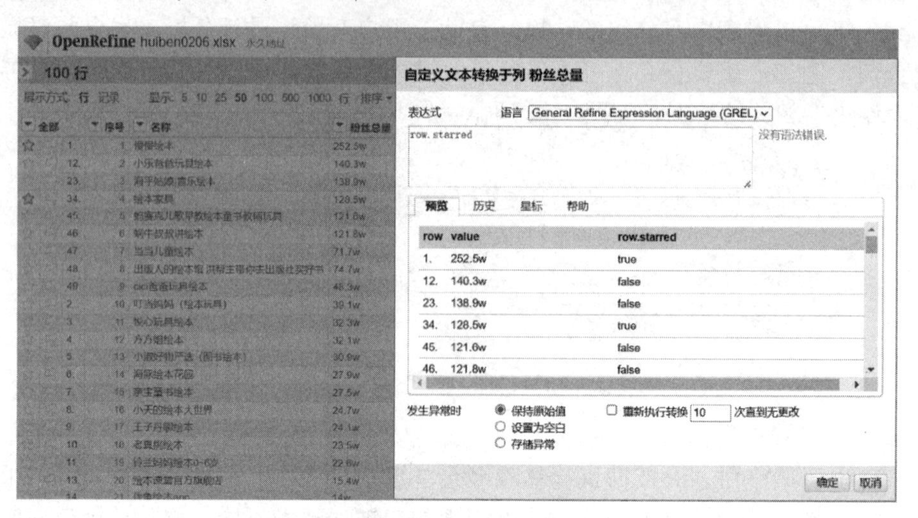

图 7-14　当前行是否打星号

row.cells：当前数据单元所在的行数据，列表类型

row.cells['省份'].value：在当前数据单元获取当前行其他列单元的数据值

在当前数据单元获取当前行其他列单元的数据值，如图 7-15 所示。

2)　数据清洗

(1)　字符串属性判断。

例如，计算字符串的长短：

```
length(value)
```

在数据清洗过程中，经常需要对字符串的长度进行判断，如果大于特定的长度，可以给出提示的默认值，如图 7-16 所示。

```
if(value.length()>10,"长字串","短字串")
```

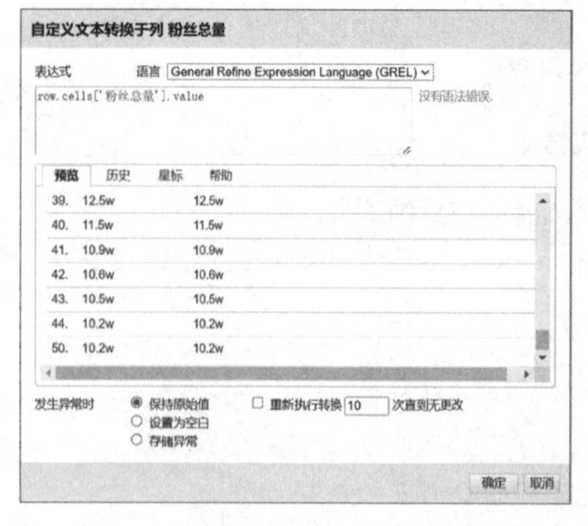

图 7-15　在当前数据单元获取当前行其他列单元的数据值

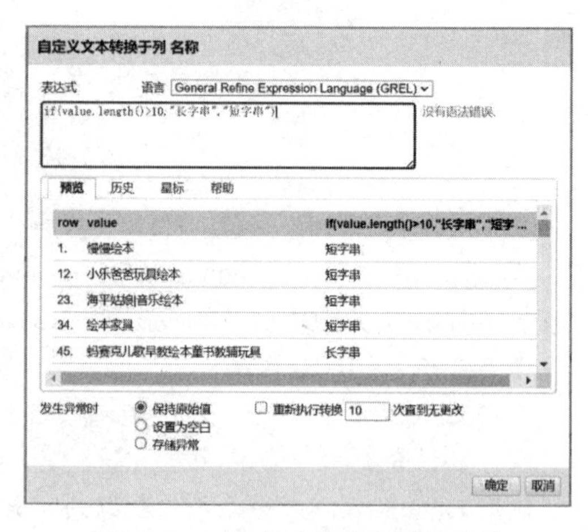

图 7-16　对字符串的长度进行判断

(2) 对前后空格进行删除。

```
trim(s)/strip(s)     #删除前后空格
```

3) 数据集成

(1) 对特定的字符串进行操作。在数据处理过程中，如果需要截取从 nfrom 到 nto(不含)的字符串，可以使用以下方法。

```
#从 s 中截取从 nfrom 到 nto(不含)的字符串，默认省略 nto 表示到末尾，负数索引表示倒数
substring(s,nfrom,nto(optional))
```

例如，value.substring(2, 4)，结果如图 7-17 所示。

(2) 如果需要返回 sub 在 s 中第一次出现的位置，可以使用 indexOf()函数。使用 lastIndexOf(s,sub)函数，则返回 sub 在 s 中最后一次出现的位置，如果没有则返回-1。

```
indexOf(value,"绘本")
```

界面如图 7-18 所示。

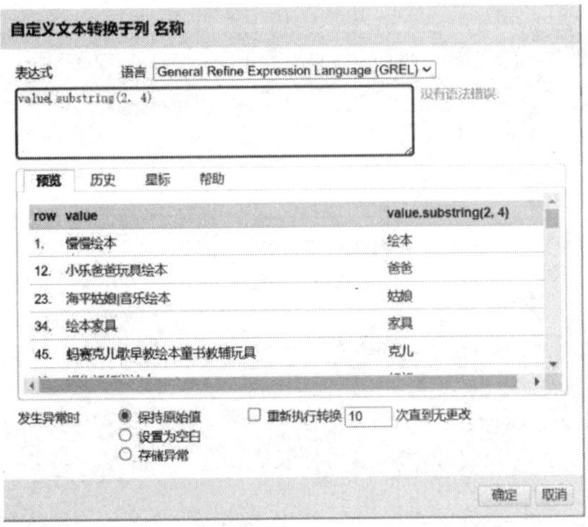

图 7-17 截取从 nfrom 到 nto(不含)的字符串

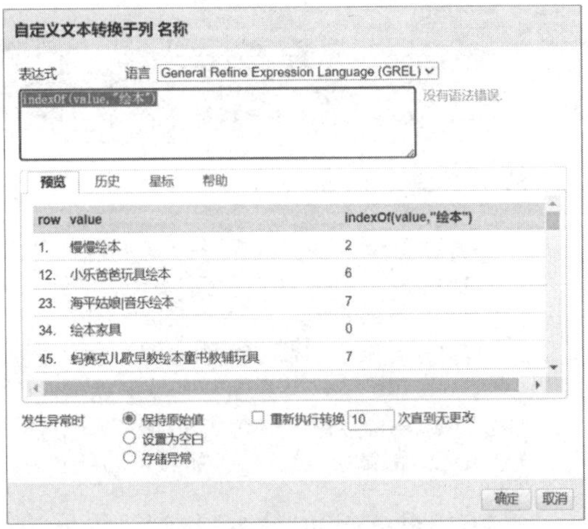

图 7-18 使用 indexOf()函数返回字符串第一次出现的位置

(3) 字符串替代。

```
#将 s 中的 sfind 或 pfind 全部替换为 sreplace，支持正则表达式
replace(s, sfind or pfind, sreplace)
replaceChars(s, sfind, sreplace)
```

将 s 中的 sfind 字符替换为对应的 sreplace 中的字符。通过 replace(value, “w”， “”) 可以将类似“252.5w”的字符替换为“252.5”，为后期的数值计算打下基础，如图 7-19 所示。

4) 数据转换

```
toNumber(s)       #转换为数值
toDate(o, b monthFirst, s format1, s format2, ...) #返回指定格式的日期类型数
#据,monthFirst 设置是否月份在前
```

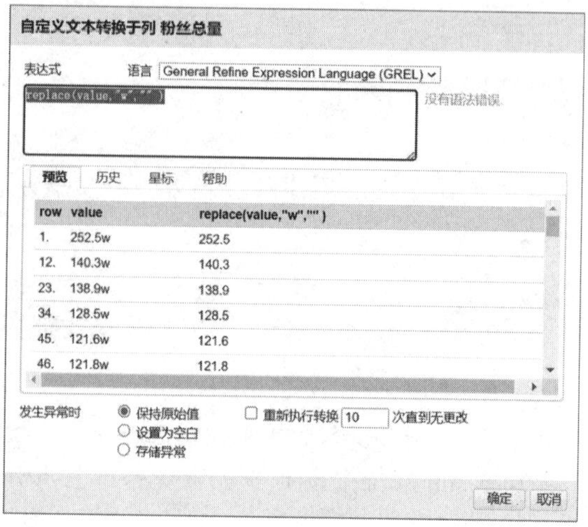

图 7-19　替换字符

5)　数据规约

```
datePart(d, s timeUnit)      #获取时间的一部分
    --1: value.datePart("year") ---> 2024
    --2: value.datePart("month") ---> 2
```

6)　数据离散分层

```
partition(s, s or p fragment, b omitFragment (optional))
#以指定片段 fragment 第一次出现的位置将 s 分为三段
htmlText(element)
#返回 HTML 单元(包括子单元)的所有文字，去除所有 HTML 标签和换行符
--1: value.parseHtml().select("div.footer")[0].htmlText()
split(s, s or p sep, b preserveTokens (optional))
#以指定分割标记 sep 对字符串 s 进行分割，支持正则表达式，输出为列表类型
```

例如，value.split("绘本",true)，运用“绘本”关键词，对 value 文本进行分割，运行结果如图 7-20 所示。

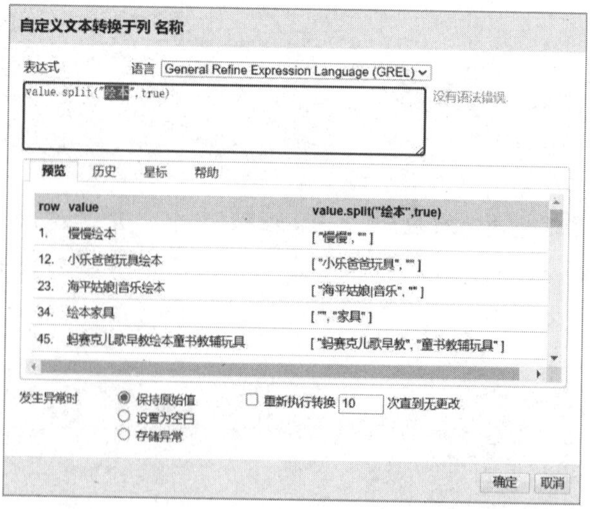

图 7-20　以指定分割标记 sep 对字符串 s 进行分割

在实际应用中，变换的场景比较丰富，可以结合数据预处理的各个环节灵活变化，从而获得高质量的数据。

任务 3：使用 Python 进行数据预处理

作为 Python 的数据分析库，Pandas 灵活、易用。Pandas 就像一个万能的厨师，只需要几个简单的步骤，就能够轻松处理各种数据文件，如 CSV、Excel、JSON、SQL 数据库等。

下面以某视频网站数据的“百万视频”和“火热视频”数据为例。其中，“百万视频”依据当时的视频播放量来进行排序采集；“火热视频”依据当时的视频火热程度来排序采集。从网站的 8 个与知识相关的栏目采集数据，使用 Python 进行数据预处理。

1. 读取与集成数据

Pandas 提供了丰富的参数，用户可以随时调整数据的读取方式，比如选择特定的列、跳过某些行、处理缺失值等。这里通过 Pandas 读取 zhishi01.xlsx、zhishi02.xlsx、zhishi03.xlsx、zhishi04.xlsx、zhishi05.xlsx、zhishi06.xlsx、zhishi07.xlsx、zhishi08.xlsx 这 8 个文件。

注意：待处理的文件安装在本机用户的默认文件夹下，如“C:\Users\username”。如果数据文件目录名更改，代码中的目录名也要更改。这里默认为 data 目录。

```
# 代码 7-1
# 读取数据
import pandas as pd
data1 = pd.read_excel('data/zhishi01.xlsx')
data2 = pd.read_excel('data/zhishi02.xlsx')
data3 = pd.read_excel('data/zhishi03.xlsx')
data4 = pd.read_excel('data/zhishi04.xlsx')
data5 = pd.read_excel('data/zhishi05.xlsx')
data6 = pd.read_excel('data/zhishi06.xlsx')
data7 = pd.read_excel('data/zhishi07.xlsx')
data8 = pd.read_excel('data/zhishi08.xlsx')
print("合并之前的 8 个表：",data1.shape, data2.shape, data3.shape, data4.shape,
     data5.shape, data6.shape, data7.shape, data8.shape, )
```

将其进行合并到 data 中。

```
# 代码 7-2
# 合并集成数据
data = pd.concat([data1, data2, data3, data4, data5, data6, data7,
data8], ignore_index=True)
print('合并之后的数据：', data.shape)
```

运行结果如图 7-21 所示。

```
14  # 代码7-2
15  data = pd.concat([data1, data2, data3, data4, data5, data6, data7, data8], ignore_index=True)
16  print('合并之后的数据：', data.shape)

合并之前的8个表： (19, 15) (18, 15) (18, 15) (18, 15) (18, 15) (18, 15) (18, 15) (18, 15)
合并之后的数据： (145, 15)
```

图 7-21　集成数据

2. 清洗数据

(1) 查找缺失值。

在收集数据的过程中，缺失数据是非常常见的。Python 提供了查找缺失值的函数，有助于快速查找缺失值。

```
# 代码 7-3
print('各个数据列的缺失值统计：\n', data.isnull().sum())
```

如图 7-22 所示。

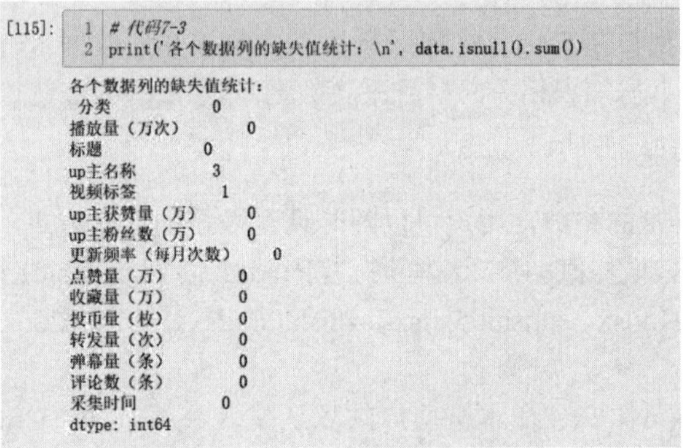

```
[115]:  1  # 代码7-3
        2  print('各个数据列的缺失值统计：\n', data.isnull().sum())

各个数据列的缺失值统计：
 分类              0
播放量（万次）        0
标题             0
up主名称           3
视频标签            1
up主获赞量（万）       0
up主粉丝数（万）       0
更新频率（每月次数）      0
点赞量（万）          0
收藏量（万）          0
投币量（枚）          0
转发量（次）          0
弹幕量（条）          0
评论数（条）          0
采集时间            0
dtype: int64
```

图 7-22　各个数据列的缺失值统计

(2) 删除重复值。

```
# 代码 7-4
# 删除缺失值
print('未删除缺失值之前，行、列数为：', data.shape)
data = data.dropna(how='any')  # 删除
print('删除缺失值之后，行、列数为：', data.shape)
```

运行结果如图 7-23 所示。

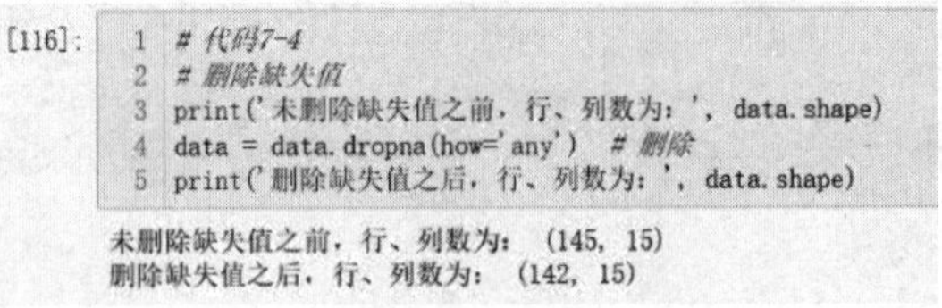

```
[116]:  1  # 代码7-4
        2  # 删除缺失值
        3  print('未删除缺失值之前，行、列数为：', data.shape)
        4  data = data.dropna(how='any')  # 删除
        5  print('删除缺失值之后，行、列数为：', data.shape)

未删除缺失值之前，行、列数为： (145, 15)
删除缺失值之后，行、列数为： (142, 15)
```

图 7-23　删除缺失值

```
# 代码 7-5
# 定义一个剔除字符的 list
error_str = ['-','/']
# 通过循环方法，剔除指定的字符，可以灵活设置
for i in error_str:
    data['分类'] = data['分类'].str.replace(i, '')
data['分类'][0: 15]
```

```
# 代码 7-6
# 删除播放量较少的数据
```

```
print("删除之前的行列数据：",data.shape)
data = data[data['播放量(万次)'] >= 2]
print("删除之后的行列数据：",data.shape)
```

```
# 代码 7-7
#查找重复的数据记录
df = pd.DataFrame(data)
#如果没有设置 keep 参数，默认筛选出除了第一个以外的其他数据记录
#df[df.duplicated(subset=['标题'])]
#按“标题”变量进行查重，设置 keep 参数为 False，保留全部的重复值
df[df.duplicated(subset=['标题'],keep=False)]
```

执行界面如图 7-24 所示。

	分类	播放量(万次)	标题	up主名称	视频标签	up主获赞量(万)	up主粉丝数(万)	更新频率（每月次数）	点赞量(万)	收藏量(万)	投币量(枚)	转发量(次)	弹幕量(条)	评论数(条)	采集时间
17	科学科普	68.8	十年后你儿子问你中国都有什么恐龙？一定要看到最后【燃向+催泪向】	无畏的华夏龙	FAKE LOVE/知识/科学科普/恐龙/科普/古生物/自然/纪录片/十年后你儿子问你/华夏...	18.1	1.5	5	8.5	2.3	4643.0	1026.0	810	1047	2023-12-27 16:14:00
18	科学科普	68.8	十年后你儿子问你中国都有什么恐龙？一定要看到最后【燃向+催泪向】	无畏的华夏龙	FAKE LOVE/知识/科学科普/恐龙/科普/古生物/自然/纪录片/十年后你儿子问你/华夏...	18.1	1.5	5	8.5	2.3	4643.0	1026.0	810	1047	2023-12-27 16:14:00
41	人文历史	352.3	佛罗里达男子房间发出惨叫，被警察上门直接逮捕，都是鹦鹉惹的事	佛罗里达记录官	知识 人文历史 鹦鹉 美国 社会 人物 奇闻 巴雷特 男子 佛罗里达	84.6	2.4	30	30.1	2.2	1345.0	6815.0	688	910	2023-12-27 19:32:00
54	人文历史	345.8	佛罗里达男子房间发出惨叫，被警察上门直接逮捕，都是鹦鹉惹的事	佛罗里达记录官	知识 人文历史 鹦鹉 美国 人物 奇闻 社会 男子 佛罗里达 巴雷特	83.8	2.4	30	29.7	2.2	1307.0	6664.0	674	898	2023-12-27 13:02:00

图 7-24　筛选重复的数据

3. 规约数据

```
# 代码 7-8
# 降维视频数据
data = data.drop(['更新频率(每月次数)', '采集时间'], axis=1)
print('降维后，数据列为：\n', data.columns.values)
```

运行结果如图 7-25 所示。

```
[120]:
1 # 代码7-8
2 # 降维视频数据
3 data = data.drop(['更新频率（每月次数）', '采集时间'], axis=1)
4 print('降维后，数据列为：\n', data.columns.values)

降维后，数据列为：
 ['分类' '播放量（万次）' '标题' 'up主名称' '视频标签' 'up主获赞量（万）' 'up主粉丝数（万）' '点赞量（万）'
 '收藏量（万）' '投币量（枚）' '转发量（次）' '弹幕量（条）' '评论数（条）']
```

图 7-25　数据降维

```
# 代码 7-9
#使用 drop_duplicates 函数删除重复值，按“标题”字段删除重复行，保留第一个重复行
df = pd.DataFrame(data)
df.drop_duplicates(subset=['标题'],inplace=True)
print(df.shape)
df.to_excel('tmp/zhishi.xlsx', index=False)
print('处理完成后的前 5 行为：\n', data.head())
```

课 后 拓 展

一、读取数据文件的常用方法

Python 语言简洁、易读、可扩展。Pandas 则是一个强大的 Python 数据分析库，它提供了多种方法来读写不同类型的数据文件。

1. 读取 CSV 文件

read_csv()：这是最常用的方法之一，用于读取逗号分隔值(CSV)文件，可以指定分隔符(sep)、列名(names)、索引列(index_col)等参数。

```
import pandas as pd
df = pd.read_csv('example.csv')
```

2. 读取 Excel 文件

read_excel()：用于读取 Excel 文件，可以指定工作表(sheet_name)、列(usecols)、行索引(index_col)等。

```
df = pd.read_excel('example.xlsx', sheet_name='Sheet1')
```

3. 读取文本文件

read_table()：类似于 read_csv()，但适用于更通用的文本文件，可以处理空格、制表符等分隔符。

```
df = pd.read_table('example.txt', sep='\t')  # 使用制表符作为分隔符
```

4. 读取 JSON 文件

read_json()：用于读取 JSON 格式的数据。

```
df = pd.read_json('example.json')
```

5. 读取 SQL 数据库

read_sql()：用于从 SQL 数据库中读取数据。

```
import sqlite3
conn = sqlite3.connect('example.db')
df = pd.read_sql_query('SELECT * FROM table_name', conn)
```

6. 读取 HTML 文件

read_html()：用于从 HTML 表格中提取数据。

```
df = pd.read_html('example.html')
```

7. 写入数据到文件

to_csv()：将 DataFrame 对象写入 CSV 文件。

```
df.to_csv('output.csv', index=False)  # 不写入索引
```

to_excel()：将 DataFrame 对象写入 Excel 文件。

```
df.to_excel('output.xlsx', index=False)
```

to_json()：将 DataFrame 对象转换为 JSON 格式的字符串。

```
df.to_json('output.json', orient='records')
```

to_sql()：将 DataFrame 对象写入 SQL 数据库。

```
df.to_sql('table_name', conn, if_exists='replace', index=False)
```

用户可以根据文件的具体内容和结构来选择合适的方法及参数，灵活运用。

二、Python 中常见的数据预处理函数

在 Python 中，提供了许多便捷的数据预处理函数，如判断缺失值、异常值检测等，如表 7-3 所示。

表 7-3　常见的数据预处理函数

函数名称	所属库	备　注
isnull()	pandas	检查一个值或一组值是否为空或 NaN(不是数字)
notnull()	pandas	notnull()函数是 isnull()函数的反向操作。它用于检查一个值或一组值是否不为空，即检查 DataFrame 或 Series 中哪些元素不是缺失值(NaN 或 None)
count	—	返回非空值个数
percentile	Numpy	用于计算百分位数
mean	pnadas	用于计算平均值
std	pandas	用于计算标准差
fillna	pandas	替换为指定值
interpolate	pandas	使用指定方法插补空值
dropna	pandas	删除空值
concat	pandas	沿一条轴将多个对象堆叠到一起
append	pandas	在单个 Pandas 对象上操作。将一个或多个 DataFrame/Series 对象添加到原始 DataFrame/Series 的末尾
merge	pandas	基于一个或多个键将两个 DataFrame 连接起来

本 章 小 结

通过对常见的数据问题进行分析，了解出现数据问题的原因。熟悉数据预处理的基本流程，了解数据清洗的常用方法。结合 Excel、OpenRefine、Python 等多种工具的使用，进一步熟悉数据预处理的方法。

第 8 章

大数据与机器学习基础

与传统的数据分析相比，大数据的数据量大、类型多、传输速度快、价值密度低，尤其是能够提供足够多和足够好的数据。比如，某银行传统的信用评分方法依赖于人工审核和有限的财务指标，这不仅耗时而且可能存在主观偏差。如何提高其贷款审批流程的效率和准确性？再比如，为了提升校园管理的智能化水平，某市教育局希望提高区域内学生学习行为分析、学校课程安排优化、校园资源分配等方面的水平。这些都需要用到大数据分析的方法。

本章主要目标：

- 了解大数据分析的常用方法，为日常决策提供参考。
- 了解机器学习、深度学习与数据挖掘等概念。
- 能够针对特定场景灵活运用机器学习算法，了解机器学习的常见算法。

课前思考：

- 机器学习中的常用算法有哪些？

课 前 自 学

一、大数据分析方法与方法论

1. 大数据分析与传统数据分析

与传统数据分析方法相比，大数据分析方法的创新越来越多。两者的差异主要表现在以下方面：

(1) 数据分析的对象。传统数据分析主要依赖于结构化数据，这些数据通常存储在关系型数据库中，并可以通过 SQL 等查询语言进行检索和分析。大数据分析则涵盖了结构化、半结构化和非结构化数据。这些数据可能来自各种渠道，如社交媒体、日志文件、物联网设备、视频和音频文件等。

(2) 处理和分析技术的差异。传统数据分析通常使用传统的数据处理和分析工具，如 Excel、SQL、R 语言、SPSS 等，适用于较小的数据集。大数据分析需要使用更高级的技术和工具，如数据湖、分布式计算框架(如 Hadoop、Spark)、NoSQL 数据库、机器学习算法和深度学习模型等，以处理海量数据并从中提取有价值的信息。

(3) 数据处理速度的差异。传统数据分析通常在较小的数据集上进行，因此处理速度相对较快。大数据分析需要处理大量的数据，并且经常需要实时或近实时的处理速度，以满足业务需求和及时响应市场变化。

(4) 数据价值和洞察力的差异。传统数据分析主要关注数据的关联性，通过统计分析与可视化来揭示数据之间的关系和趋势。大数据分析不仅关注数据的关联性，还通过机器学习算法与模式识别技术来发现数据中的潜在模式和趋势，从而提供更深层次的洞察和预测能力。

(5) 技术复杂性和精确度的要求。传统数据分析相对简单，更多依赖于统计学方法，如相关性分析、回归分析等。大数据分析则需要更高级的技术和专业知识，使用更先进的算法和模型，如分布式计算、机器学习、数据可视化、深度学习等，旨在发现数据中的复杂模式和关联。此外，大数据分析在处理大量数据时，需要能够容忍一定程度的不确定性和噪声，而传统数据分析则可能更注重数据的精确性和准确性。

这些差异也反映了数据分析领域随着技术进步和数据量的增加而发生的新变化。同时，大数据分析也为处理复杂、大规模的数据集提供了新的视角和方法。

2. 大数据分析方法的分类

在前面的章节中，讲解了数据分析的一些常用方法，如对比分析法、平均分析法、分组分析法、交叉分析法、结构分析法等。这些通用型的分析方法，在大数据分析中仍然实用。不过，大数据分析的关键在于：能够处理和分析大规模、多样化的数据，从中提取有价值的信息，并将其转化为可操作的洞察。

在大数据分析领域，与分析方法相关的概念非常多。为了进一步厘清概念，从以下角度来进行分类。

(1) 从数据类型进行分类。

结构化数据分析：针对结构化数据(如关系型数据库中的数据)进行分析，主要使用

SQL 等查询语言和传统的数据分析工具。

非结构化数据分析：针对非结构化数据(如文本、图像、音频、视频等)进行分析，需要使用文本挖掘、图像视觉识别、自然语言处理等技术。

半结构化数据分析：针对半结构化数据(如 XML、JSON 等格式的数据)进行分析，通常需要使用特定的解析工具和技术。

(2) 从分析的目的进行分类。

描述性分析：这是最基础的分析类型，旨在总结和描述数据集的特征。它回答了“发生了什么”的问题，通常通过生成图表、报告、仪表盘来展示数据的分布、趋势和模式。描述性分析常用于跟踪关键绩效指标(KPIs)和业务性能。

诊断性分析：通过数据分析这种分析方法试图解释数据中观察到的现象背后的原因。它回答了“为什么会发生”的问题，通过相关性分析、回归分析等统计方法来探究变量之间的关系，发现问题的根源和潜在原因。

预测性分析：利用机器学习算法及模型对数据进行预测和趋势分析，如预测用户行为、市场趋势等。它回答了“可能会发生什么”的问题，通常涉及时间序列分析、机器学习模型等技术，用于销售预测、风险评估等领域。

指导性分析：基于数据分析结果提供决策支持和优化建议，如产品优化、市场策略调整等。它回答了“应该做什么”的问题，通过优化算法和模拟来帮助决策者选择最佳行动方案。

(3) 从方法论的角度进行分类。

在传统数据分析过程中，营销分析方法和数理统计分析方法应用较多。随着大数据应用及相关技术的成熟，机器学习分析方法和数据挖掘分析方法开始在各个领域崭露头角。

营销分析方法论：主要应用营销模型，如 PEST 分析法、SWOT 分析法、5W2H 分析法、逻辑树分析法、4P/4Cs 分析法、RFM 分析法、SMART 分析法等。

数理、统计分析方法：通过统计学原理对数据进行描述、推断和预测，如均值、方差、协方差、常用回归分析等。

机器学习分析方法：利用机器学习算法对数据进行训练和学习，以发现数据中的模式和规律，如分类、聚类、回归、时间序列分析等。

数据挖掘分析方法：通过特定的数据挖掘算法和技术，如知识图谱、社会计算、聚类、分类、关联、回归与预测等，从数据中发现有价值的信息和知识。数据挖掘是从大量数据中自动发现模式和规则的过程。

可见，在大数据分析场景下，方法越来越丰富。按照上述分类，我们基本可以将目前和大数据相关的一些典型概念进行比较。

二、数据分析与数据挖掘相关概念

在实际应用中，数据分析的场景是多样化的。针对不同的场景，所使用的工具、方法也是多样化的。在日常生活中，我们会接触到各种与数据分析相关的概念。这里重点讲解一下人工智能、机器学习、神经网络、深度学习、数据挖掘与数据分析、模式识别等概念。

1. 人工智能

人工智能的英文名为 artificial intelligence，简称“AI”，是计算机科学的一个分支。它也是一门新兴的技术科学，其目的是研究与开发能够模拟、延伸和扩展人的智能的理论、方法、技术及应用系统。人工智能的相关概念范畴如图 8-1 所示。可以看到，人工智能与许多学科概念产生了关联，如模式识别、机器学习、深度学习、神经网络、数据挖掘、统计分析等。

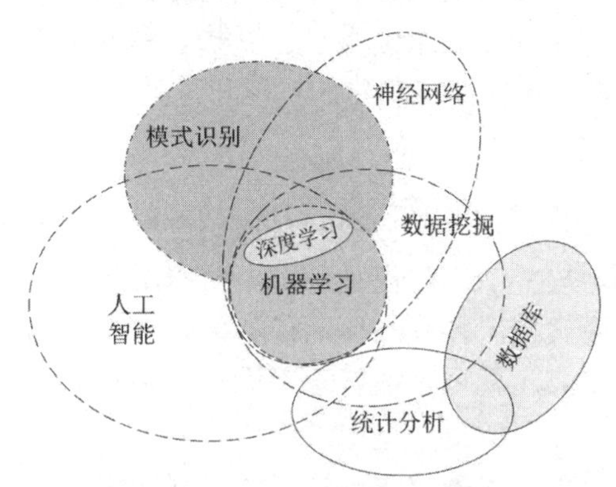

图 8-1 人工智能相关概念范畴

2. 机器学习

机器学习是人工智能的一个重要分支，也是解决人工智能问题的主流方法。通过计算机程序，机器学习可以将无序的“数据”转换为有用的“信息”，通过训练改进自身算法并形成“知识”经验。机器学习基于机器学习中的统计学习理论，特别是概率论和优化理论，可以让计算机从数据中学习并做出预测或决策，通过数据来发现模式和规律。

3. 神经网络

神经网络是一种模拟人脑工作方式的计算机模型。它是一个由很多小单元(叫作神经元)连接起来的网络，每个神经元都负责接收和处理信息。神经网络的强大之处在于它的“深度”，也就是层数很多，这使得它能够处理非常复杂的数据和任务。就像一个由许多专家组成的团队，每个专家都专注于自己的领域，但又能与其他专家协作，共同解决复杂问题。

4. 深度学习

深度学习是机器学习的一个子集，它们之间的关系可以类比为“特殊与一般”的关系。深度学习通过构建更深层次的网络结构，使得计算机能够处理更加复杂和抽象的任务。与一般的机器学习相比，深度学习算法通常需要大量的数据才能有效学习，而传统的机器学习算法在小数据集上也能表现良好；在传统的机器学习中，特征提取通常需要人工设计，而在深度学习中，网络能够自动从原始数据中学习到有用的特征表示；深度学习在图像识别、语音识别、自然语言处理等领域表现出色，而传统的机器学习算法在结构化数据的处理上可能更有优势。机器学习与神经网络的融合，能够利用深度学习在处理大规模和高维数据时的优势，同时结合传统机器学习算法的可解释性和灵活性，从而在特定任务完成方面表现良好，如可以解决更复杂的问题。随着计算能力的提升和数据量的增加，深度学习在许多领域已经超越了传统机器学习方法。

5. 数据挖掘与数据分析

数据挖掘就是这样一个过程，它使用统计学、机器学习、模式识别等方法，在大量的、不完全的、有噪声的、模糊的、随机的数据中找出潜在价值的信息和知识的过程，帮助人们做出更好的决策。可见，数据挖掘就像是在一大堆杂乱无章的石头堆里寻找宝石。相比之下，数据分析更侧重于数据的解释和报告，它为数据挖掘提供方向和问题定义，而数据挖掘的结果又可以进一步通过数据分析来加以验证和解释。在方式方法上，数据分析可以手动进行，而数据挖掘通常需要自动化的算法和工具。

6. 模式识别

简单来说，模式识别就是让机器学会识别事物的方法，其主要目标是从给定的数据中识别出事物的模式或类别。模式识别就像是玩一个猜谜游戏，假设有很多不同的图片，每张图片上都有一些特定的图案或者特征。你的任务是找出这些图片之间的共同点，或者说是它们之间的"模式"。模式识别通常依赖于人类专家提供的特征和规则，以便机器可以识别新的、未见过的数据。

从上面的分析中可以看到，很多方法和机器学习密切相关。机器学习最近几年逐渐跳出实验室，从实际的数据中学习模式以解决实际问题。它是人工智能、神经计算、数据挖掘、模式计算和大数据分析的基础。如今，机器学习和数据挖掘的交集越来越大。因此，有必要了解其分析流程。

三、机器学习：让系统更聪明

在日常生活中，拥有一位智能助手无疑能极大地提升我们的效率。这类助手之所以显得"聪明"，是因为它们能够借鉴以往的经验，实现自我学习，从而更有效地完成各项任务。例如，当你指派助手负责清洁房间时，它可能会首先尝试第一种清洁方式，然后评估其效果。如果发现清洁效果不尽如人意，助手会吸取这次的经验教训，转而尝试另一种方法。经过一系列的尝试和学习，助手最终能够找到一种最高效的房间整理方案。机器学习正是通过类似的不断试验和优化过程，赋予了人工智能、神经网络以及数据挖掘等领域的系统以类似智能助手的能力，使它们能够持续提升自身的性能。

1. 与机器学习相关的核心概念

在讲解机器学习之前，我们先来看两个数学表达式。

$$y=ax+b \tag{8-1}$$

$$y=2x+3 \tag{8-2}$$

$y=ax+b$ 描述了一个线性函数，其中 y 是输出值，x 是输入值，a 和 b 是常数。这个表达式可以用来表示两个变量之间的线性关系。而机器学习是一类算法的总称，它可以看作是寻找一个函数，输入端是样本数据，输出端是期望的结果，只是这个函数比较复杂，需要用更简洁易懂的方式表达出来。

(1) 算法。算法就像是一套详细的步骤或规则，用来解决特定问题或完成特定任务。在计算机科学中，算法指导计算机如何执行任务，比如排序数据、搜索信息、计算数学问题等。

【小知识】函数是实现算法的一种方式，而算法则是函数所实现的具体方法或过程。通过将算法封装成可重复使用的函数，可以提高代码的可复用性和可维护性。

$y=ax+b$ 也可以被视为一个算法，因为它描述了一个计算过程。给定一个 x 值，我们可以通过这个算法计算出对应的 y 值。这个计算过程包括将 x 乘以 a，然后加上 b，得到的结果就是 y 值。

(2) 模型。模型通常是基于一定的假设和规则构建的，它能够从输入数据(特征)中学习，并产生输出(预测或决策)。本质上，模型就是一个输入输出函数，如图 8-2 所示。

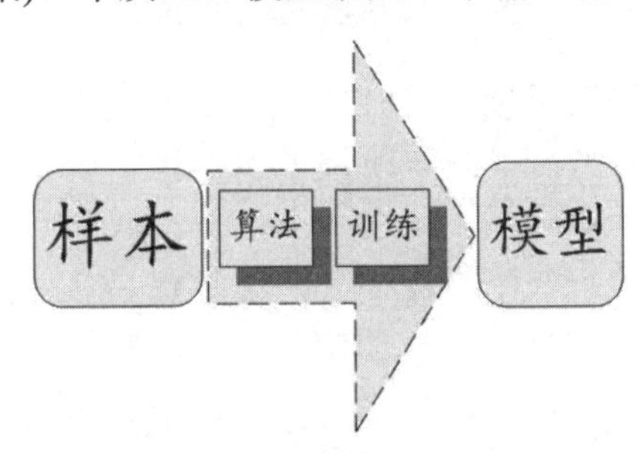

图 8-2 样本训练与模型

在机器学习中，需要不断优化模型函数。以 $y=ax+b$ 为例，这个表达式通常被称为线性回归模型。线性回归是一种算法，它试图找到数据点之间的最佳拟合直线。在这个模型中，a(斜率)和 b(截距)是模型的参数，它们通过训练数据来确定，从而将预测值与实际值之间的差异最小化。

比如，在图像识别任务中，机器学习模型可以让人工智能系统学习如何区分不同的物体，从而实现自动识别和分类。在语音识别任务中，机器学习模型可以让人工智能系统学习如何理解人类的语言，从而实现自动翻译和语音助手等功能。

(3) 训练和预测。所谓训练集，就是有标记的样本数据。训练的过程即根据算法和训练数据生成模型函数的过程，也就是要找到 a(斜率)和 b(截距)。所谓测试集，就是没有标记的样本数据。预测的过程即根据模型和测试数据获得预测结果的过程。

(4) 特征和标签。特征是算法的自变量，如 x，是描述数据的“属性”或“信息点”。例如，苹果的颜色、大小、重量和产地都是它的特征。在机器学习中，我们会从数据中提取这些特征，作为模型学习的“线索”。

标签是算法的因变量，如 y，是与数据点相关联的“答案”或“结果”。在刚才的苹果例子中，如果我们要判断苹果是否成熟，那么“成熟”或“未成熟”就是标签。在机器学习中，标签是我们希望模型能够预测的东西。

在模型训练之前，首先要告诉模型哪些是特征(自变量)、哪些是标签(因变量)。

2. 机器学习的流程

一个完整的机器学习过程，与传统的数据分析过程有很多相似之处，但也增加了很多“聪明”的地方。具体包括问题分析、数据准备、特征工程、模型训练与优化、性能度量与模型应用，如图 8-3 所示。

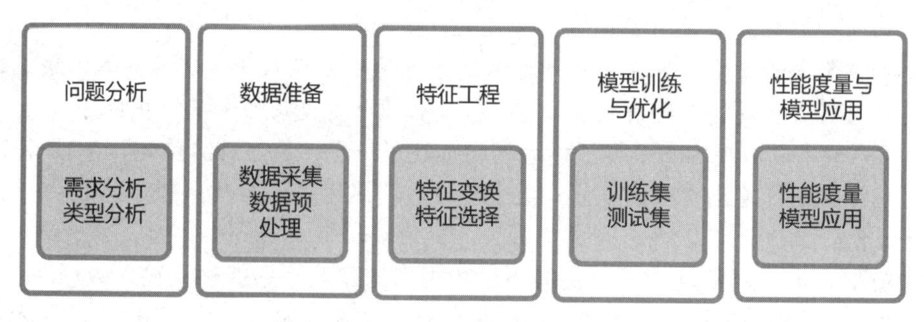

图 8-3 机器学习的流程

(1) 问题分析。这是机器学习项目的开始，需要明确要解决的业务问题，理解业务场景，并将业务逻辑和算法进行匹配。这一阶段的目标是，确定机器学习模型的任务和评估标准。

(2) 数据准备。为了训练机器学习模型，需要收集与业务问题相关的数据。这些数据可能来自不同的渠道，并且需要进行清洗和预处理。在数据收集之后，通常需要对数据进行清洗、去重、填充缺失值、处理异常值等操作，以消除数据中的噪声和冗余信息，提高数据的质量。

(3) 特征工程。特征工程是机器学习流程中非常关键的一步，它涉及选择、创建和管理用于模型训练的特征。好的特征可以极大地提高模型的性能。在这个阶段，可能需要利用领域知识对数据进行转换、组合或选择，以提取对模型训练有用的信息。

(4) 模型训练与优化。在特征工程之后，使用处理过的数据和特征来训练机器学习模型。这个过程通常涉及选择合适的算法、设置模型的超参数，以及通过训练数据来优化模型的参数。

(5) 性能度量与应用。训练好的模型需要通过一定的评估标准来检验其性能。这通常涉及使用测试集或验证集来评估模型的准确率、召回率、F1 分数等指标，以确保模型能够有效地解决业务问题。一旦模型通过评估，就可以将其部署到实际生产环境中，开始处理真实的业务数据。在模型部署后，还需要对其进行持续的监控和维护，以确保模型的稳定性和性能。

下面，以让机器自动识别花草为例，通过以下几个步骤来实现。

步骤 1：问题分析。以识别花草为例，给出一个具体的识别例子。机器学习识别花草的过程，其实就像我们学习认识新朋友一样。

步骤 2：数据准备。首先，需要为机器人准备一个“相册”，里面包含各种花草的照片，每张照片旁边都标注了花草的名字。这个相册就是训练数据集，它告诉机器人每张照片对应的花草种类。

步骤 3：特征工程。接下来，开始教机器人看这些照片。机器人会观察每张照片的颜色、形状、花瓣的排列等特征，就像小朋友学习新朋友的特征一样。

步骤 4：模型训练与优化。在看了足够多的照片后，机器人开始掌握一些规律，比如某种花的花瓣通常是红色的，而另一种花的花瓣可能是黄色的。这个过程就像是机器人在大脑里建立了一个“花草识别手册”。为了让机器人学会独立识别，需要给它一些新的照片，看看它是否能正确地说出每朵花的名字。这个过程叫作模型验证。

步骤 5：性能度量与应用。如果机器人在测试中犯了错误，可以纠正它，让它再看一些照片，学习更多。这样，机器人就会变得越来越擅长识别花草。当机器人学会识别花草后，就可以带它去公园，让它帮你识别那些你不认识的花草了。

机器学习过程涉及数据收集、特征提取、模型训练、验证和应用等步骤。通过这些步骤，机器学习算法(比如卷积神经网络)能够从大量的图像数据中学习到花草的特征，并在实际中应用这些知识来识别新的花草。

总体而言，人工智能是一个广泛的概念，机器学习、神经网络和深度学习都是其分支或子领域。机器学习可以让大数据分析更加“聪明”。

3. 机器学习常见算法及场景

机器学习在多个领域有着广泛的应用，在不同的应用场景中，往往又会有许多不同的算法。按照学习目标的不同，机器学习可以分为有监督学习、无监督学习和强化学习，如表 8-1 所示。其中，有监督学习处理的是有响应变量或标签的数据，无监督学习处理的是无响应变量或无标签的数据。在强化学习中，由于涉及决策和环境交互的影响，需要依据环境状态来做出决策。

表 8-1 常用的学习方法和模型分类

学习类型	有监督学习	无监督学习	强化学习
浅层学习	分类：逻辑回归，决策树，随机森林，支持向量机，朴素贝叶斯，神经网络 回归：线性回归，多项式回归，岭回归，Lasso 回归 K 最近邻(KNN)算法，GBDT(梯度提升决策树算法)	聚类：K 均值(K-means)算法，K 中心点(K-medoids)算法，层次聚类算法，密度聚类算法 关联规则：Apriori 算法，FP-Growth 算法 特征提取：PCA 主成分分析，ICA 独立成分分析	TD 方法(Q-Learning，SARSA)，蒙特卡洛法，策略迭代，值迭代
深层学习	使用了卷积神经网络、循环神经网络、长短期记忆网络	DBN(深度信念网络)，DBM(深度生成模型)，GAN(生成对抗网络)，VAE(变分自编码器)	DQN(深度 Q 网络)及拓展，TRPO(信任域策略优化)，A3C(异步优势-演员-评论家)，D4PG

(1) 分类问题。在机器学习中，分类任务的输出结果通常是一个类别标签，这个标签代表了模型对输入数据的预测，如“是”或“否”，“正”或“负”等；或者是多个类别中的一个，如“苹果”“香蕉”“橙子”等。以下是一些流行的分类算法的简要描述：

- 逻辑回归。逻辑回归是一种简单但强大的模型。虽然名称中包含“回归”，但它主要用于二元分类问题，用于预测一个事件发生的概率，例如，一封邮件是否为垃圾邮件。
- 决策树。通过创建一个树形结构的模型来模拟决策过程。该模型从数据集的特征出发，通过连续的决策点来逐步推导目标变量的值。决策树的构建过程包括特征的精心筛选、节点的合理划分以及模型的适当修剪。这些环节对提升模型的预测精度和适应新数据的能力极为关键。
- 随机森林。随机森林(random forest)作为集成学习的一种形式，其核心思想是“集思广益”，即通过组合多个模型来提高整体的预测性能。

- 支持向量机。支持向量机(support vector machine，SVM)是一种基于决策边界的监督学习算法，旨在找到一个最优的超平面，将数据点尽可能清晰地分隔开。支持向量机特别适合处理高维数据，如图像和文本的分类任务。
- 朴素贝叶斯。朴素贝叶斯是一种基于贝叶斯定理的简单概率分类器。它之所以被称为“朴素”，是因为它假设特征之间相互独立，即给定目标值时，一个特征出现的概率不影响其他特征的出现概率。朴素贝叶斯算法实现简单，计算效率高，训练和分类速度快，可以处理大量特征。
- 神经网络。神经网络算法的设计灵感来源于人类大脑的运作机制。神经网络由大量互联的节点构成，这些节点在功能上类似于生物神经细胞。这些节点按照特定的层次结构排列，通常包括输入层、隐藏层以及输出层。通过这种结构，神经网络能够捕捉和学习数据中的深层次模式和特征，在诸如图像识别、自然语言处理等多种应用场景中展现出卓越的性能。

(2) 回归预测问题。回归预测问题是指预测一个连续的输出值，而不是分类问题中的离散类别。常见的回归算法包括线性回归、多项式回归、岭回归和 Lasso 回归、k 最近邻算法、GBDT 等。

- 线性回归。线性回归是许多复杂统计模型的基础，旨在建立一个或多个自变量(解释变量)与因变量(响应变量)之间的线性关系，用于预测连续值。自变量和因变量是线性关系，如房价预测、股票价格。
- 多项式回归。多项式回归是线性回归的一种扩展，可以模拟变量之间的非线性关系。
- 岭回归。岭回归也称为 L2 正则化线性回归，是一种用于解决线性回归问题中的多重共线性问题的统计学方法。岭回归在处理具有高度相关特征的数据集时非常有用，它可以提高模型的泛化能力。
- Lasso 回归。Lasso 回归通过 L1 正则化进行特征选择。通过在损失函数中添加一个系数的绝对值之和作为惩罚项来实现。这个惩罚项有助于在保持模型预测能力的同时，减少模型复杂度和进行变量选择。
- K 最近邻算法。K 最近邻算法是一种简洁有效的机器学习技术，它基于对象之间的距离来预测未知样本的类别。该算法通过计算未知样本与训练集中每个点的距离，选择距离最近的 K 个点作为参考，这些点的多数投票结果即为未知样本的预测类别。这种算法的优势在于其简单性、直观性和无须模型训练，但同时也存在一些缺点，如对噪声数据敏感和计算成本较高。
- GBDT。GBDT 是一种先进的集成学习技术，它利用多个决策树模型的组合来提升预测的准确性。GBDT 算法通过逐步添加决策树，每棵树都专注于减少前一轮模型的残差，从而实现对预测误差的逐步修正。在分类任务中，GBDT 使用不同的损失函数来适应分类的需求，如对数损失或指数损失。

(3) 聚类问题。聚类问题是无监督学习的一个重要领域，它根据相似性，对数据集中的样本进行分组，使得同一组内的样本相似度高，而不同组之间的样本相似度低。常见的聚类算法包括 K 均值算法、K 中心点算法、层次聚类算法、密度聚类算法等。

- K 均值算法。K 均值算法主要用于聚类任务。它是一种无监督学习算法，目的是

将数据点划分为 K 个簇，使得每个簇内的数据点与该簇的中心(均值)的距离之和最小。

- K 中心点算法。这是一种基于中心点的聚类算法，它试图找到 K 个中心点，使得每个中心点与其所在簇内所有点的距离之和最小。K 中心点算法通常用于解决 K 均值算法中对异常值敏感的问题，因为它选择的是实际存在于数据集中的点为中心点，而不是计算得到的中心点。
- 层次聚类算法。典型的算法有 BIRCH 算法、DIANA 算法、CURE 算法、Chameleon 动态模型算法。
- 密度聚类算法。该算法主要利用数据空间中点的密度分布来识别聚类。典型的算法有 DBSCAN 算法、OPTICS 算法、DENCLUE 算法。

(4) 关联规则算法。关联规则算法在“市场篮子分析”中的应用比较频繁。其核心思想在于，揭示不同项目之间的频繁模式、关联或共现关系，以实现某一特定应用的目标。典型的关联规则算法是 Apriori 算法和 FP-Growth 算法。

- Apriori 算法。Apriori 算法遵循 Apriori 原则，也就是说，如果一个项集是频繁的，那么它的所有子集也是频繁的。Apriori 算法主要分为两步：第一步，通过连接操作生成候选项集；第二步，根据最小支持度阈值进行剪枝，筛选出真正的频繁项集。通过重复这个过程，最终找出所有符合条件的频繁项集。
- FP-Growth 算法。FP-Growth 算法通过构建一个称为 FP 树的数据结构来有效挖掘频繁项集。与 Apriori 不同，FP-Growth 不生成候选项集，直接从 FP 树中挖掘频繁项集。FP 树的设计减少了存储需求，提高了算法的效率，特别适合于大规模数据集。

(5) 特征提取算法。

- PCA 主成分分析。这是一种常用的数据分析方法，用于在多个变量之间找到模式，同时减少数据集的维度。它的主要思想是：将高维数据投影到低维空间，同时保持数据中的最大方差，从而在降维的过程中保留数据的主要特征。
- ICA 独立成分分析。这是一种计算方法，用于从多变量信号或数据集中分离出相互独立的成分。ICA 独立成分分析通常用于信号处理、图像分析、金融数据分析等领域，特别是在源信号未知的情况下。

(6) 强化学习。

- TD 时间差分方法。简称 TD 方法，这是一种无模型的学习方法，通过利用过去的经验来预测未来。它直接从原始经验中学习，不需要对环境的模型。在 TD 方法中，Q-Learning 和 SARSA 是比较典型的例子。其中，Q-Learning 算法通过与环境的交互来学习最优策略，其核心是 Q 表或 Q 函数，存储了每个状态-动作对的 Q 值。SARSA 是另一种时间差分学习算法，但它是在线策略的，即它学习并改进当前策略。SARSA 的学习更新基于实际采取的动作。
- 蒙特卡洛法。蒙特卡洛法是基于抽样的强化学习算法，通过从环境中重复采样完整的行为序列来估计值函数或策略。
- 策略迭代。策略迭代是一种模型基础的学习方法，需要对环境有完全的了解，即它是环境的转移概率和奖励函数，它交替进行策略评估和策略改进两个步骤。在策略评估阶段，算法评估当前策略的价值函数。在策略改进阶段，算法找到一个在当前价值函数下更好的策略。

- 值迭代。值迭代是一种基于价值的强化学习算法，它通过迭代地改进价值函数来收敛到最优策略。值迭代使用 Bellman 最优方程来更新状态的价值函数，直到收敛到最优价值函数。

(7) 深度学习。利用深度学习技术，如卷积神经网络、循环神经网络、长短期记忆网络等，可以学习用户行为数据中的复杂模式。

- 卷积神经网络。用于图像分类、物体检测，如人脸识别、自动驾驶车辆的视觉系统。
- 循环神经网络。循环神经网络是一种用于处理序列数据的神经网络，它能够记忆先前的信息，并利用这些信息对当前输入进行处理。循环神经网络用于处理序列数据，适用于长期依赖关系，如股票价格预测。
- 长短期记忆网络。长短期记忆网络是一种特殊类型的循环神经网络，由 Hochreiter 和 Schmidhuber 于 1997 年提出。长短期记忆网络设计用来解决传统循环神经网络在处理长序列数据时遇到的梯度消失或梯度爆炸问题。

实际应用中会遇到很多场景。考虑到场景的复杂性，需要结合各种不同的算法。

(1) 推荐系统。推荐系统广泛应用于电子商务、社交媒体和视频平台等领域。常见的推荐算法包括协同过滤、基于内容的推荐、深度学习推荐等。

(2) 时间序列分析。时间序列分析关注随时间变化的数据模式，如股票价格、温度变化等，有助于预测未来的数据点。比较常见的算法有 ARMA 模型、ARIMA 模型算法等。

(3) 自然语言处理(NLP)。自然语言处理是机器学习在文本处理方面的应用，如文本分类、情感分析、机器翻译、语音识别、自动摘要、对话系统等。常见的自然语言处理算法包括循环神经网络、BERT、Transformer、隐马尔可夫模型和长短期记忆网络和等。

(4) 计算机视觉(CV)。计算机视觉是机器学习在图像处理方面的应用，包括图像分类、目标检测、图像分割等。常见的计算机视觉算法包括卷积神经网络、Word2Vec、YOLO 和 SSD 等。

在上面的应用中，每个问题都是独特的，可能需要定制化的解决方案。例如，对于图像识别，卷积神经网络可能是合适的；而对于自然语言处理，可能需要循环神经网络或 Transformer。因此，选择合适的算法是机器学习项目成功的关键。

课 中 实 训

任务 1：Python 机器学习库配置

Python 提供了一些常见的机器学习工具库。这些工具库提供了多种功能和算法，以满足不同机器学习任务的需求。

- 扩展库安装成功之后，相应的文件会存放于 Python 安装路径的 Lib\site-packages 文件夹中。
- Python 所有内置对象不需要做任何导入操作就可以直接使用，内置模块对象和标准库对象只有先导入才能使用，扩展库只有正确安装之后才能导入和使用其中的对象。

- 在编写代码时，一般建议先导入内置模块和标准库对象，再导入扩展库对象，最后导入自己编写的自定义模块。
- 建议每个 import 语句只导入一个模块或一个模块中的对象。

在 Python 中，可以通过以下命令安装 scikit-learn 机器学习库。

```
pip install scikit-learn
```

同时，可以通过各种方法查看是否安装 sklearn 机器学习库。

1. 通过 Anaconda Navigator 导航工具查看

打开 Anaconda Navigator，这是一个图形界面的工具，通常可以在开始菜单中找到。在左侧的 Environments(环境)选项卡下，可以看到已安装的各种包和环境。在 Installed 标签页中，搜索 scikit-learn 或 sklearn 关键词，如果找到了该库，说明已经安装，如图 8-4 所示。

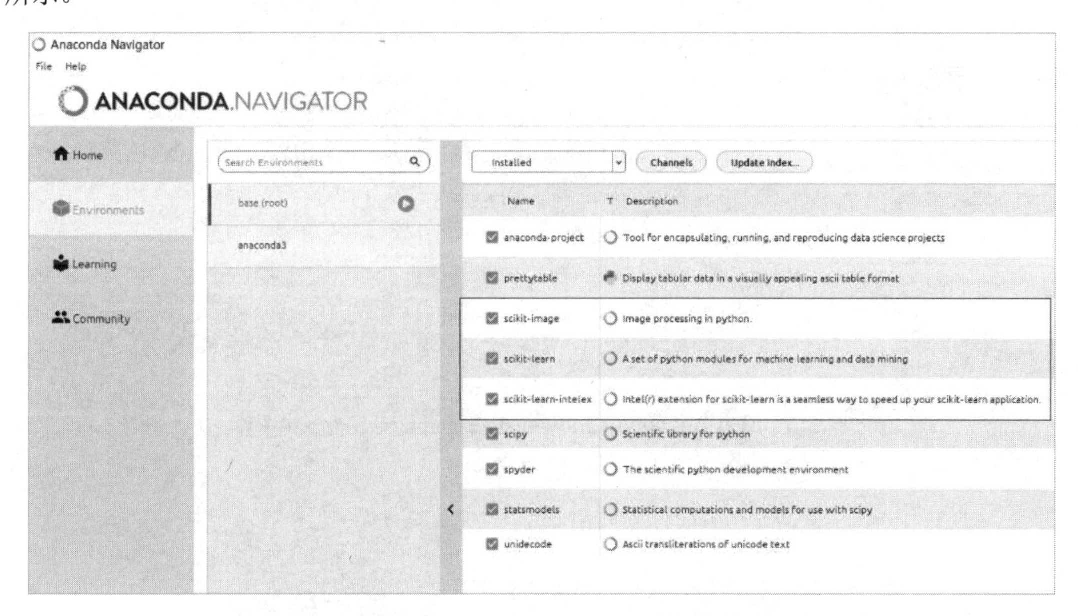

图 8-4　通过 Anaconda Navigator 导航工具查看环境

2. 使用 import 语句查看

打开 Python 解释器(可以通过 Anaconda Navigator，或者命令行输入 python 或 python3)，然后，尝试导入 scikit-learn 库，查看是否已安装 sklearn 机器学习库。

在 Anaconda Jupyter Notebook 界面下，可以尝试导入该库，如果没有出现错误，则说明该库已经安装。如果库未安装，Python 会抛出一个 ModuleNotFoundError 错误。

```
try:
    import sklearn  # 替换为你要检查的库名
    print("库已安装")
except ModuleNotFoundError:
    print("库未安装")
```

或者直接运行以下命令，如果 sklearn 库已经安装在 Python 环境中，即可输出 sklearn 的版本号，如图 8-5 所示。

```
import sklearn
print(sklearn.__version__)
```

3. 通过 Anaconda Prompt 命令行查看

打开 Anaconda Prompt(通常在开始菜单中可以找到，或者在命令行输入 anaconda-prompt)。然后，输入以下命令并回车：

```
conda list scikit-learn
```

出现“packages in environment at…”，表示安装成功，如图 8-6 所示。

4. 使用 pip 命令

在命令行或终端中，可以使用 pip freeze 命令，列出所有已安装的 Python 包。然后，可以手动检查输出列表中是否包含要查找的库。

```
pip freeze
```

显示界面如图 8-7 所示。

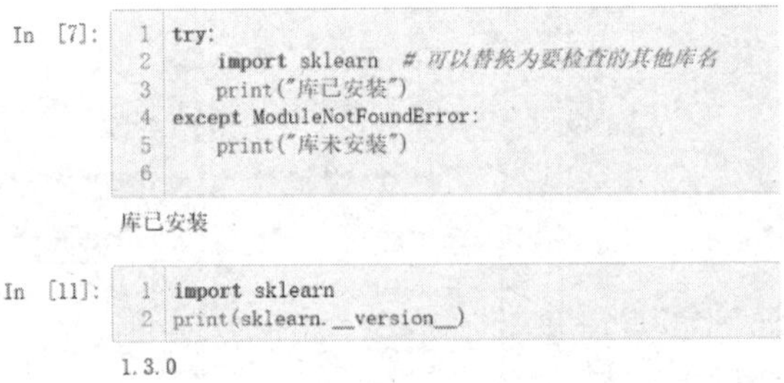

```
In [7]:  1 try:
         2     import sklearn  # 可以替换为要检查的其他库名
         3     print("库已安装")
         4 except ModuleNotFoundError:
         5     print("库未安装")
         6
库已安装

In [11]: 1 import sklearn
         2 print(sklearn.__version__)
1.3.0
```

图 8-5　通过 Anaconda Jupyter 查看是否已安装机器学习库

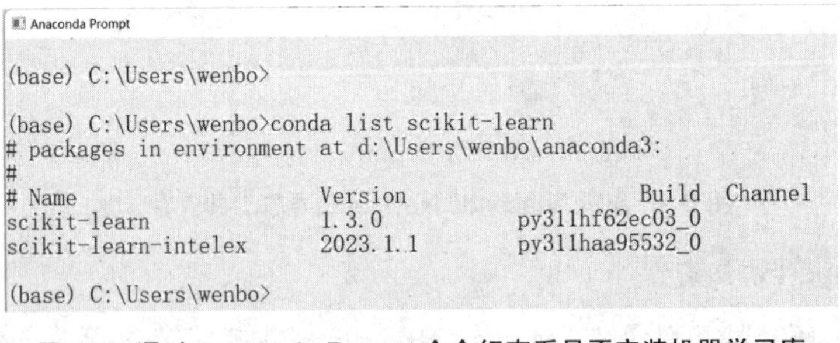

```
Anaconda Prompt

(base) C:\Users\wenbo>

(base) C:\Users\wenbo>conda list scikit-learn
# packages in environment at d:\Users\wenbo\anaconda3:
#
# Name                    Version                   Build  Channel
scikit-learn              1.3.0            py311hf62ec03_0
scikit-learn-intelex      2023.1.1         py311haa95532_0

(base) C:\Users\wenbo>
```

图 8-6　通过 Anaconda Prompt 命令行查看是否安装机器学习库

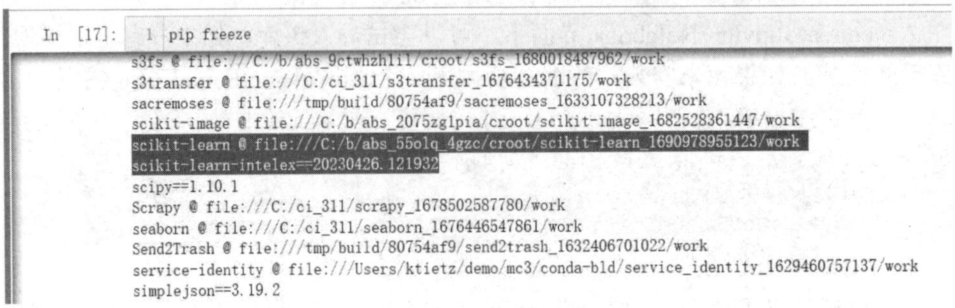

```
In [17]: 1 pip freeze
s3fs @ file:///C:/b/abs_9ctwhzhlil/croot/s3fs_1680018487962/work
s3transfer @ file:///C:/ci_311/s3transfer_1676434371175/work
sacremoses @ file:///tmp/build/80754af9/sacremoses_1633107328213/work
scikit-image @ file:///C:/b/abs_2075zglpia/croot/scikit-image_1682528361447/work
scikit-learn @ file:///C:/b/abs_55olq_4gzc/croot/scikit-learn_1690978955123/work
scikit-learn-intelex==20230426.121932
scipy==1.10.1
Scrapy @ file:///C:/ci_311/scrapy_1678502587780/work
seaborn @ file:///C:/ci_311/seaborn_1676446547861/work
Send2Trash @ file:///tmp/build/80754af9/send2trash_1632406701022/work
service-identity @ file:///Users/ktietz/demo/mc3/conda-bld/service_identity_1629460757137/work
simplejson==3.19.2
```

图 8-7　通过 pip freeze 命令查看 Python 包

运用类似的操作，可以查看其他包的安装情况。

任务 2：基于跨境电商数据的特征分析

根据已经处理的跨境电商数据指标，进行跨境电商的数据特征分析。

1. 研究方法与数据处理

通过引入 Python 的 NumPy 和 Pandas 库，在 Anaconda 的 Jupiter Notebook 环境下进行数据分析。

(1) 采用皮尔逊系数法和 Lasso 特征选择模型，对各项特征的相关性进行探索性分析，得出相关性系数矩阵，获取与跨境电商交易额相关的重要特征。

(2) 建立单个特征的灰色预测模型以及支持向量回归预测模型，并进行精度评价。

(3) 使用支持向量回归预测模型计算未来两年的 W 市跨境电商总额。

(4) 对预测模型的结果进行评价。

结合已有数据来源，本文选择 36 个影响特征指标。由于初期选择的数据特征比较多，因此，首先判断与跨境电商交易额关联性更强的数据。

2. 特征相关性分析

首先，使用皮尔逊相关系数进行指标初步筛选，如表 8-2 所示。

表 8-2 皮尔逊相关系数矩阵

特征指标	y	x1	x2	x3	x4	x5	x6	x7	—	x34	x35	x36
y	1	0.99	0.99	0.97	0.84	−0.57	0.39	0.26	—	0.91	−0.9	0.93
x1	0.99	1	1	0.99	0.84	−0.6	0.31	0.17	—	0.9	−0.92	0.96
x2	0.99	1	1	0.99	0.84	−0.6	0.3	0.16	—	0.9	−0.92	0.96
x3	0.97	0.99	0.99	1	0.84	−0.62	0.19	0.04	—	0.87	−0.93	0.97
x4	0.84	0.84	0.84	0.84	1	−0.52	0.44	0.32	—	0.86	−0.59	0.91
x5	−0.57	−0.6	−0.6	−0.62	−0.52	1	−0.04	0.06	—	−0.22	0.54	−0.51
x6	0.39	0.31	0.3	0.19	0.44	−0.04	1	0.99	—	0.45	0	0.2
x7	0.26	0.17	0.16	0.04	0.32	0.06	0.99	1	—	0.33	0.14	0.06
—	—	—	—	—	—	—	—	—	—	—	—	—
x34	0.91	0.9	0.9	0.87	0.86	−0.22	0.45	0.33	—	1	−0.75	0.92
x35	−0.9	−0.92	−0.92	−0.93	−0.59	0.54	0	0.14	—	−0.75	1	−0.85
x36	0.93	0.96	0.96	0.97	0.91	−0.51	0.2	0.06	—	0.92	−0.85	1

通过表格矩阵分析，与跨境电商交易额关联性比较强的特征有：x1，x2，x3，x4，x8，x10，x11，x12，x13，x14，x15，x16，x17，x18，x19，x21，x22，x23，x24，x27，x29，x31，x32，x33，x34，x36。关联性比较弱的特征有：x6，x7，x20，x26，x30。关联性较差的特征有：x5，x9，x25，x28，x35。

3. 基于 Lasso 回归的特征选择

Lasso 方法最早由 Robert Tibshiran 于 1996 年提出，其本质是寻求稀疏表达的过程。在保证最佳拟合误差的同时，Lasso 回归使得参数尽可能“简单”，使得模型的泛化能力强。Lasso 回归在最小二乘法的基础上，以回归系数的绝对值之和 $\lambda\sum_{j=1}^{p}\left|\beta_i\right|$ 作为惩罚项，通过惩罚项调整模型参数的数量和大小，降低模型的复杂度。通过对回归模型中变量的系数进行压缩，以可控的估计偏差为代价达到变量筛选的目的。Lasso 参数估计如式(8-3)所示：

$$\hat{\beta}(\text{lasso}) = \arg\min_{\beta}{}^{2}\left\|\text{y-}\sum_{j=1}^{\text{p}}\text{x}_i\beta_i\right\|^2 + \lambda\sum_{j=1}^{p}\left|\beta_i\right| \tag{8-3}$$

随着λ增大，对各个自变量系数估计值的压缩程度增大，对模型预测结果影响较小的自变量系数被压缩至 0，自变量个数逐渐减少。在 Python 环境下，对基于λ的特征数进行模拟计算，取λ值为 70。结合皮尔逊相关性系数矩阵与 Lasso 回归关键特征排名，整理后获得与跨境电商交易额趋势关联的特征值，即 x1(中欧班列数量)、x2(中欧班列发送箱数)、x12(教育支出)、x27(城镇常住居民人均可支配收入)、x32(科学支出)。

4. 基于灰色预测模型的关键特征预测

灰色预测模型是通过少量的、不完全的信息建立数学模型并做出预测的一种预测方法，是基于客观事物的过去和现在的发展规律。通过对时间序列历史数据做一阶累加处理，得到生成数列。利用灰色预测模型参考时间序列特性，对 2018—2022 年各项特征值历史数据进行分析，并预测 2023—2024 年交易额，结果如表 8-3 所示。

表 8-3 基于灰色模型的预测结果

年份/模型精度	特 征 值					
	x1	x2	x12	x27	x32	y
2018	320	25060	261000	71207	49000	654.7
2019	528	42286	310039	77150	59327	753.98
2020	974	80392	324695	80137	62363	870.88
2021	1277	105292	343485	86628	71802	1013.57
2022	1569	129300	365426	86975	82596	1083.5
2023	2183.53	180998.2	384831.2	92031.2	91543.62	—
2024	2949.9	245414.1	406697.6	96092.22	102916	—
模型精度	好	好	好	好	好	—

5. 基于支持向量机模型的回归预测

SVR(support vector regression)是在做拟合时采用了支持向量的思想来对数据进行回归分析。通过构建支持向量机回归预测模型，将灰色预测结构代入向量机模型，在 Python 中调用 LinearSVR()函数，预测 2023 年和 2024 年 W 市跨境电商交易总额，如图 8-8 所示。

2023 年、2024 年各项预测精度较高，可以作为预测跨境电商交易额的关键特征数据参考，如表 8-4 所示。

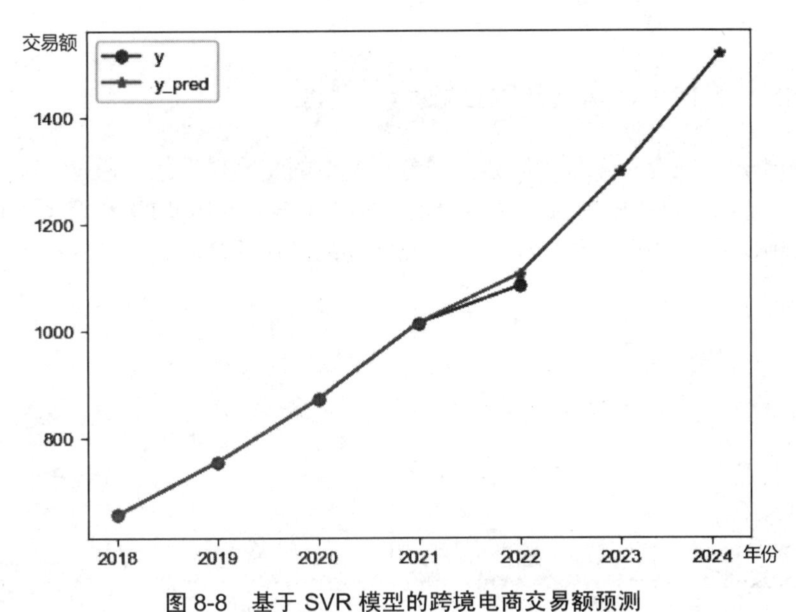

图 8-8 基于 SVR 模型的跨境电商交易额预测

表 8-4 2023—2024 跨境电商交易额预测

年份	x1	x2	x12	x27	x32	y	y_pred
2018	320	25060	261000	71207	49000	654.7	654.7
2019	528	42286	310039	77150	59327	753.98	753.9848
2020	974	80392	324695	80137	62363	870.88	870.8783
2021	1277	105292	343485	86628	71802	1013.57	1013.54
2022	1569	129300	365426	86975	82596	1083.5	1106.032
2023	2183.53	180998.2	384831.2	92031.2	91543.62	—	1296.624
2024	2949.9	245414.1	406697.6	96092.22	102916	—	1518.208

6. 性能度量

在 Python 环境下，利用回归模型性能度量指标，对跨境电商预测模型进行性能度量，如图 8-9 所示。

```
平均绝对误差： [3.76153251]
 中值绝对误差： 0.0032572849905250223
 可解释方差： [0.99845387]
 R方值：[0.99814554]
```

图 8-9 预测模型的性能度量结果

通过结果可知，平均绝对误差与中值绝对误差较小，可解释方差与 R 方值十分接近 1。同时，结合图 8-8、表 8-4 的结果可以看到，预测值与真实值基本吻合，表明建立的支持向量回归模型拟合效果优良、模型精度高，可用于预测该城市的跨境电商交易数据统计值及实际业务工作指导。

任务 3：基于 Apriori 算法的金融产品组合

在本案例中，假设有一个包含股票、债券和基金的交易数据集。通过 Apriori 算法，可以找出哪些金融产品组合是频繁被用户一起购买的(频繁项集)，然后进一步生成关联规则，这些规则可能揭示金融产品之间的潜在关联或购买模式。

1. 代码示例

首先看一下代码实现：

```
pip install mlxtend
```

运行如下代码：

```
import pandas as pd
from mlxtend.preprocessing import TransactionEncoder
from mlxtend.frequent_patterns import apriori, association_rules

# 示例数据集，表示用户购买的金融产品的交易记录
dataset = [
    ['股票A', '债券B', '基金C'],
    ['股票A', '基金C', '基金D'],
    ['债券B', '基金C', '股票A'],
    ['基金C', '债券B', '基金E'],
    ['股票A', '债券B', '基金D'],
    ['基金D', '基金E'],
    ['股票A', '基金C', '基金E']
]

# 定义一个函数，用于转换交易数据到 one-hot 编码格式
def transform_to_one_hot(dataset):
    te = TransactionEncoder()
    te_ary = te.fit(dataset).transform(dataset)
    df = pd.DataFrame(te_ary, columns=te.columns_)
    return df

# 调用函数转换数据
df = transform_to_one_hot(dataset)

# 使用 Apriori 算法找出频繁项集
# 设置最小支持度为 0.4，并使用列名作为输出
frequent_itemsets = apriori(df, min_support=0.4, use_colnames=True)

# 打印频繁项集
print("Frequent Financial Itemsets:")
print(frequent_itemsets)

# 根据频繁项集生成关联规则
# 使用置信度作为度量标准，并设置最小阈值为 0.75
rules = association_rules(frequent_itemsets, metric="confidence",
min_threshold=0.75)
```

```
# 打印关联规则
print("\nFinancial Association Rules:")
print(rules[['antecedents', 'consequents', 'support', 'confidence',
'lift']])
```

运行结果如下：

```
Frequent Financial Itemsets:
    support    itemsets
0  0.571429        (债券 B)
1  0.714286        (基金 C)
2  0.428571        (基金 D)
3  0.428571        (基金 E)
4  0.714286        (股票 A)
5  0.428571  (基金 C, 债券 B)
6  0.428571  (股票 A, 债券 B)
7  0.571429  (股票 A, 基金 C)

Financial Association Rules:
  antecedents consequents   support  confidence  lift
0       (债券 B)      (基金 C)  0.428571        0.75  1.05
1       (债券 B)      (股票 A)  0.428571        0.75  1.05
2       (股票 A)      (基金 C)  0.571429        0.80  1.12
3       (基金 C)      (股票 A)  0.571429        0.80  1.12
```

2. 数据分析

通过上述结果，可以看到频繁项集和基于这些项集生成的金融关联规则。下面是对这些数据的分析。

(1) 频繁项集。

债券 B：支持度为 0.571429，这意味着在所有交易中，债券 B 出现的概率约为 57.14%。

基金 C：支持度为 0.714286，出现的概率约为 71.43%。

基金 D 和基金 E：支持度为 0.428571，出现的概率约为 57.14%。

股票 A：支持度为 0.714286，出现的概率约为 71.43%。

基金 C 和债券 B 的组合：支持度为 0.428571，出现的概率约为 42.86%。

股票 A 和债券 B 的组合：支持度为 0.428571，出现的概率约为 42.86%。

股票 A 和基金 C 的组合：支持度为 0.571429，出现的概率约为 57.14%。

(2) 关联规则。

规则 0：如果交易中包含债券 B，则有 75%的概率会购买基金 C。支持度为 0.428571，置信度为 0.75，提升度为 1.05。这意味着在购买债券 B 的情况下购买基金 C 的可能性，比随机交易中出现基金 C 的可能性高了约 5%。其中，提升度 lift(债券 B→基金 C) =confidence(债券 B→基金 C)/support(债券 B)=0.75/0.571429≈1.05。

规则 1：如果交易中包含债券 B，则有 75%的概率会购买股票 A。支持度和置信度与规则 0 相同，提升度也是 1.05。

规则 2：如果交易中包含股票 A，则有 80%的概率会购买基金 C。支持度为

0.571429，置信度为 0.80，提升度为 1.12。这意味着在购买股票 A 的情况下购买基金 C 的可能性，比随机交易中出现基金 C 的可能性，高了约 12%。

规则 3：如果交易中包含基金 C，则有 80%的概率会购买股票 A。支持度与规则 2 相同，置信度和提升度也相同。

(3) 结果分析。

支持度：表示项集在所有交易中出现的频率。基金 C 和股票 A 的支持度最高，都是 0.714286，表明它们是最常被交易的金融产品。

置信度：表示在前件出现的情况下，后件出现的条件概率。例如，规则 2 的置信度为 0.80，意味着如果一个交易包含了股票 A，那么基金 C 被交易的概率是 80%。

提升度：表示项集一起出现的概率与它们各自独立出现的概率之比。提升度大于 1 表示项集之间存在正相关性。例如，规则 2 和规则 3 的提升度为 1.12，表明股票 A 和基金 C 之间存在正相关性。

关联规则：这些规则可以帮助金融机构识别哪些金融产品经常被一起交易，从而可以设计捆绑销售策略或提供交叉销售的机会。

课 后 拓 展

一、常见的 Python 机器学习工具库

以下是一些常用的 Python 机器学习工具库。

(1) Scikit-learn。Scikit-learn 的库名是 sklearn，它是一个用于机器学习的 Python 库，提供了各种用于分类、回归、聚类、降维等任务的工具和算法。同时，它还提供了数据预处理、特征提取、模型选择和评估等工具。这个库包含了许多常用的机器学习算法、预处理技术、模型选择和评估工具等，可以方便地进行数据挖掘和数据分析。

(2) TensorFlow。TensorFlow 是由 Google 开发的开源机器学习框架，支持深度学习模型的构建和训练，适用于大规模数据集和复杂模型。它支持分布式计算，可以高效处理大规模数据集。TensorFlow 提供了丰富的 API 和工具，如 Keras 高级 API，使得模型开发和训练变得简单快捷。

(3) PyTorch。PyTorch 是 Facebook 开发的开源机器学习框架，是一个灵活的深度学习框架，以其动态计算图和易用性而受到青睐。它提供了灵活的 API 和高效的 GPU 加速功能，使得模型开发和训练更加快速和简单。PyTorch 特别适合研究人员和开发者进行深度学习研究和应用。

(4) Keras。Keras 是一个高级神经网络 API，可以运行在 TensorFlow、Theano 和 CNTK 等后端之上。它简化了深度学习模型的构建和训练过程，使得快速原型设计和实验变得容易。Keras 支持各种深度学习模型，如卷积神经网络、循环神经网络等。

(5) XGBoost。XGBoost 是一个基于梯度提升决策树的机器学习库，具有高效、灵活和可扩展的特点。它在分类、回归和排名等任务中表现出色，特别适用于大规模数据集和高维特征场景。

(6) LightGBM。LightGBM 是微软开发的基于梯度提升框架的快速、分布式、高性能

的机器学习库。它使用基于树的学习算法，具有高效、可扩展和易于使用的特点。LightGBM 特别适用于处理大规模数据集和高维特征。

除了上述几个库之外，还有许多其他的 Python 机器学习工具库，如 MLxtend、PyOdin、imbalanced-learn 等，这些库提供了不同的功能和算法，以满足特定领域或特定任务的需求。

二、常见的大数据集

常见的大数据集有很多，它们涵盖了不同的领域和用途。以下是一些常见的大数据集。

(1) UCI 机器学习数据库。UCI 机器学习数据库是一个公开的、广泛使用的数据集合，是加州大学欧文分校(UCI)提供的机器学习数据集集合，包含多种类型的数据集，适用于各种机器学习任务。该数据库中包含许多数据集、任务和评估准则，用于帮助研究人员和开发者测试、评估及比较各种机器学习算法。这些数据集大多数来自真实场景，可以较好地反映出实际数据样本的特征和分布。

(2) Kaggle。Kaggle 是一个数据科学竞赛平台，它提供了大量的数据集，涵盖各种领域，如金融、医疗、交通等。

(3) Open Images Dataset。Open Images Dataset 是 Google 提供的大规模图像数据集，包含超过 900 万张图像，每张图像都有多个对象和标签。

(4) ImageNet。ImageNet 是一个大规模的图像数据集，用于视觉对象识别软件研究，它涵盖了数千个类别，包含超过 1400 万张经过标注的图像。

(5) World Bank Open Data。World Bank Open Data 是世界银行提供的开放数据集，包含全球经济、发展和环境数据。

(6) CIFAR 10/CIFAR 100。CIFAR 10 / CIFAR 100 是小型图像数据集，包含 6 万个 32×32 彩色图像。这些图像被分为 10 个或 100 个类别，常用于计算机视觉和机器学习研究。

(7) MNIST。MNIST 是一个手写数字图像数据集，包含 7 万个 28×28 灰度图像。这些图像被分为 0 到 9 的 10 个类别，常用于机器学习和深度学习入门。

(8) KDD Cup 99。KDD Cup 99 是一个用于数据挖掘和机器学习竞赛的数据集，包含大量网络连接和系统日志数据，旨在检测和预防网络入侵。

(9) Wikipedia 语料库。Wikipedia 语料库是一个包含数百万篇文章的大规模文本数据集，它被广泛应用于自然语言处理和机器学习领域。

(10) Sentiment140。Sentiment140 是一个用于情感分析的数据集，包含 16 万个 Twitter 消息。这些消息被标记为正面或负面情感，常用于情感分析和文本挖掘研究。

(11) MovieLens。MovieLens 是一个电影推荐系统数据集，包含数百万条电影评分和评论。这些数据被用于训练和评估电影推荐算法。

(12) Amazon Product Dataset。Amazon Product Dataset 是一个包含数百万个亚马逊商品的大型数据集。它包括商品描述、评论、价格等信息，常用于电子商务和推荐系统研究。

在国内，也有很多优秀的数据集，涵盖了不同领域和应用场景。以下是一些国内常见的优秀数据集：

(1) 天池数据集：由阿里巴巴旗下的天池平台提供，包含电商、金融、医疗、教育等多个领域的数据集。其中，淘系独家的电商商品数据和用户行为数据是阿里系唯一对外开放的数据资源。

(2) DOTA 航拍图像数据集：由武汉大学发布，是一个用于在航拍图像中进行目标检测的大型数据集，包含 2806 幅航拍图像。

(3) UCAS-AOD 遥感影像数据集：由中国科学院大学发布，用于飞机和车辆检测，包含 910 张遥感影像。

(4) 中国国家统计局：提供了丰富的宏观经济数据，包括国民经济和社会发展统计信息，如 GDP、人口普查数据、工业生产数据等。

(5) 中国知网(CNKI)：作为中国最大的学术资源库之一，提供了大量的学术论文、期刊、会议论文等，这些资源可用于文本挖掘和自然语言处理研究。

(6) 中国科学数据网：提供了包括地理信息、气象数据、生物多样性数据等在内的多种科学数据集。

(7) 国家地球系统科学数据共享服务网：提供了地球科学领域的数据集，如地质、气象、海洋、生态等。

本 章 小 结

本章主要讲解了大数据分析的方法和方法论，并对数据分析和数据挖掘的相关概念进行了梳理，同时对机器学习的流程进行了介绍。针对这些知识点，列举了 Python 机器学习库的配置方法，对跨境电商数据的特征进行了分析，并使用 Apriori 算法对金融产品组合案例进行了分析。

第 9 章 大数据可视化

数据可视化就是让数据“说话”，让用户的理解更加直观。比如，某电子商务公司希望优化其产品推荐系统，以提高用户满意度和销售额。为此，公司决定利用数据可视化技术来分析用户行为数据、购买历史和市场趋势。利用可视化图表，能够快速展示用户在网站上的点击流、页面停留时间和浏览路径。

本章学习目标：

- 了解可视化图表的类型，能够结合不同场景灵活使用可视化图表。
- 熟悉图表可视化工具，掌握不同类型可视化图表的呈现方法。

课前思考：

- 常用的可视化图表有哪些类型？
- 作为消费者，你是否能够理解并信任数据可视化结果？

课 前 自 学

一、数据可视化基础

数据可视化能够将复杂的数据以直观、清晰且易于理解的方式呈现出来，使得数据分析更加直观和高效。以开源平台 ECHARTS(https://echarts.apache.org/examples/zh/index.html)为例，这里呈现了丰富的可视化图表，如图 9-1 所示。

一般来说，数据可视化包括各种图表、图形、地图、动画等多种形式，它可以帮助人们更好地发现数据中的规律、趋势和关联，提高数据分析和决策的效率。

1. 数据可视化的作用

数据可视化的作用如下。

(1) 简化复杂数据，更加直观地描述数据。数据可视化将复杂的数据集转化为易于理解的图表、图形等形式，更加符合人们的阅读习惯，有助于更好地理解数据。

(2) 突出重点信息，展示数据内在规律。通过可视化，可以突出数据中的重点信息，例如重要的趋势、异常值等，帮助人们更快地理解数据，并进行更正确的决策。

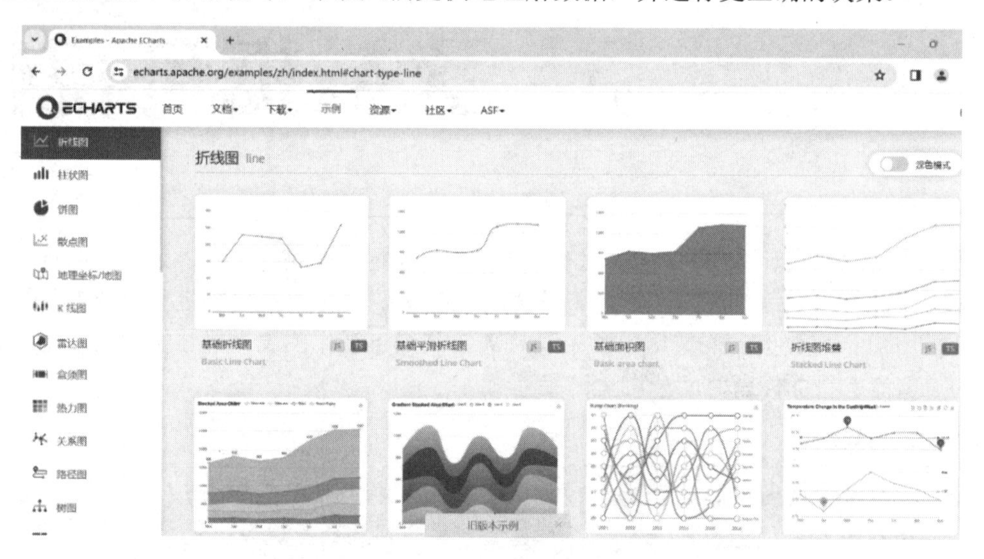

图 9-1　ECHARTS 图表示例

(3) 监控数据变化，预测数据发展趋势。更加清晰地发现数据中的潜在关联和规律，看到数据随时间的变化趋势，提高数据的可用性和价值，进而提高决策效率和准确性。

(4) 提升用户体验，实现交互数据分析。在用户界面设计中，数据可视化可以提供更直观的操作和反馈，提升用户体验；实现交互式分析，例如缩放、筛选、过滤等，帮助人们更深入地分析数据，发现其中的潜在关系和规律。

(5) 便于识别传递，促进团队协作创新。数据可视化利用人眼的感知能力，通过图形、符号、颜色等视觉元素，提高数据识别和信息传递的效率，使得非专业人士也能快速理解数据内容，提高了跨部门和团队之间的沟通效率。

2. 基于功能角度的可视化图表分类

不同功能类型的可视化图表具有不同的视觉效果、表现能力和侧重点，因此，有必要从功能角度来对图表功能进行分类。典型图表关系如图 9-2 所示。

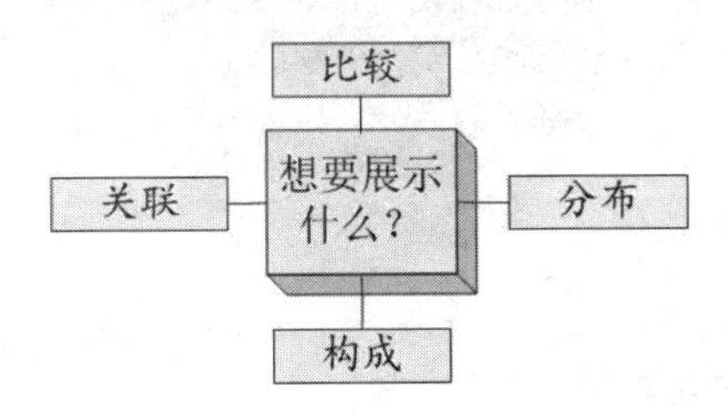

图 9-2　图表功能分类

(1) 比较型。用于比较不同组或者对象在“时间”“分类”等方面的差异和相似性，用于了解不同项目之间的优劣、差距等。通常包括条形图、柱形图、折线图(又称曲线图)、雷达图，典型场景有产品销量折线图、不同地区销售额对比图等。

(2) 关联型。这种类型的数据主要用于展示不同数据之间的关系，通常用于了解不同数据之间的关联、影响等。主要有气泡图、散点图、热力图、词云图、漏斗图等，典型场景包括用关系图表达社交网络中的人际关系、用树状结构图表达公司组织架构等。

(3) 比例构成型。这种类型的数据主要用于展示数量与数量之间的比例构成，通常用于了解部分与整体之间的构成，展示数据的相对比例和百分比构成。主要包括饼图、环形图(又称旭日图)、瀑布图、堆积百分比柱形图、堆积百分比面积图。适用场景包括用饼图表达不同产品在总销售额中所占的比例、用堆积柱状图表达不同部门在总收入中所占的比例等。

(4) 分布型。用于描述数据的分布情况和集中度，如频率分布和概率分布。主要包括：基于单个变量的直方图、正态分布图，基于两个变量的散点图，基于三个变量的曲面图，基于一个或多个变量的箱线图(又称盒须图)。典型场景有用直方图表示年龄分布、用散点图表示地理位置分布等。

在实际应用中，还有一些特色图形，如地图型图表，用于展示以地理位置为基础的数据的分布和属性。选择合适的可视化分类和图表类型，可以更清晰地传达数据信息，帮助用户更深入地理解数据，做出正确的决策。

二、典型图表介绍

下面，从图表的用户阅读体验、绘制难易度、数据指标展示、应用范围等方面，对典型的图表进行介绍。

1. 饼图

饼图又称饼状图或圆饼图，是一种用圆形面积表示类别数据的图形。它通常被用来展示一个总体中各部分的占比关系。在饼图中，一个圆被分成多个扇形，每个扇形的角度大小表示该分类所占比例的大小，如图 9-3 所示。

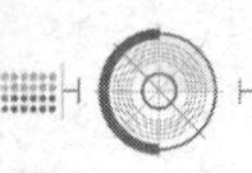

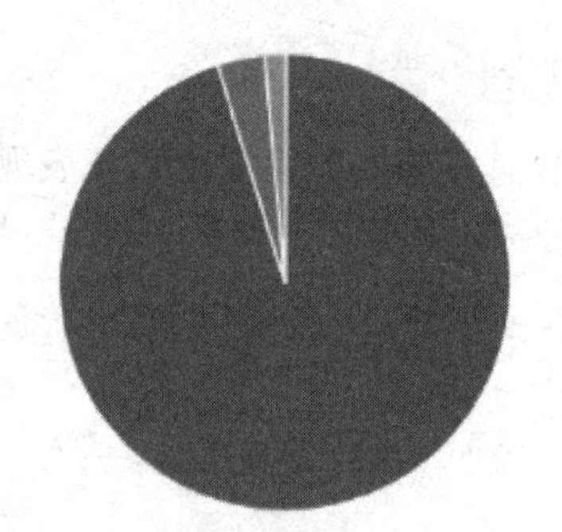

图 9-3　饼图

饼图的特点主要有：

(1) 在用户阅读体验上，使用圆形展示，更容易直观地显示各部分在总体中的比例构成。

(2) 绘制简单，不需要专业的统计学知识，适用于非专业人士。

(3) 凸显差异，每个类别的数据都有自己独特的颜色和形状，使得类别更加容易辨认和区分。

在应用上，饼图适合显示整体与部分的关系，比较不同类别的相对大小。其缺点主要有以下方面：

(1) 展示多类别数据时，会影响读者的阅读和理解。

(2) 对数据比例的感知不够精准。对于较多分类或分类之间的差异不大的情况，不太适合使用。

(3) 不适用于展示连续的数据变化。相比之下，饼图更适用于表示静态的数据占比展示。

2. 箱线图

箱线图又称盒须图、盒式图，用于显示一组数据分散情况。因形状如箱子而得名，在各种领域也经常被使用，常见于品质管理，如图 9-4 所示。

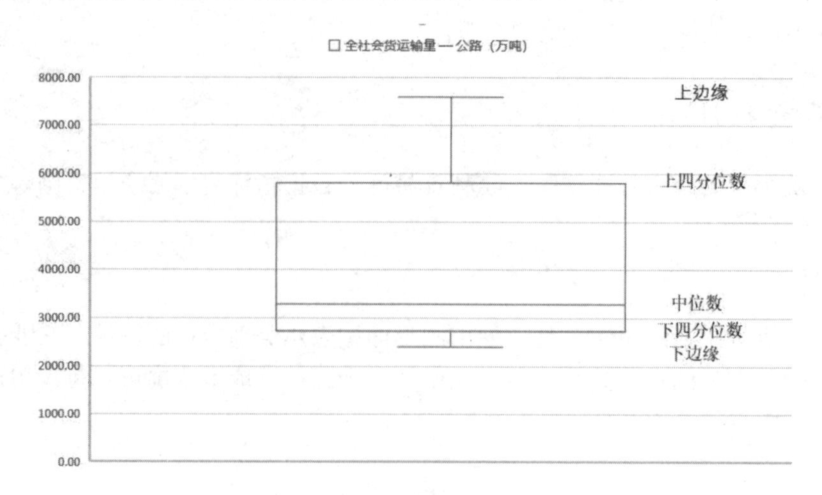

图 9-4　箱线图

它主要用于反映原始数据分布的特征，还可以进行多组数据分布特征的比较。箱线图的特点有以下几点：

(1) 在阅读体验上，可读性相对较高，可以通过箱子的形状与大小来反映数据的分布情况和波动程度。

(2) 在图表制作方面，箱线图可以同时比较多个数据集的统计特征，帮助分析者比较不同数据组之间的差异。

(3) 在指标呈现上，箱线图可以便捷展示一组数据的统计特征，包括中位数、上下四分位数、最小值、最大值、异常值。在箱线图中，其中间的一条线代表数据的中位数，其上下限分别是数据的上四分位数和下四分位数，这意味着箱线图包含 50%的数据。其高度则在一定程度上反映了数据的波动程度。箱线图具有较强的抵抗异常值干扰的能力，离群值以独立的形式呈现，不会对中心位置的判断产生过大的偏移。

箱线图的缺点有以下方面：

(1) 箱线图只提供了数据的统计概括，无法精确地衡量数据分布的偏态程度。

(2) 箱线图不能准确地描述数据的形状，无法区分数据是对称分布还是偏态分布。

(3) 在处理大样本量的数据时，易受数据密度的影响，用中位数代表总体评价水平有一定的局限性，难以辨别不同数据的差异。

3. 散点图

散点图是用于展示两个变量之间关系的图表。它通过在坐标系中绘制数据点，并显示它们的分布情况来呈现数据。其中，横轴代表一个变量，纵轴代表另一个变量，如图 9-5 所示。

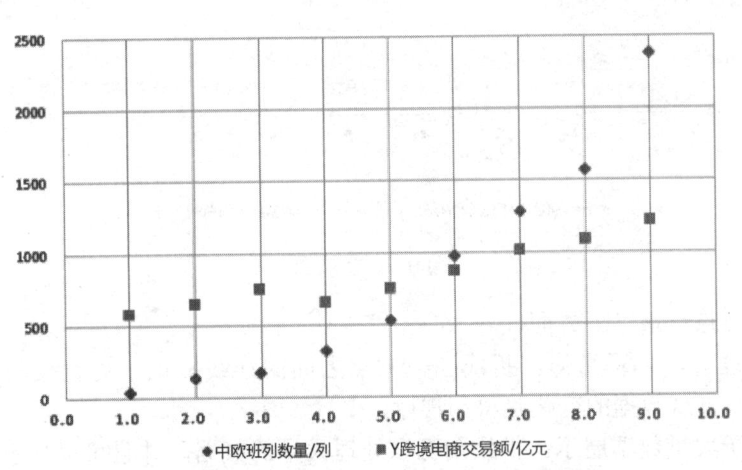

图 9-5 散点图

散点图通常只适用于小型数据集，分析数据之间的关联关系，如相关、分布和聚合。散点图的优点有以下方面。

(1) 可读性强。能够很好地展示两个变量之间的趋势、模式或规律。通过观察数据点的分布，在适当的情况下可以判断出两个变量之间是正相关、负相关还是没有明显关联。

(2) 在数据指标呈现上，能够准确地显示异常值，快速识别异常数据点。这对于数据的清洗和数据分析非常有帮助。

(3) 制作方法比较简单，如果有多个数据集，散点图可以显示它们之间的相关性和差异，以便进行比较和分析。

散点图的缺点主要有以下方面。

(1) 数据点数量过大时，图表会变得混乱不清、难以理解。

(2) 缺乏具体数值。散点图只能提供数据点的位置信息，无法提供具体数值。这可能会导致在评估和度量变量之间关系方面存在一定的困难。

(3) 在绘制大量数据点时，散点图可能会隐藏细节信息，从而忽略其他可能的变量间关系。在这种情况下，可能需要采取其他图表或技术来更全面地分析数据。

4. 折线图

折线图以折线来展示数据，用于显示数据点在时间序列上的变化趋势和模式。在折线图中，数据点通过一系列的点表示，这些点之间用线段连接，从而呈现出数据的连续变化趋势。折线图的横轴通常表示时间或者其他连续变量，纵轴表示数据的数值。折线图适用于展示数据的趋势、变化关系以及周期性等特征，如图 9-6 所示。

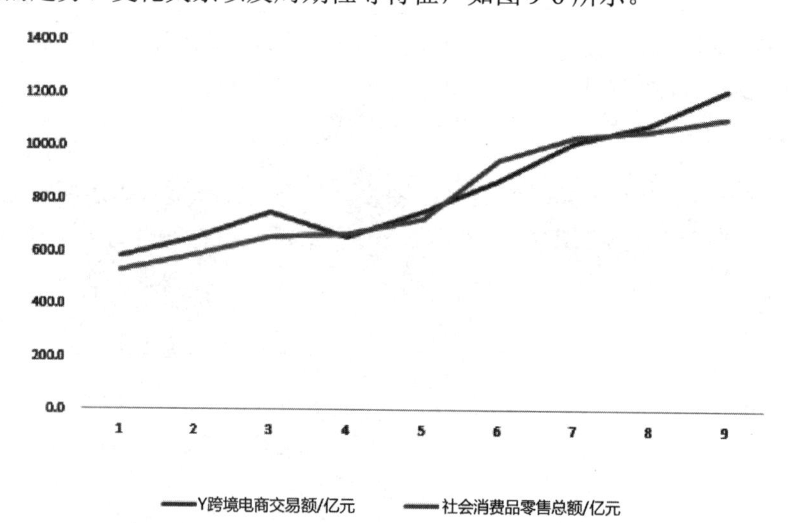

图 9-6　折线图

折线图的特点包括以下方面。

(1) 易于理解，直观易懂。折线图数据点之间的连线提供了更直接的数据对比和分析，能够清晰地展现数据的变化趋势和规律。

(2) 适用于大量数据展示。折线图可以处理大量的数据，并且可以显示出数据的整体趋势和模式。

(3) 突出强调关键点。通过突出显示数据的峰值、谷值或特定时间点的数据点，折线图能够突出重点，帮助人们更好地理解数据。

(4) 可用于不同类型数据。折线图可用于展示不同类型的数据，例如数值、百分比等，并且适用于不同时间尺度上的数据。

折线图的缺点主要有以下方面。

(1) 不能显示离散数据。折线图只能显示连续的数据，对于离散数据的表现形式可能不够准确。

(2) 数据点过多时难以阅读。折线图适合展示趋势，但当数据非常复杂或存在噪声时，折线图可能会变得复杂难懂，使得用户难以提取有用的信息。

(3) 忽略时间顺序。折线图将时间视为等间隔的点，忽略了时间顺序的信息。

5. 气泡图

气泡图是一种多变量的数据图表，它是散点图的变体。气泡图在原有的以横纵坐标为变量的基础上，引入第三个变量，用气泡的大小来表示，如图 9-7 所示。

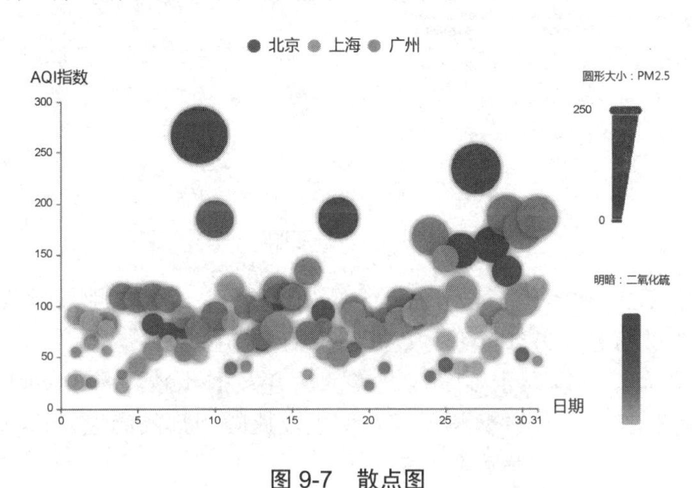

图 9-7 散点图

气泡图的特点包括以下方面。

(1) 在用户体验上，能够同时表示三个或四个变量，通过气泡的大小和颜色来表示数值大小与类别信息，相比其他图表类型更为直观。

(2) 在制作方面，能够直观地比较不同数据点之间的差异和相似性，有助于发现它们的变化规律和趋势。但气泡图数据容量有限，气泡太多可能会使图表难以阅读。

(3) 在数据展示上，能够方便地展示大量的数据点，使得数据的整体分布和结构更为清晰。

在应用上，气泡图往往能够展示三个或四个变量之间的关系，但是气泡的大小和颜色容易产生视觉误导，不当的大小和颜色设置可能导致误解或歧义。在数据点较多时，气泡的重叠与覆盖可能导致信息的遮盖和难以辨认，可能会给人过于烦琐和复杂的视觉印象，不适合表达简单的数据关系。

6. 条形图

条形图又称矩形图，是最常用的图形之一。它是以宽度相等、长度不等的长条表示不同的统计数字，如表示频数或百分比的多少。它既可以是水平的，也可以是垂直的。在日常生活中，垂直方向的条形图通常被称为柱状图，而水平方向的条形图则被称为条形图，如图 9-8 所示。

在应用方面，条形图可以用来显示事物的大小、内部结构或动态变动等情况。条形图的特点主要有以下几点

(1) 在阅读体验上，直观易懂，简洁明了。每个矩形直接反映了数据的大小或数量，使数据比较更加清晰可读。与饼图相比，条形图既可以比较一个整体，又可以用来比较不

属于同一个整体的数量，而饼图只能用来比较一个整体的各个部分。

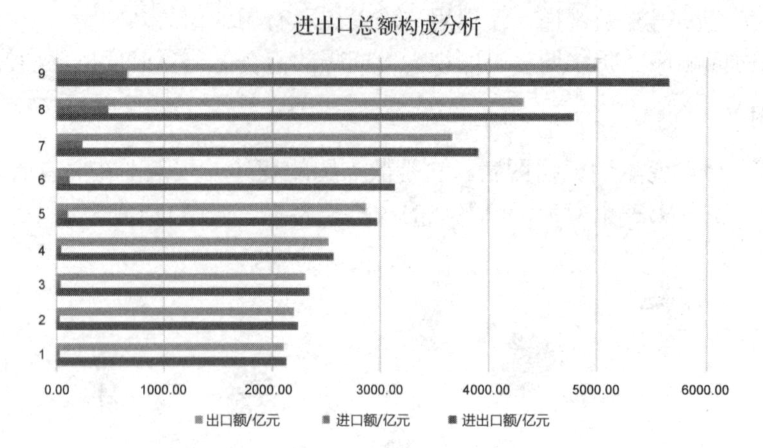

图 9-8　条形图

(2) 在数据展示上，指标丰富，可读性强。条形图能够清晰地展示数据的最大值、最小值、中位数等关键信息，方便读者对数据进行整体把握。

(3) 在制作方面，可以显示多个数据集，适合数据比较。条形图可以展示多个数据集，适用于比较不同组别之间的数据差异。例如，比较矩形的高度，可以快速查看不同组别的数据大小，从而更好地理解数据分布。

条形图的缺点主要有以下几点：

(1) 对于大量数据的处理可能会变得复杂。如果要比较的组别较多，条形图的布局就会变得拥挤，影响用户的阅读和理解。

(2) 对于数据的比例和相对位置的感知可能不够准确。由于条形图是二维的，用户可能难以准确地感知数据的比例和相对位置。

(3) 只适用于特定数据类型。条形图一般适用于离散的分类数据或顺序数据，不适合连续型数据的展示。

(4) 通常只表示一个变量的数据，如果需要表示多个变量之间的关系，例如同时比较不同年份、不同产品的销售量，条形图可能不够用。

7. 雷达图

雷达图是一种可视化图表，也被称为蛛网图、星形图或极坐标图。它以一个中心点为起点，从中心点向外延伸出多条射线，每条射线代表一个特定的变量或指标。每条射线上的点或线段表示该变量在不同维度上的取值或得分，如图 9-9 所示。

雷达图的特点包括以下方面。

(1) 在阅读体验上，可以直观地展现多维数据集，查看哪些变量具有相似的值、变量之间是否有异常值。

(2) 在数据指标展示方面，适用于查看哪些变量在数据集内得分较高或较低，用于显示独立的数据系列之间，以及某个特定的系列与其他系列的整体之间的关系。

(3) 在制作方面，可以很好地展示性能和优势，特别适合展现某个数据集的多个关键特征，或者展现某个数据集的多个关键特征和标准值的比对。

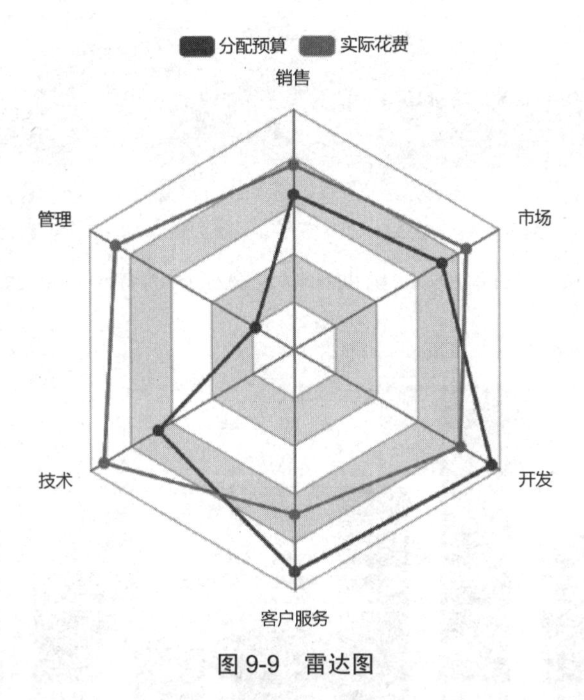

图 9-9　雷达图

雷达图适合于查看哪些变量在数据集内得分较高或较低，适用于比较多条数据在多个维度上的取值。然而，雷达图也存在一些缺点，主要有以下几点。

(1) 不适合种类太多的数据，会造成变形过多，使整体图形过于混乱。

(2) 如果变量过多，会造成可读性下降。

(3) 如果在雷达图中使用颜色填充多边形，那么上层可能会遮挡覆盖下层多边形，这也会影响图形的可读性。

课 中 实 训

任务 1：基于 ECHARTS 和 Excel 的图表可视化

1. 通过 ECHARTS 生成图表

步骤 1：登录 ECHARTS 网站，网址为 https://echarts.apache.org。选择登录图表样例页面 https://echarts.apache.org/examples/zh/index.html。

步骤 2：选择一种图形。以“柱状图”为例，查看左侧窗口的 JS 代码，如下所示：

代码 9-1　柱状图的 JS 代码

```
option = {
  xAxis: {
    type: 'category',
    data: ['Mon', 'Tue', 'Wed', 'Thu', 'Fri', 'Sat', 'Sun']
  },
  yAxis: {
    type: 'value'
  },
```

```
    series: [
        {
            data: [120, 200, 150, 80, 70, 110, 130],
            type: 'bar'
        }
    ]
};
```

在这里，可以直接修改横坐标的星期，以及纵坐标的数值，结合相关数据生成图形，如图 9-10 所示。

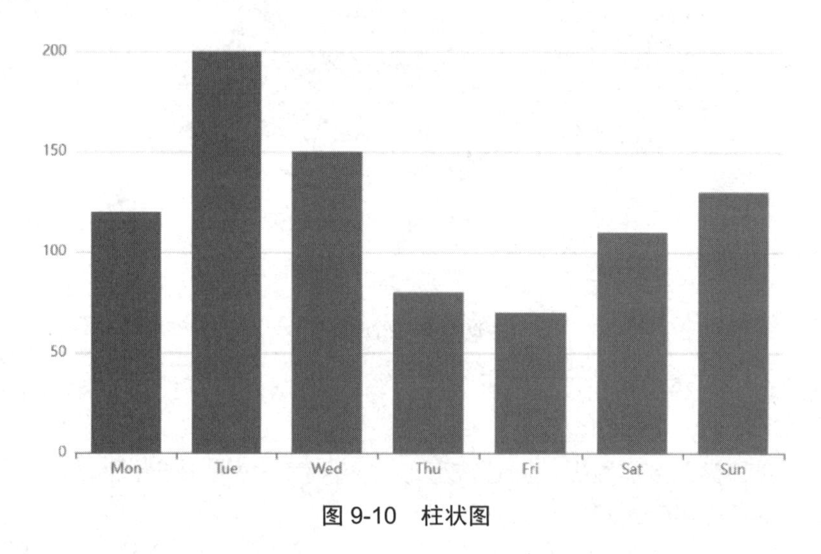

图 9-10　柱状图

2. 通过 Excel 生成图表

步骤 1：打开 Excel 软件，这里以 Excel 2016 为例，导入或创建包含需要绘制直方图的数据的工作表。

步骤 2：选中需要生成直方图的数据单元格区域。

步骤 3：在 Excel 的菜单栏中，单击“插入”选项卡。在“插入”选项卡中，点击“图表”部分的下拉箭头，展开图表类型列表。

步骤 4：在图表类型列表中，找到并点击“直方图”选项。在直方图或柱状图类别中，选择想要的直方图样式，并点击它。Excel 会自动根据所选数据区域和直方图样式生成直方图，如图 9-11 所示。

此外，还可以根据需要调整直方图的外观和设置，例如修改颜色、添加标题、调整坐标轴等。

3. 直方图和柱状图的区别

直方图和柱状图在多个方面存在明显的区别，主要表现在以下几个方面：

(1) 用途不一样。直方图主要用于分析数据的分布特征，如数据的集中趋势、偏态等；柱状图则用于比较不同类别的数值，如销售额、人口数量等。

(2) 描述的数据类型不同。直方图通常用于展示连续数据的分布情况，它将数据分成若干个连续的区间(或“桶”)，并展示每个区间内的数据频数或频率；柱状图则用于比较离散的类别或组之间的数值大小，每个柱子代表一个类别，柱子的高度表示该类别的数值。

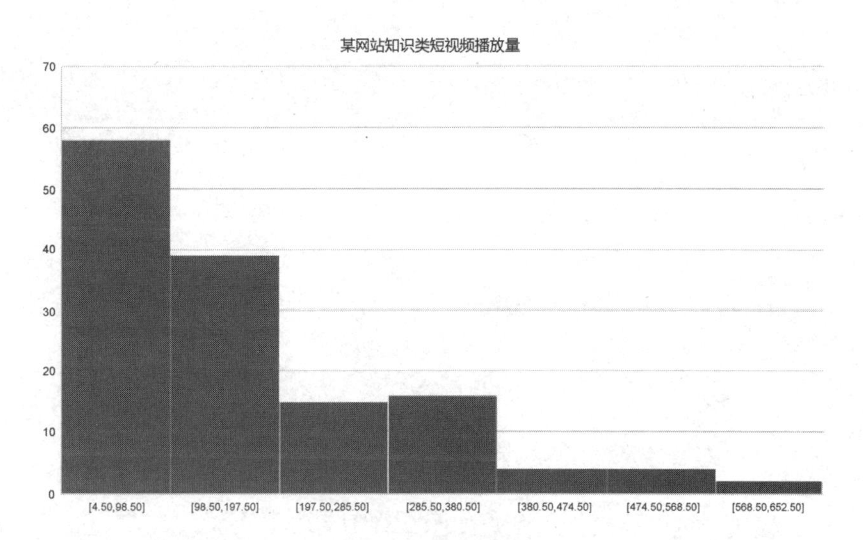

图 9-11　直方图

(3) 轴的表示不同。柱状图的坐标轴是分类轴，而直方图的一个坐标轴上表示的是另一个刻度值。在直方图中，X 轴通常表示数据的区间，Y 轴表示每个区间的频数或频率；在柱状图中，X 轴表示不同的类别，Y 轴表示数值，可以是计数、总和、平均值等。

(4) 图形直观形状存在区别。柱状图之间的直条有间隔，且间隔大小不表示任何意义；而直方图的各个直方块之间紧密相连没有间隙，当在某个数据上面的分布人数极少或没有时，会出现断点。

(5) 从数据处理的角度来看，柱状图是根据数据直接得到一个数据的结果，主要比较数据的大小，而直方图则是根据原数据做一个频次的分布。

任务 2：使用 Matplotlib 绘制折线图

Matplotlib 是一个 Python 绘图库，它提供了一个类似于 MATLAB 的绘图风格和功能。Matplotlib 非常强大，可以用来创建各种静态、交互式和动画的可视化图表，包括线图、散点图、柱状图、直方图、饼图、3D 图等。在具体设置上，几乎所有的图表元素都可以定制，包括线条样式、颜色、标签、图例、坐标轴等。同时，Matplotlib 可以与 NumPy、SciPy、Pandas 和其他科学计算库无缝集成，方便进行数据处理和可视化。Matplotlib 是数据科学和工程领域中最受欢迎的绘图工具之一。

步骤 1：打开 Jupyter Notebook，输入以下代码。

```
import matplotlib
print(matplotlib.__version__)  # 查看matplotlib的版本
```

步骤 2：使用 Matplotlib 的 pyplot 模块，绘制一幅折线图，并通过 plt.show()显示出来。

代码 9-2　绘制折线图

```
# 设置默认字体为黑体
import matplotlib.pyplot as plt
```

```
plt.rcParams['font.sans-serif'] = ['SimHei']

# 数据
x = [1, 2, 3, 4, 5]
y = [2, 3, 5, 7, 11]

# 创建线图
plt.plot(x, y)

# 添加标题和标签
plt.title('Python 环境下的折线图示例')
plt.xlabel('X 轴')
plt.ylabel('Y 轴')

# 显示图表
plt.show()
```

通过 pyplot 模块，可以绘制折线图，如图 9-12 所示。

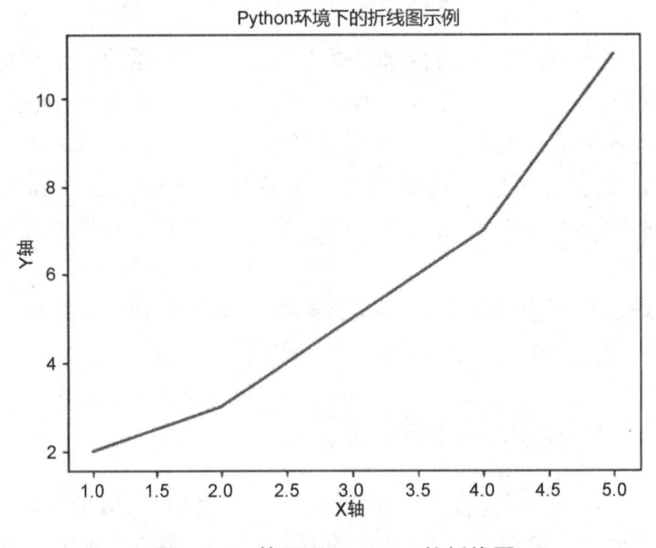

图 9-12　基于 Matplotlib 的折线图

pyplot 模块提供了大量的函数来定制图表的外观，包括设置颜色、线型、标记样式、图例、注释等。此外，它还支持创建多种类型的图表，如散点图、柱状图、饼图、直方图等。以下是用 pyplot 模块绘图的基本流程。

代码 9-3　pyplot 模块的基本绘图流程

```
#第一步：导入模块
import matplotlib.pyplot as plt
plt.rcParams['font.sans-serif'] = ['SimHei']  # 设置默认字体为黑体
#第二步：创建图表
plt.figure()  # 创建一个新的图形窗口
# 数据
x = [1, 2, 3, 4, 5]
y = [2, 3, 5, 7, 11]
```

```
#第三步：绘制图形
plt.plot(x, y)  # 绘制 x 和 y 数据的线图
#第四步：添加标题和标签
plt.title('Python 环境下的折线图示例')  # 添加标题
plt.xlabel('X 轴标签')  # 添加 X 轴标签
plt.ylabel('Y 轴标签')  # 添加 Y 轴标签
#第五步：保存图表
plt.savefig('img/filename.png')  # 将图表保存为文件
#第六步：显示图表：
plt.show()  # 显示图表
```

任务 3：使用 Matplotlib 绘制散点图

基于上述流程，通过 Matplotlib 绘制一个散点图。

步骤 1：导入 matplotlib.pyplot 模块并通常将其重命名为 plt。

步骤 2：准备数据，包括想要在散点图上表示的 X 轴和 Y 轴的值。

步骤 3：使用 plt.scatter()函数来创建散点图。这个函数至少接受两个参数，分别对应于 X 轴和 Y 轴的数据点。添加想要的图表元素，如标题、轴标签、图例等。

使用 plt.show()来显示图表，代码如下所示：

代码 9-4　使用 Matplotlib 绘制散点图

```
# 案例 9-2 绘制散点图
import matplotlib.pyplot as plt

# 示例数据
x = [1, 2, 3, 4, 5]
y = [2, 3, 5, 7, 11]

# 创建散点图
plt.scatter(x, y)

# 添加标题和轴标签
plt.title('散点图示例')
plt.xlabel('X 轴')
plt.ylabel('Y 轴')

# 显示图表
plt.show()
```

散点图界面如图 9-13 所示。

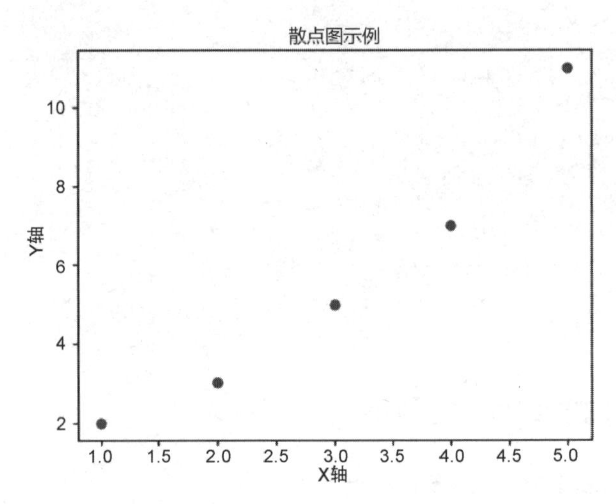

图 9-13　基于 Matplotlib 的散点图

为了方便操作，这里使用 Pandas 库来读取文件，并将 x、y 替换为数据文件。在这个示例中，我们使用了 pd.read_excel 函数来读取 Excel 文件。这个函数默认会读取 Excel 文件中的第一个工作表。

注意，这里使用了 engine='openpyxl'参数。这是因为 openpyxl 是一个用于读取和写入 Excel xlsx/xlsm/xltx/xltm 文件的 Python 库。对于 Excel 文件的读取，特别是.xlsx 格式的文件，使用 openpyxl 作为引擎通常是一个好的选择。

任务 4：读取数据并绘制散点图

在实际应用中，经常需要读取数据集并进行分析。这里使用 Python 中的 Pandas 库来读取 Excel 文件，并使用 Matplotlib 库来绘制散点图。下面是一个基本的示例，假设希望读取并绘制名为“Y 跨境电商交易额(亿元)”的字段，代码如下：

代码 9-5　读取数据并绘制散点图

```
import pandas as pd
import matplotlib.pyplot as plt

# 读取 Excel 文件
# 注意：如果 Excel 文件有多个表，则需要指定 sheet_name 参数
df = pd.read_excel('data3/wushi.xlsx', sheet_name='2')

# 检查数据
print(df.head())

# 选择要绘制的字段。假设要绘制的字段名为'Y 跨境电商交易额(亿元)'
x = df['年份']   # 使用年份作为 x 轴
y = df['Y 跨境电商交易额(亿元)']  # 使用'Field1'列作为 y 轴

# 绘制散点图
plt.scatter(x, y)

# 添加标题和轴标签
```

```
plt.title('跨境电商交易额散点图')
plt.xlabel('年份')
plt.ylabel('跨境电商交易额')

plt.savefig('img/scatter.png')  # 将图表保存为文件

# 显示图形
plt.show()
```

运行结果如图 9-14 所示。

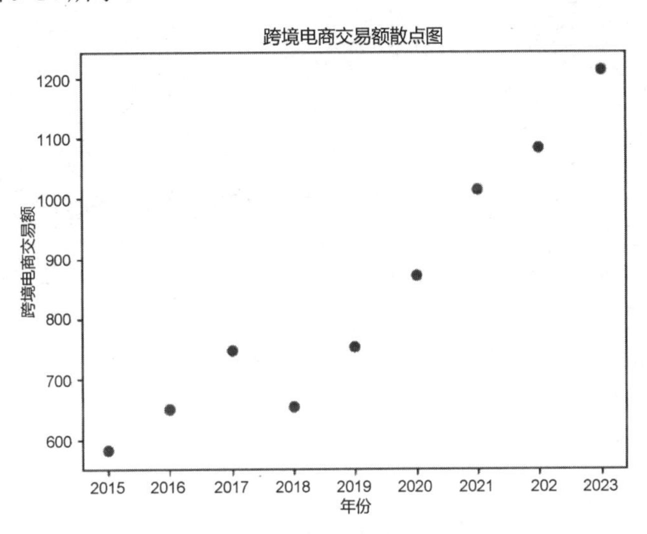

图 9-14　跨境电商交易额散点图

在实际应用中，还可以根据需要灵活修改 X 轴或 Y 轴的字段，使之更加符合展示要求。

任务 5：对短视频数据进行探索性分析

创作知识类短视频，成为优秀的短视频博主，这是许多自媒体运营者的发展目标。这个创作过程不仅可以锻炼个人表达能力、创新思维和团队协作能力，还可以通过广告、赞助、付费内容等方式获得经济收益。那么，如何借助大数据分析成为一名优秀的短视频博主？

通过前面章节的数据采集和预处理，对某站点热播数据进行分析，获得了以下关键指标。这些指标包括播放量、UP 主获赞量、UP 主粉丝数、点赞量、收藏量、投币量、转发量、弹幕量和评论数。其中，播放量是关键的核心指标。在进行分析之前，我们先对播放量与其他指标的关联性进行假设分析。

1. 描述统计

探索数据的特征，查看每列属性、最大值、最小值，是了解数据的第一步。

计算各项指标的均值、中位数、标准差等统计量，了解数据的分布情况。这里首先对数据进行描述统计。

代码 9-6　描述统计分析

```
#对“播放量(万次)”数据进行描述统计
```

```
import pandas as pd
# 假设 data 是一个 pandas DataFrame，并且已经包含了上述表格的数据
# 其中 '播放量(万次)' 是 DataFrame 中的一列
data=pd.read_excel('data/zhishi0408.xlsx')  #假设数据来自 Excel
# 只针对“播放量(万次)”这一列进行描述统计
description = data['播放量(万次)'].describe()
print(description)
```

分析结果为：

```
count    138.000000
mean     163.428261
std      139.191917
min        4.500000
25%       56.025000
50%      146.400000
75%      220.875000
max      647.600000
Name: 播放量(万次), dtype: float64
```

以下是各项参数的含义。

- count：观测数。
- mean：平均值。
- std：标准差。
- min：最小值。
- 25%：第一四分位数(25%分位数)。
- 50%：中位数(50%分位数)。
- 75%：第三四分位数(75%分位数)。
- max：最大值。

也可以通过 Excel 进行描述统计，对“播放量”参数进行描述统计，可以看到两者数据基本一致，如图 9-15 所示。

播放量（万次）	
平均	163.4282609
标准误差	11.84880284
中位数	146.4
众数	58.2
标准差	139.1919171
方差	19374.38978
峰度	1.452416528
偏度	1.259320936
区域	643.1
最小值	4.5
最大值	647.6
求和	22553.1
观测数	138

图 9-15　对“播放量”参数进行描述统计

2. 可视化分析

(1) 分类与评论数占比分析。根据数据中的各类视频的评论数多少绘制可视化的柱形图，分析用户的评论数多少。为了便于分析，首先，由于“分类”是分类变量(非数值型)，这里要对“分类”进行替换，将其转换为数值型，如表 9-1 所示。

表 9-1　分类数据数值转换

分　类	数　值
科学科普	1
社科法律心理	2
人文历史	3
财经商业	4
校园学习	5

续表

分　类	数　值
职业职场	6
设计创意	7
野生技能协会	8

然后，使用 Python 语言对“分类”数据的评论数求和。其中，每个分类的评论数之和为：

```
人文历史       51460
校园学习       18592
社科法律心理     81724
科学科普       47905
职业职场       20777
设计创意        9341
财经商业       60509
野生技能协会      7061
```

最后，使用柱状图，对“分类”数据和“评论数(条)”数据进行相关性分析。

代码 9-7　短视频分类与评论数分析

```
import pandas as pd
import pandas as pd
import matplotlib.pyplot as plt

# 加载 Excel 文件
df = pd.read_excel('data/zhishi0408.xlsx', engine='openpyxl')

# 假设 df 是从 Excel 文件中读取的 DataFrame

# 计算每个分类的评论数之和
comment_sum = df.groupby('分类')['评论数(条)'].sum()

# 绘制柱状图
plt.figure(figsize=(10, 8))
comment_sum.plot(kind='bar')
plt.title('评论数与分类的相关性分析')
plt.xlabel('分类')
plt.ylabel('评论数之和')
plt.xticks(rotation=45)  # 旋转 x 轴标签，以免重叠
plt.tight_layout()  # 调整布局
plt.show()
# 打印每个分类的评论数之和
print(comment_sum)
```

运行后生成的结果如图 9-16 所示。

根据图 9-16 可知，社科法律心理类视频的评论数占比最多，野生技能协会类的视频评论数占比最少，说明社科法律心理类视频更能引起大家的学习兴趣。

(2) 投币量构成分析。如果用户喜欢看某个作者的视频，就把币投给这个作者，他的视频就会获得更大的推荐量。根据各类视频的投币数的多少绘制可视化饼图，分析投币数的占比概况。

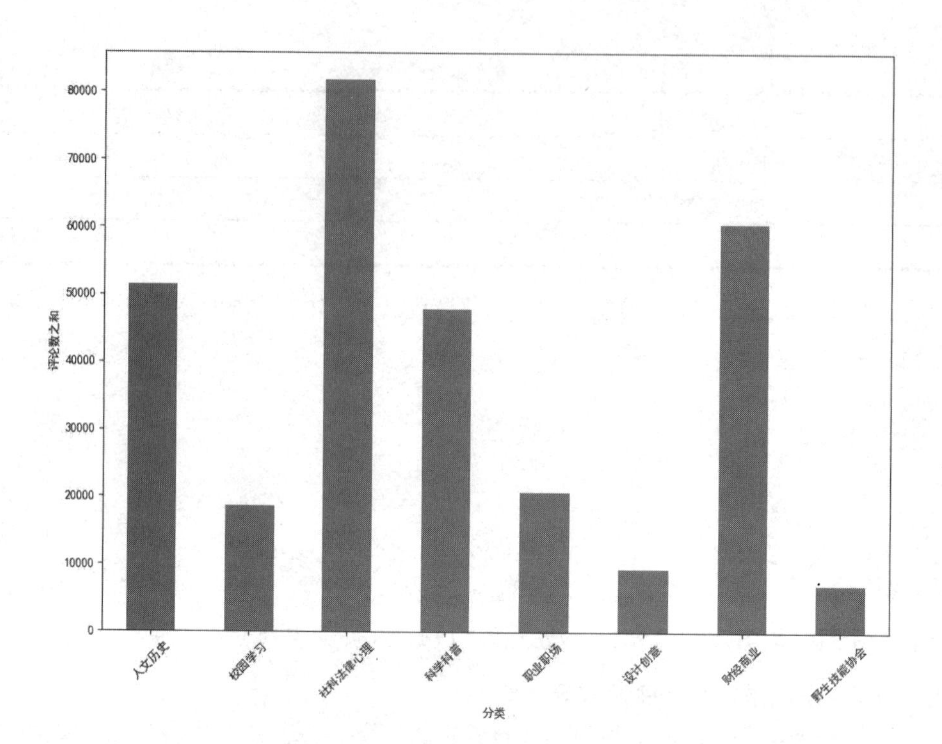

图 9-16　评论数与分类的相关性分析

代码 9-8　投币量构成分析

```
import pandas as pd
import matplotlib.pyplot as plt

# 假设 df 是包含上述数据的 Pandas DataFrame
# 对“分类”数据求和
category_sum = df['分类'].sum()
print(f"分类数据的总和是: {category_sum}")
# 对“投币量(枚)”数据进行分组并计算各分类的总投币量
coin_counts = df.groupby('分类')['投币量(枚)'].sum()
# 结构化分析“投币量(枚)”数据
coin_structure = coin_counts.sort_values(ascending=False)

print("投币量(枚)的结构化分析: ")
print(coin_structure)

# 使用饼图展示“投币量(枚)”数据的构成
plt.figure(figsize=(10, 8))
plt.pie(coin_structure, labels=coin_structure.index, autopct='%1.1f%%',
startangle=140)
plt.title('投币量(枚)的构成')

# 显示图表
plt.axis('equal')  # Equal aspect ratio ensures that pie is drawn as a circle.
plt.show()
```

如图 9-17 所示，投币大部分集中在人文历史(37.2%)、科学科普(24.5%)、社科法律心理(17.7%)、财经商业(12.5%)，总占比达到了 91.9%。相比之下，职业职场、野生技能协会、校园学习和设计创意在投币量上面占比较少。

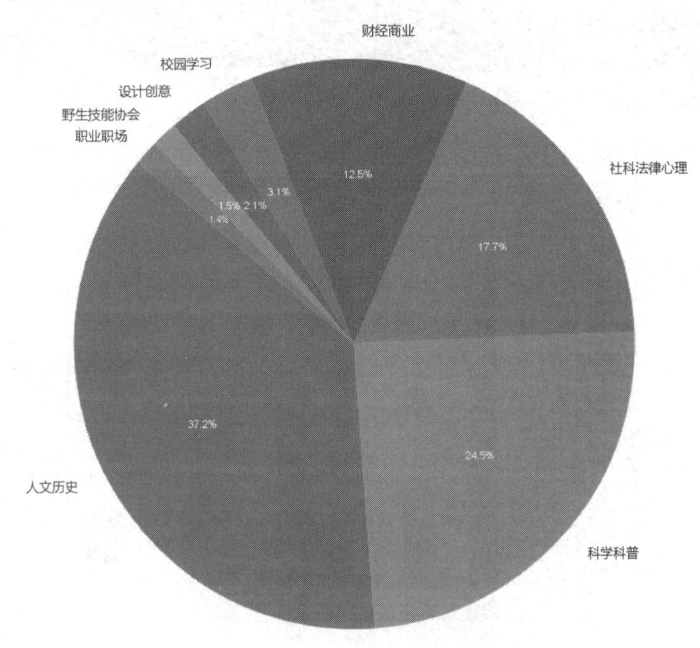

图 9-17　用户投币数占比分布图

(3) 收藏量占比分析。根据各类视频的收藏量的多少能够绘制可视化柱状图，分析收藏量的占比情况。由于数据中的“收藏量(万)”列可能包含非数字字符(如“万”)，因此在进行数学运算之前，我们使用 pd.to_numeric 将其转换为浮点数。如果转换过程中遇到无法解析为数字的数据，errors='coerce'参数会将这些数据设置为 NaN，这些数据在绘图时会被自动忽略。使用 groupby()和 sum()方法对每个分类的收藏量进行求和，然后使用 plot()方法绘制柱状图。

代码 9-9　收藏量分析

```
import pandas as pd
import matplotlib.pyplot as plt

# 假设数据已经被加载到名为 data 的 DataFrame 中
data = pd.read_excel('data/zhishi0408.xlsx')

# 对“分类”数据求和
category_sum = data['分类'].sum()
print(f"分类数据的总和是：{category_sum}")

# 分析“收藏量(万)”的数据
# 将“收藏量(万)”转换为浮点数，以便进行数学运算
data['收藏量(万)'] = pd.to_numeric(data['收藏量(万)'], errors='coerce')

# 计算每个分类的收藏量总和
category_collection = data.groupby('分类')['收藏量(万)'].sum()

# 绘制柱状图
```

```
category_collection.plot(kind='bar')
plt.title('各分类的收藏量总和')
plt.xlabel('分类')
plt.ylabel('收藏量(万)')
plt.show()
```

如图 9-18 所示，校园学习的收藏量排名第一。相对而言，科学科普、人文历史、财经商业、设计创意的收藏量较少，说明学生群体较多，对科学科普、人文历史、财经商业、设计创意等视频的深度阅读偏低。

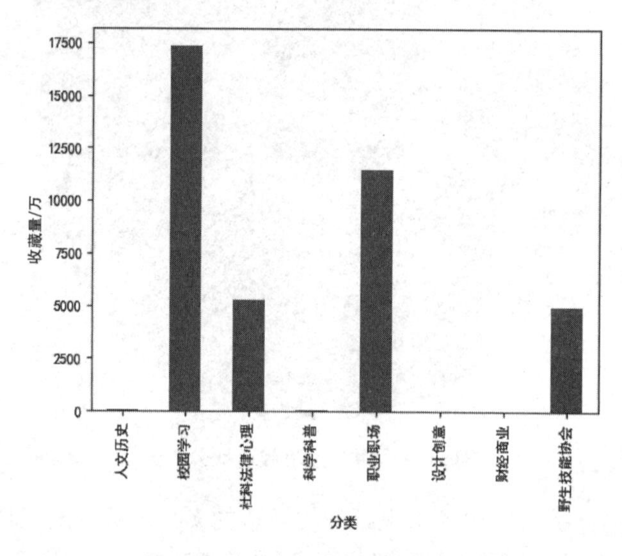

图 9-18　用户收藏数占比分布图

(4)　粉丝数占比分析。

根据各类视频博主的粉丝量的多少能够绘制可视化饼图，分析博主粉丝量的占比情况。如图 9-19 所示，校园学习、人文历史、财经商业的 UP 主粉丝数量居多，设计创意类视频的占比最少。

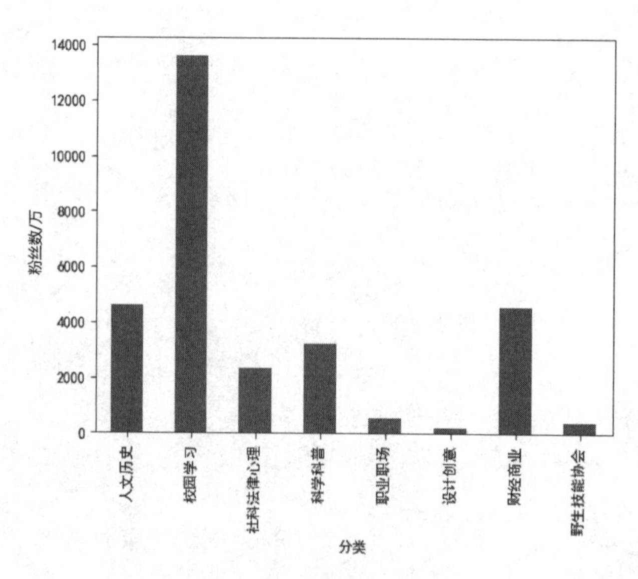

图 9-19　UP 主粉丝数占比分析

(5) 词云图。根据词频统计数据制作出一张词云图，词云图中词汇字体越大，词频越高，用户的关注度越高，如图 9-20 所示。

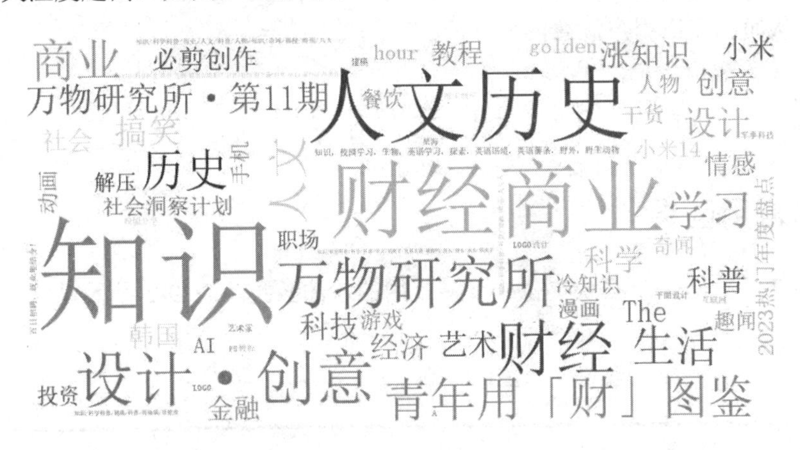

图 9-20 词频数据可视化

```
import pandas as pd
from wordcloud import WordCloud
import matplotlib.pyplot as plt

# 读取 Excel 文件
df = pd.read_excel('data/zhishi0408.xlsx')

# 假设我们要分析的数据在某个特定的列，例如“视频标签”
text = ' '.join(df['视频标签'].astype(str))

# 创建词云对象
font_path = 'C:/Windows/Fonts/simsun.ttc'  # 例如:
# 'C:/Windows/Fonts/simsun.ttc'
wordcloud = WordCloud(font_path=font_path, width=800, height=400,
background_color='white').generate_from_frequencies(word_freq)

# 显示生成的词云图片
plt.figure(figsize=(8, 4), facecolor=None)
plt.imshow(wordcloud)
plt.axis("off")
plt.tight_layout(pad=0)

# 保存词云图片
wordcloud.to_file("wordcloud.png")

plt.show()
```

根据词云图的词频，首先可以看到，“知识”“财经商业”等词在词云图主题中占比较大。一方面，知识类短视频的栏目名称在词云图中占比也是较大的，这说明，受众对知识类短视频的分区还是较为关注的，同一个用户对多个栏目的知识类短视频栏目也比较感兴趣。尤其是“设计”“创意”“视频剪辑”“金融”等关键词占比较大，说明用户对实用专业知识的需求是较高的。另一方面，用户也非常注重扩展自己的知识面。泛知识类关键词如“历史”“情感”“职场”等较为宽泛的词与日常生活紧密相关，更富有时代气息，呈现出年轻化的趋势。可见，准确把握词云图反映的用户偏好，有利于创作者对作品进行打磨，从而创作出用户满意的作品。

课 后 拓 展

pyplot 的常用函数

Matplotlib 的 pyplot 模块提供了许多常用的绘图函数，表 9-2 所示是一些基本且常用的函数。

表 9-2　常见的绘图函数

函 数 名	功　能
plot()	用于绘制二维图形，如线图、散点图等
scatter()	用于绘制散点图
bar()	用于绘制条形图
hist()	用于绘制直方图，展示数据分布
pie()	用于绘制饼图
imshow()	用于显示图像
fill() 和 fill_between()	用于填充图形区域
legend()	用于添加图例
title()、xlabel()、ylabel()	用于添加图表标题和轴标签
xlim()、ylim()	用于设置 X 轴和 Y 轴的显示范围
xticks()、yticks()	用于设置 X 轴和 Y 轴的刻度
grid()	用于显示或隐藏网格
show()	用于显示图表
savefig()	将绘制的图表保存到文件中

除了 Matplotlib，还有很多便捷的可视化图库工具。

(1) Seaborn 特别适合统计数据可视化。Seaborn 的多数图表具有统计学含义，例如分布、关系、统计、回归等。它基于 Matplotlib 的高级接口，便捷地控制了 Matplotlib 图形样式，并提供了几个内置主题，使得图形展示更加多样化和美观。

(2) Pyecharts 是一个用于生成 ECharts 图表的库，ECharts 是百度开发的一个开源可视化工具。Pyecharts 生成的图表支持交互和动态更新，用户可以通过图表与数据进行交互，并且可以很容易地集成到 Web 应用中。值得一提的是，Pyecharts 提供了多达 400 种的地图文件，并且支持原生百度地图，这使得地理数据可视化变得更加方便和准确。

Plotly 是一个交互式图表库，用户可以进行放大、缩小、拖曳、选择数据等操作。Plotly 支持多种图表类型，包括 3D 图表、地图和复杂的科学图表。它可以很容易地嵌入 Python、R、JavaScript 等多种编程语言中，这使得数据科学家和开发者可以更方便地使用它。

本章小结

本章主要讲解了数据可视化的基础知识，并从图表的用户阅读体验、绘制难易度、数据指标展示、应用范围等方面对典型图形进行了介绍。通过 ECharts、Matplotlib 等工具绘制了折线图、散点图等图形，并对短视频案例数据进行了探索分析。

第 10 章
金融客户数据案例分析

随着银行业务竞争不断加剧，银行机构挖掘其内在潜力、吸引高净值客户并维护客户忠诚度变得非常关键。客户一旦流失，企业若要吸引新顾客，不仅将面临高昂的成本，而且新顾客带来的利润往往不如老顾客。鉴于这种情况，各行各业都在逐步加强对客户流失的管理和预防。

本章学习目标：

- 通过银行客户流失数据分析案例，了解数据挖掘分析的主要流程。
- 根据不同的需求场景，选择合适的算法。

课前思考：

- 在对客户关键指标的分析过程中，需要用到哪些算法？

课 前 自 学

一、需求分析

能够精准识别可能流失的客户，并采取有效的挽留措施以及提供周到的客户关怀，已经成为银行业务的关键点。此次使用的数据集是某欧洲银行的数据。该数据集可从数据科学家在线教育门户网站 www.superdatascience.com 下载，也可以从百度飞桨下载：https://aistudio.baidu.com/projectdetail/3441337。分析之前，首先来观察数据情况。此数据集一共包含了 14 个变量，总共有 10000 个样本。从表 10-1 可以看到，客户信息主要有年龄、性别、信用评分、办卡信息等。

表 10-1　字段属性

序号	属性名	描　述	重要程度
1	RowNumber	编号	对模型没用，忽略
2	CustomerId	用户 ID	按顺序发放，忽略
3	Surname	姓名	对流失没有影响，忽略
4	CreditScore	信用分	信用分数，很重要，保留
5	Geography	所在国家或地区	有影响，保留
6	Gender	性别	可能有影响，保留
7	Age	年龄	影响大，年轻人更容易切换银行，保留
8	Tenure	用户时长	很重要，保留
9	Balance	存贷款情况	存贷款的余额，很重要，保留
10	NumOfProducts	使用产品数量	很重要，保留
11	HasCrCard	是否有信用卡	很重要，保留
12	IsActiveMember	是否为活跃用户	很重要，保留
13	EstimatedSalary	估计收入	很重要，保留
14	Exited	是否已流失	1 代表流失，0 代表未流失

在进行数据字段的初步分析后，可以确定这是一个标准的监督学习分类问题，主要是

用户流失的预测。数据集中的关键指标 Exited 为预测目标，其中“Exited=1”表示客户已流失，而“Exited=0”则表示客户未流失。此次目标是构建一个模型，该模型在保证高准确率的同时，也具有高召回率。为了实现这一目标，需要运用数据挖掘技术来构建客户流失预测模型，旨在准确识别潜在流失客户。

二、数据挖掘分析相关技术

利用数据挖掘技术可以分析指标之间的关联性。下面，列举一些典型的数据挖掘分析技术。

1. 探索性数据分析

(1) 描述统计。计算各项指标的平均值、中位数、标准差等统计量，了解数据的分布情况。

(2) 可视化分析。利用散点图、箱线图、直方图等可视化工具，直观展示各项指标之间的关系和数据的分布特征。

2. 数据预处理

(1) 清洗数据。移除或填补缺失值，排除异常值，确保数据质量。

(2) 归一化/标准化。对数据进行归一化或标准化处理，消除不同量纲和数值范围的影响，使得数据在同一尺度下进行比较。

(3) 数据转换。将非数值型数据(如标签、分类)转换为数值型数据，以便进行数学运算和统计分析。

3. 特征工程

计算相关系数(如皮尔逊相关系数、斯皮尔曼等级相关系数)，评估两个变量之间的线性关系强度和方向，快速识别哪些指标之间存在较强的相关性。

4. 建模分析

确定需求方向后，构建分析模型。应用 K 最近邻算法、决策树算法或逻辑回归算法等模型进行特征重要性评估，识别对目标变量影响最大的指标。比如，分析一个指标如何受多个其他指标的影响。

5. 模型评估与优化

通过交叉验证、ROC 曲线、混淆矩阵等方法评估模型的准确性和泛化能力，根据评估结果调整模型参数，优化模型性能。

利用上述方法，可以从不同角度深入分析各项指标之间的关联性，为决策提供数据支持。在实际操作中，可能需要根据数据的特点和分析目标选择合适的方法和技术。

课 中 实 训

任务 1：探索性分析

探索数据的特征，查看每列属性、最大值、最小值，是了解数据的第一步。观察样本数据，了解属性特征，对各属性进行描述统计分析，有助于初步探索各属性与客户流失情况的关系。

代码 10-1　读取并展示数据信息

```
import pandas as pd
# 指定文件路径
file_path = 'data/churn.csv'
# 使用 pandas 的 read_csv()函数读取文件的前 5 行
df = pd.read_csv(file_path, nrows=5)
# 显示读取的 DataFrame
print(df)
df.info()
```

如图 10-1 所示，在展示的数据集中，从上到下，数据集具有的变量有编号、用户 ID、姓名、信用分、地区、性别、年龄、用户时长(使用银行产品时长)、存贷款情况、使用产品数量、是否有信用卡、是否为活跃用户、估计收入、是否已流失。

从图 10-1 中可以看到，数据集一共包含 14 个变量，其中，目标变量 Exited 定义的是“用户是否已流失”，可以确定此次数据挖掘的目标是分类。除了目标变量外，特征属性中还有分类变量，在数据预处理时首先要处理这些变量。另外，还有一些数值变量，要注意考虑数值变量是否存在异常值，是否需要进行数据变换。

```
<class 'pandas.core.frame.DataFrame'>
RangeIndex: 5 entries, 0 to 4
Data columns (total 14 columns):
 #   Column           Non-Null Count  Dtype
---  ------           --------------  -----
 0   RowNumber        5 non-null      int64
 1   CustomerId       5 non-null      int64
 2   Surname          5 non-null      object
 3   CreditScore      5 non-null      int64
 4   Geography        5 non-null      object
 5   Gender           5 non-null      object
 6   Age              5 non-null      int64
 7   Tenure           5 non-null      int64
 8   Balance          5 non-null      float64
 9   NumOfProducts    5 non-null      int64
 10  HasCrCard        5 non-null      int64
 11  IsActiveMember   5 non-null      int64
 12  EstimatedSalary  5 non-null      float64
 13  Exited           5 non-null      int64
dtypes: float64(2), int64(9), object(3)
memory usage: 692.0+ bytes
```

图 10-1　数据信息

任务 2：数据预处理：判断异常值和降维处理

数据预处理是在主要的数据处理和分析工作之前，对原始数据进行的一系列必要操作。数据预处理可以提高数据的质量、一致性和适用性，其方法有数据清理、数据集成、数据变换、数据归约等。

1. 降维处理

在所有变量中，RowNumber(用户编号)、CustomerId(用户 ID)、Surname(用户姓名)这三个变量明显是无关变量，可以将其作为无关变量剔除。

代码 10-2　降维处理

```
# 去掉 RowNumber、CustomerId 和 Surname 列
```

```
#统计目标变量 Exited 列
df['Exited'].value_counts()
df = df.drop(["RowNumber", "CustomerId", "Surname"], axis = 1)
# 再一次检查数据
df.head()
```

2. 判断异常值

处理异常值的方法有很多，可以看出：流失和未流失客户之间的信用分数分布规律没有显著差异，年龄较大的客户比年龄小流失更多。因此，银行需要针对不同年龄段客户人群调整挽留策略。同时，银行正在流失拥有大量银行结余的客户，这可能会导致银行借贷资金减少，利润空间会被进一步压缩。此外，产品和薪水对流失的可能性并没有产生明显影响。

代码 10-3　判断异常值

```
labels = '流失', '维持'# 定义标签
sizes = [df.Exited[df['Exited']==1].count(),
df.Exited[df['Exited']==0].count()]# 每一块的比例
colors = ['yellow', 'blue']
explode = (0.1, 0)# 突出显示
f, ax1 = plt.subplots(figsize=(7, 4))
ax1.pie(sizes, explode=explode, labels=labels, colors=colors,
autopct='%1.1f%%',shadow=True, startangle=90)
ax1.axis('equal')# 显示为圆(避免比例压缩为椭圆)
plt.title("客户流失占比", size = 15)
plt.show()
```

执行结果如图 10-2 所示。

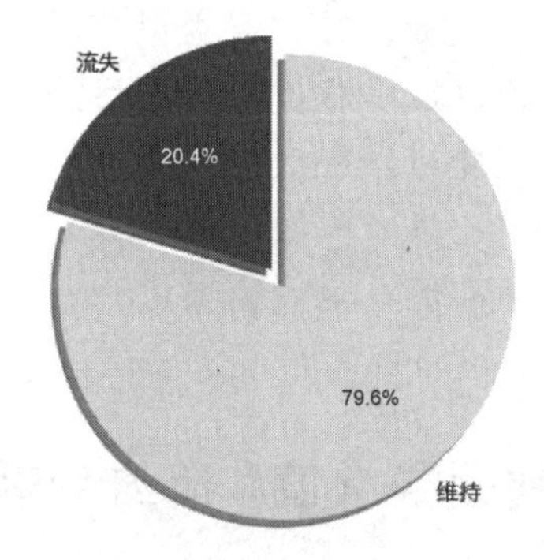

图 10-2　客户流失占比情况

使用 Seaborn 库的 countplot()函数来创建四个计数柱状图，代码如下：

代码 10-4　创建柱状图

```
f, axar = plt.subplots(2, 2, figsize=(20, 12))
sn.countplot(x=df['Geography'], hue =df['Exited'], ax=axar[0][0])
sn.countplot(x=df['Gender'], hue =df['Exited'],palette="Set1",
ax=axar[0][1])
sn.countplot(x=df['HasCrCard'], hue =df['Exited'],palette="Set2",
ax=axar[1][0])
```

```
sn.countplot(x=df['IsActiveMember'], hue
=df['Exited'],palette="Set3",ax=axar[1][1])
```

这些图展示不同类别的变量(如地理区域、性别、是否拥有信用卡、是否是活跃会员)与客户流失状态(Exited)的关系，如图 10-3 所示。

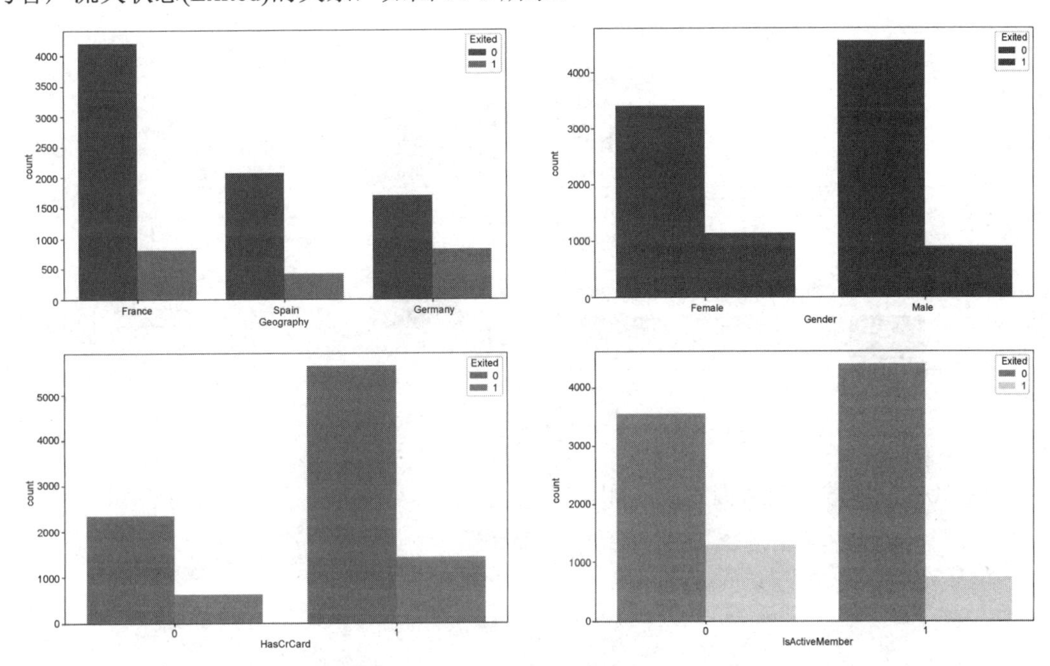

图 10-3　不同变量与客户流失状态的关系

箱线图是一种很好的工具，用于观察数据的分布情况，包括中位数、上下四分位数以及异常值。利用变量的箱线图，可以观察信用分、年龄、产品数量等指标，从而判断是否存在异常值。比如，信用分低于 400 分是异常值，年龄大于 60 的属于异常值，产品数为 4 的也属异常值。

代码 10-5　创建箱线图

```
f, axar = plt.subplots(3, 2, figsize=(20, 12))
sn.boxplot(y='CreditScore',x = 'Exited', hue = 'Exited',data = df,
ax=axar[0][0])
sn.boxplot(y='Age',x = 'Exited', hue = 'Exited',data = df ,
ax=axar[0][1])
sn.boxplot(y='Tenure',x = 'Exited', hue = 'Exited',data = df,
ax=axar[1][0])
sn.boxplot(y='Balance',x = 'Exited', hue = 'Exited',data = df,
ax=axar[1][1])
sn.boxplot(y='NumOfProducts',x = 'Exited', hue = 'Exited',data = df,
ax=axar[2][0])
sn.boxplot(y='EstimatedSalary',x = 'Exited', hue = 'Exited',data = df,
ax=axar[2][1])
```

使用 Seaborn 库的 boxplot()函数来创建箱线图，这些图用于展示不同数值变量(如信用评分、年龄、保有期、余额、产品数量、估计薪水)与客户流失状态(Exited)之间的关系，如图 10-4 所示。

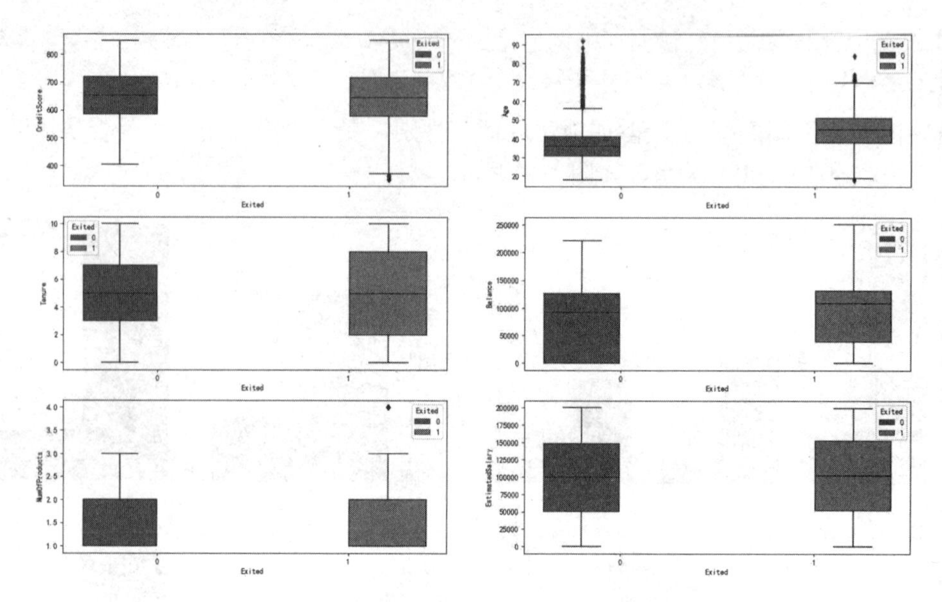

图 10-4　不同变量与客户流失状态的关系

代码 10-6　把数据分为训练集和测试集

```
#把数据分为训练集和测试集，训练集占 70%，测试集占 30%
# 设置训练集和测试集
dftrain = df.sample(frac=0.7,random_state=200)
dftest = df.drop(dftrain.index)

#构造对流失率可能产生影响的特征
dftrain['Balance_Salary'] = dftrain.Balance/dftrain.EstimatedSalary
sn.boxplot(y='Balance_Salary',x = 'Exited', hue = 'Exited',data =
dftrain)
plt.ylim(-1, 6)
```

将原始数据集 df 分为训练集和测试集，其中训练集占 70%，测试集占 30%。构造一个新的特征 Balance_Salary，它是账户余额与估计薪水的比值，可能对客户流失率有影响。使用 Seaborn 的 boxplot()函数绘制新特征 Balance_Salary 与目标变量 Exited 的箱线图，如图 10-5 所示。

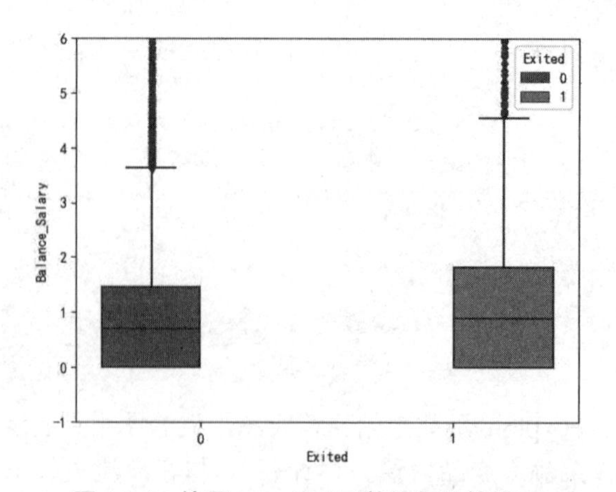

图 10-5　使用 boxplot()函数绘制的箱线图

任务 3：K 最近邻算法分析

使用 K 最近邻算法分析 CreditScore、Geography、Gender、Age、Tenure、Balance 等指标对 Exited 指标的影响，需要执行以下步骤：

数据预处理：将分类变量(如 Geography 和 Gender)编码为数值型数据，处理缺失值(如果有的话)，并标准化或归一化数值型特征。

选择 K 最近邻算法：确定 K 最近邻算法的参数，包括选择合适的距离度量和 *K* 值。

划分数据集：将数据集分为训练集和测试集。

训练模型：使用训练集训练 K 最近邻模型。

评估模型：使用测试集评估模型的性能。

分析结果：查看不同特征对 Exited 指标的影响。

代码如下：

代码 10-7　K 最近邻算法分析

```
import pandas as pd
from sklearn.model_selection import train_test_split
from sklearn.preprocessing import LabelEncoder, StandardScaler
from sklearn.neighbors import KNeighborsClassifier
from sklearn.metrics import classification_report, accuracy_score

# 读取 CSV 文件
df = pd.read_csv('data/churn.csv')

# 数据预处理
# 将 Geography 和 Gender 编码为数值型数据
le_geography = LabelEncoder()
le_gender = LabelEncoder()
df['Geography'] = le_geography.fit_transform(df['Geography'])
df['Gender'] = le_gender.fit_transform(df['Gender'])

# 选择特征和目标变量
X = df[['CreditScore', 'Geography', 'Age', 'Tenure', 'Balance']]
y = df['Exited']

# 标准化数值型特征
scaler = StandardScaler()
X_scaled = scaler.fit_transform(X)

# 划分数据集
X_train, X_test, y_train, y_test = train_test_split(X_scaled, y,
test_size=0.2, random_state=42)

# 选择 KNN 算法并设置参数
knn = KNeighborsClassifier(n_neighbors=5)

# 训练模型
knn.fit(X_train, y_train)
```

```
# 预测测试集
y_pred = knn.predict(X_test)

# 评估模型
print("Classification Report:\n", classification_report(y_test, y_pred))
print("Accuracy:", accuracy_score(y_test, y_pred))

# 查看不同特征对 Exited 指标的影响
# 这里可以使用 KNN 模型的`predict`和`predict_proba`方法来分析特征影响
```

分析结果如下：

```
Classification Report:
              precision    recall  f1-score   support

           0       0.85      0.92      0.89      1607
           1       0.52      0.33      0.40       393

    accuracy                           0.81      2000
   macro avg       0.68      0.63      0.64      2000
weighted avg       0.78      0.81      0.79      2000

Accuracy: 0.8075
```

根据提供的分类报告和准确率，可以得出以下结论：

- 整体性能：模型的准确率为 80.75%，这意味着模型在测试集上正确预测了80.75%的样本。
- precision(精确度)：对于预测为退出(Exited=1)的样本，精确度为 52%。这意味着在所有被预测为退出的样本中，实际上有 52%的样本确实退出了。
- recall(召回率)：对于实际退出的样本，模型能够正确召回的比例为 33%。这意味着在所有实际退出的样本中，模型只识别出了其中的 33%。
- f1-score(F1 分数)：退出样本的 F1 分数为 40%，这是一个综合考虑精确度和召回率的指标。
- support(支持度)：退出的样本(Exited=1)共有 393 个，而不退出的样本(Exited=0)有1607 个。这表明数据集是不平衡的，退出的样本明显少于不退出的样本。
- 类别不均衡：由于退出(1)的样本支持度远低于不退出(0)的样本，这可能导致模型对预测退出的样本不够敏感。
- 宏平均和加权平均：宏平均(macro avg)不考虑每个类别的样本数量，对于所有类别统一计算平均值，宏平均 F1 分数为 64%。加权平均(weighted avg)根据每个类别的样本数量进行加权，更注重数量较多的类别，加权平均 F1 分数为 79%。

任务 4：逻辑回归算法分析

在本例中，使用逻辑回归算法进行分析。

代码 10-8 逻辑回归(logistic regression)算法分析

```
#使用逻辑回归算法
import pandas as pd
from sklearn.model_selection import train_test_split
from sklearn.preprocessing import LabelEncoder
from sklearn.linear_model import LogisticRegression
from sklearn.metrics import classification_report, accuracy_score

# 读取 CSV 文件
df = pd.read_csv('data/churn.csv')

# 数据预处理
# 将 Geography 和 Gender 编码为数值型数据
le_geography = LabelEncoder()
le_gender = LabelEncoder()
df['Geography'] = le_geography.fit_transform(df['Geography'])
df['Gender'] = le_gender.fit_transform(df['Gender'])

# 选择特征和目标变量
X = df[['CreditScore', 'Geography', 'Age', 'Tenure', 'Balance']]
y = df['Exited']

# 划分数据集
X_train, X_test, y_train, y_test = train_test_split(X, y, test_size=0.2,
random_state=42)

# 创建逻辑回归模型
logreg = LogisticRegression()

# 训练模型
logreg.fit(X_train, y_train)

# 预测测试集
y_pred = logreg.predict(X_test)

# 评估模型
print("Classification Report:\n", classification_report(y_test, y_pred))
print("Accuracy:", accuracy_score(y_test, y_pred))

# 查看不同特征的系数，了解它们对 Exited 指标的影响
print("Coefficients:", logreg.coef_)
```

运行结果如下：

```
Classification Report:
              precision    recall    f1-score   support

          0       0.81       0.98       0.89      1607
          1       0.42       0.07       0.12      393
```

```
   accuracy                          0.80      2000
  macro avg     0.61       0.52      0.50      2000
weighted avg    0.73       0.80      0.74      2000

Accuracy: 0.798
Coefficients: [[-4.87441148e-03  2.86407460e-03  4.39759039e-02
-4.81895944e-02   3.67648833e-06]]
```

根据提供的分类报告和准确率，以及逻辑回归模型的系数，可以看到：

- 整体性能：模型准确率为 79.8%，即在测试集上正确预测了 79.8% 的样本。
- precision(精确度)：对于预测为退出(Exited=1)的样本，精确度为 42%。这意味着在所有被预测为退出的样本中，实际上有 42%的样本确实退出了。
- recall(召回率)：对于实际退出的样本，模型能够正确召回的比例为 7%。这意味着在所有实际退出的样本中，模型只识别出了 7%。
- F1-score(F1 分数)：退出样本的 F1 分数为 12%，这是一个综合考虑精确度和召回率的指标。非常低的 F1 分数表明，模型在精确度和召回率之间没有取得平衡，特别是召回率非常低，说明模型错过了很多真正退出的客户。
- support(支持度)：退出的样本(Exited =1)共有 393 个，而不退出的样本(Exited= 0)有 1607 个。这表明数据集是不平衡的，退出的样本明显少于不退出的样本。
- 类别不均衡：由于退出(1)的样本支持度远低于不退出(0)的样本，这可能导致模型对预测退出的样本不够敏感。
- Coefficients(系数)：逻辑回归模型的系数有助于理解特征是如何影响退出概率的。由于只给出了一部分系数，可以假设这些系数是按以下顺序排列的：[CreditScore, Geography, Age, Tenure, Balance]。正值表示随着特征的增加，退出概率增加；负值则相反。例如，Age 的系数是正的，这意味着随着客户年龄的增长，退出的概率也在增加。
- 模型改进：鉴于模型的召回率非常低，可能需要采取措施来改进模型，特别是在提高对退出客户的识别能力方面。这可能包括获取更多特征、尝试不同的模型、或使用不同的数据预处理技术。
- 特征影响：逻辑回归系数的绝对值大小可以提供每个特征对模型输出影响的相对度量。在这些特征中，Tenure 系数为-0.0481895944，这个绝对值最大，对客户是否退出影响也最大。其次是 Age，其系数为 0.043975903，表明客户年龄增长对退出也有一定影响。

任务 5：决策树算法分析

通过决策树算法，对客户数据进行分析。代码如下：

代码 10-9　决策树(decision trees)算法分析

```
import pandas as pd
import matplotlib.pyplot as plt  # 添加了这行导入语句
from sklearn.model_selection import train_test_split
from sklearn.preprocessing import LabelEncoder
from sklearn.tree import DecisionTreeClassifier
```

```
from sklearn.metrics import classification_report, accuracy_score

# 读取CSV文件
df = pd.read_csv('data/churn.csv')

# 数据预处理
# 将Geography和Gender编码为数值型数据
le_geography = LabelEncoder()
le_gender = LabelEncoder()
df['Geography'] = le_geography.fit_transform(df['Geography'])
df['Gender'] = le_gender.fit_transform(df['Gender'])

# 选择特征和目标变量
X = df[['CreditScore', 'Geography', 'Age', 'Tenure', 'Balance']]
y = df['Exited']

# 划分数据集
X_train, X_test, y_train, y_test = train_test_split(X, y, test_size=0.2,
random_state=42)

# 创建决策树模型
dt = DecisionTreeClassifier(random_state=42)

# 训练模型
dt.fit(X_train, y_train)

# 预测测试集
y_pred = dt.predict(X_test)

# 评估模型
print("Classification Report:\n", classification_report(y_test, y_pred))
print("Accuracy:", accuracy_score(y_test, y_pred))

# 可视化决策树
fig, ax = plt.subplots(figsize=(20,10))
tree.plot_tree(dt, filled=True, feature_names=['CreditScore',
'Geography', 'Age', 'Tenure', 'Balance'], class_names=['Not Exited',
'Exited'], ax=ax)
plt.show()

# 查看特征重要性
importances = dt.feature_importances_
features = df.columns[1:-1]  # 排除CustomerId和Exited
importance_dict = dict(zip(features, importances))
sorted_importance = sorted(importance_dict.items(), key=lambda item:
item[1], reverse=True)
print("Feature importances:\n", sorted_importance)
```

运行结果：

```
Classification Report:
              precision    recall  f1-score   support

           0       0.85      0.83      0.84      1607
           1       0.37      0.41      0.39       393
```

```
   accuracy                          0.74      2000
  macro avg    0.61       0.62       0.61      2000
weighted avg   0.76       0.74       0.75      2000

Accuracy: 0.745
```

执行结果如图 10-6 所示。

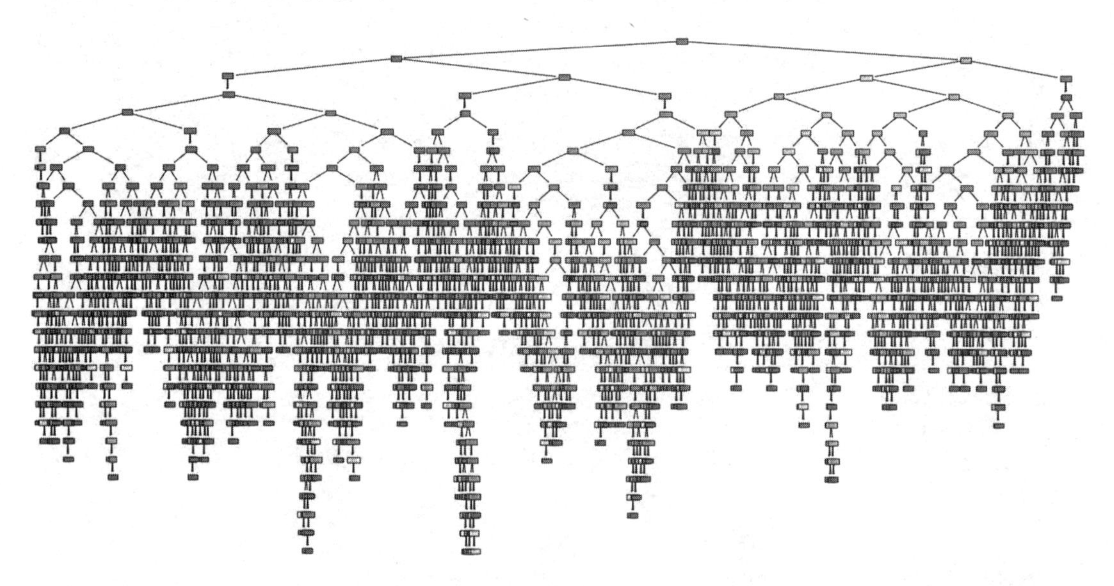

图 10-6　决策树分析

根据提供的分类报告和准确率，可以得出以下结论：

- 整体性能：模型的准确率为 74.5%，在测试集上正确预测了 74.5%的样本。
- precision(精确度)：对于预测为不退出(Exited=0)的样本，精确度为 85%。这意味着在所有被预测为不退出的样本中，实际上有 85% 的样本确实没有退出。对于预测为退出(Exited=1)的样本，精确度为 37%。这意味着在所有被预测为退出的样本中，实际上只有 37%的样本退出了。
- recall(召回率)：对于实际没有退出的样本，模型能够正确识别的比例为 83%。对于实际退出的样本，模型能够正确识别的比例为 41%。
- F1-score(F1 分数)：不退出样本的 F1 分数为 84%，表示模型在精确度和召回率之间取得了较好的平衡。退出样本的 F1 分数为 39%，表示模型在精确度和召回率之间平衡得较差，特别是与不退出样本相比。
- support(支持度)：退出的样本(Exited=1)共有 393 个，而不退出的样本(Exited=0)有 1607 个。这表明数据集是不平衡的，退出的样本明显少于不退出的样本。
- 类别不均衡：由于退出(1)的样本支持度远低于不退出(0)的样本，这可能导致模型对预测退出的样本不够敏感。
- 模型改进：鉴于模型在退出样本上的精确度和召回率都较低，可能需要采取措施来改进模型，特别是在提高对退出客户的识别能力方面。这可能包括获取更多特征、尝试不同的模型或使用不同的数据预处理技术。

结合上述模型分析，可以看到：

(1) 目标人群定位。目标客户定位有助于银行制定针对性策略，提供适合目标客户的商品和服务，提高银行的竞争力。从图 10-7 可以看到，来自德国客户最少，法国最多，但流失客户的比例却是相反的。这说明，银行在客户较少的地区可能没有分配足够多的客户服务资源。从探索性分析中可以看到，该银行客户各收入层分布均匀，说明银行对目标收入的客户重视程度不够，需要针对目标群体制定更加精准的策略。

```
In [1]:  1 # 对用户来源进行统计
         2 file_path = 'data/churn.csv'
         3
         4 # 读取CSV文件
         5 data = pd.read_csv(file_path)
         6
         7 # 对'Geography'字段进行分组统计
         8 grouped_data = data.groupby('Geography').size()
         9
        10 # 打印结果
        11 print(grouped_data)

Geography
France     5014
Germany    2509
Spain      2477
dtype: int64
```

图 10-7　客户来源分析

(2) 用户关怀策略。通过上述图形可以看到，客户使用该银行产品年数是影响模型的重要因素。为了挽留老客户，推出相应的关怀和激励策略十分有必要。对于使用产品年数较长的客户，银行可以采用会员积分制、会员优先服务、老客户感恩回馈等活动，让客户感受银行对客户的重视；对于银行新用户，可通过各种优惠活动吸引客户使用，如与政府和商家合作推出打折活动，同时也要通过会员积分制激励新用户向老用户的转换。同时，要注意不活跃的客户流失率更高，银行应针对不活跃客户给予相对优惠政策，将不活跃的客户转变为活跃的客户，从而减少客户的流失。

(3) 高信用评级激励制度。信用得分也是预测客户流失的重要影响因素。信用得分是银行用来评估客户是否具有获得信用卡的资格。在上述用户中，该银行没有取得信用卡的用户流失率更高，但是有信用卡的用户流失率也达到了 16%左右。因此，为了挽留银行高信用用户，银行可推出一系列信用卡激励策略，一来可以挽留更多高信用用户，二来可以刺激其他未办理信用卡的高信用评级用户申请该银行信用卡。

课 后 拓 展

数据分析过程中的算法

在选择适合的机器学习算法时，需要考虑数据的特点、模型的解释性、性能和实施的复杂性。以下是一些常用于客户流失分析的机器学习算法的应用分析。

K 最近邻：基于距离的算法，适用于样本量较小的数据集。

逻辑回归：适用于二分类问题，可以预测客户流失的概率。

决策树：直观且易于解释，可以生成规则来预测客户流失。

随机森林：基于多个决策树的集成学习，通常能够提供更好的性能和泛化能力。

支持向量机：在特征空间足够大时表现良好，适用于非线性问题。

梯度提升机：通过构建多个弱预测模型来进行集成学习，通常能够提供很高的准确率。

XGBoost：一种优化的梯度提升框架，速度快且准确率高，适用于大规模数据集。

神经网络：特别是深度学习模型，如多层感知器(MLP)，能够处理复杂的非线性关系。

朴素贝叶斯：基于概率的算法，简单快速，适用于特征独立性较强的数据集。

生存分析：在客户流失时间可以被预测的情况下使用，可以估计客户流失的时间。

选择算法时，还需要进行特征工程，比如特征选择、特征提取或降维(如 PCA)，以提高模型的性能。此外，还需要对模型进行调参，以找到最佳模型性能。

本章小结

本章选择了一个金融客户数据集，通过对数据进行预处理，并使用常见的算法模型，对用户流失情况进行了预测；同时，结合分析结果进行对比，对每个模型的准确率进行分析，并提出了相关对策。

第 11 章 交通大数据综合案例分析

在交通大数据分析过程中，可以收集并分析实时的交通流量数据，如车流量、车速等，可以实时掌握道路的运行状态。利用大数据处理技术，可以快速地分析这些数据，发现交通拥堵的趋势和规律。本章将通过全流程综合实训，灵活使用各种分析工具和分析方法，旨在让读者体验大数据分析的关键流程，掌握大数据分析的方法。

本章学习目标：

- 熟悉大数据分析的主要流程方法。
- 了解模型训练与数据预测的方法。
- 熟悉数据商业报告的制作方法。

课前思考：

- 某个路段即将发生拥堵，系统应该如何发出预警？

课 前 自 学

一、数据集类型

在大数据分析过程中，如果将所有的数据都作为训练数据集，那么我们训练完模型就无从验证。

1. 数据集类型的划分

如果将没有验证过的模型直接用于实际环境中，效果可能会大打折扣。有没有办法在实际应用机器学习算法之前，就能够了解算法能不能适用于实际环境呢？答案是对手里的数据进行 test 和 train 的划分。数据集的合理划分对机器学习模型的性能评估和优化至关重要。通过将数据集分为训练集(train set)和测试集(test set)，有时还需要一个验证集(validation set)，我们可以确保模型在不同阶段得到适当的评估和调整，从而提高其在实际应用中的泛化能力。

打个比方，训练集就像是学生的课本，学生根据课本里的内容来掌握知识；验证集就像是作业，教师通过作业可以知道不同学生的学习情况、进步的速度快慢；而最终的测试集就像是考试，考的题是平常都没有见过的，旨在考查学生举一反三的能力。

2. 为什么需要测试集？

训练集直接参与了模型调参的过程，显然不能用来反映模型真实的能力。这样一些对课本死记硬背的学生(过拟合)，将会拥有最好的成绩，显然不对。同理，由于验证集参与了人工调参(超参数)的过程，也不能用来最终评判一个模型，就像刷题库的学生也不能算是学习好的学生。因此，要通过最终的考试(测试集)来考查一个学生(模型)真正的能力。

3. 数据划分的主要目的

训练集：用于训练模型，即让模型学习数据中的特征和规律。

验证集：用于调整模型的超参数，选择最佳模型。这一步是可选的，但在模型较为复杂或者超参数较多时非常重要。超参数是机器学习算法中不能通过学习数据直接获得的参数，如学习率、隐藏层的数量等。通过在验证集上评估不同超参数配置下模型的性能，我们可以选择出最佳的超参数组合，以提高模型的预测准确性。

测试集：测试集则是在模型最终训练完成后使用的。它包含了完全未见过的数据，用于评估模型的泛化能力。测试集的结果可以更真实地反映模型在实际环境中的表现。

通过划分数据集，我们能够在模型部署到实际环境之前，对其性能有一个相对准确的了解。这有助于我们决定是否需要进一步调整模型、收集更多数据或尝试不同的算法。

此外，还有一些其他的技术和方法可以帮助我们更好地评估模型，例如交叉验证(cross-validation)和留出法(hold-out method)。这些方法都是数据划分策略的一部分，旨在更准确地评估模型的性能。通过合理划分数据集并进行充分测试，我们可以在实际应用机器学习算法之前，对其适用性和性能有一个大致的了解，从而有助于做出更明智的决策。

通过这些方法，可以更全面地评估和优化机器学习模型，确保其在实际应用中能够达到预期效果。

二、交通大数据处理需求分析

1. 检测器分布

道路检测器的编号和分布如图 11-1 所示。共 10 个检测器，其中检测器间距离为 500～1000 不等，单位为米(m)，精度为 10 米。道路为单向四车道，运行方向为 1→10。

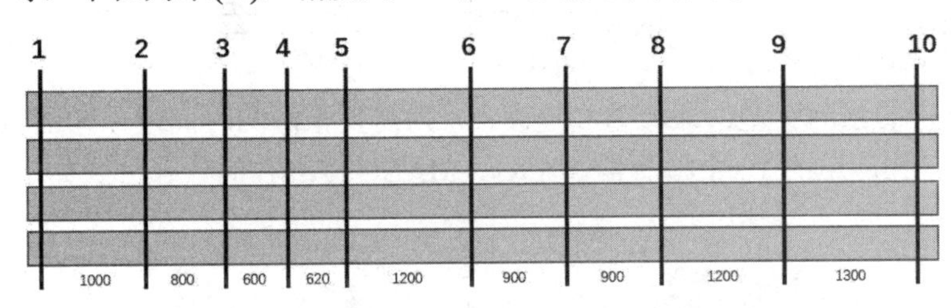

图 11-1　道路检测器

2. 数据集

数据集包含多个数据包，分别对应相应编号的检测器数据。该数据集可能存在数据缺失、数据噪声、异常数据等问题，如图 11-2 所示。该数据仅作为参考使用。

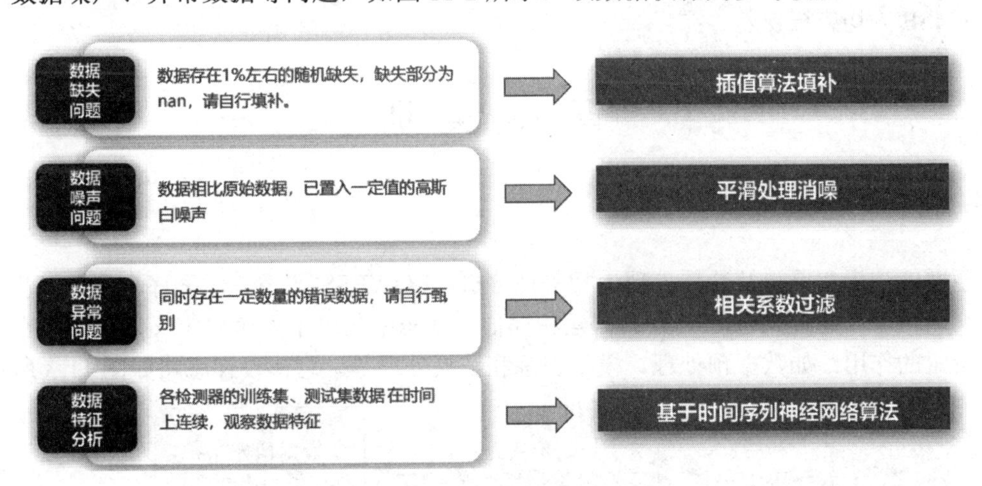

图 11-2　数据常见的问题

3. 预测任务

使用测试集数据，对测试集中每天 8:00～8:55、12:30～13:25、17:00～17:55 的所有检测器的流量和速度进行预测。

最后提交任务范例文件“提交范例.csv”。文件为 CSV 格式，时间与星期已给出，预测结果按照检测器 1 到检测器 10 分布，每个检测器需要预测流量和速度。预测流量为四车道相加值，保留整数；速度为每车道流量加权平均，保留两位小数。流量和速度计算公式如下：

$$\text{Flow} = \sum_{l=1}^{L} \text{flow}_l \tag{11-1}$$

$$\text{Speed} = \sum_{l=1}^{L} \frac{\text{flow}_l \times \text{speed}_l}{\text{Flow}} \tag{11-2}$$

式中，l 为单一车道，flow 为单一车道流量，speed 为单一车道速度。

4. 评价指标

测试误差评价指标及计算方法如下：

$$\text{Score} = \sum_{p=1}^{P}\sum_{t=1}^{T}\sum_{l=1}^{L} \frac{\text{MAE}_{ptl} + \text{RMSE}_{ptl}}{\text{Aver}_{ptl}} \tag{11-3}$$

式中，p 为选定的预测变量，即流量和速度；t 为需要预测的时间段，即测试集中 7 天共 21 个时间段；l 为选用的 10 个检测器。Aver、MAE、RMSE 的计算公式如下所示：

$$\text{Aver} = \frac{1}{m}\sum_{i=1}^{m} y_i \tag{11-4}$$

$$\text{MAE} = \frac{1}{m}\sum_{i=1}^{m} | y_i - \hat{y}_i | \tag{11-5}$$

$$\text{RMSE} = \sqrt{\frac{1}{m}\sum_{i=1}^{m} (y_i - \hat{y}_i)^2} \tag{11-6}$$

式中，m 为数据数量，y_i 为真实值，$\hat{y}_i$ 为预测值。Aver 为平均值，MAE 为平均绝对误差，RMSE 为均方根误差。

课 中 实 训

任务 1：数据分析流程设计

下面的分析主要涉及数据处理、相关性分析、LOWESS 平滑、时间序列预测等步骤，用于交通流量及速度的预测模型的构建和评估。代码中包含了多个自定义函数，每个函数都有特定的作用，如数据预处理、模型训练和结果处理等。总体设计思路如图 11-3 所示。

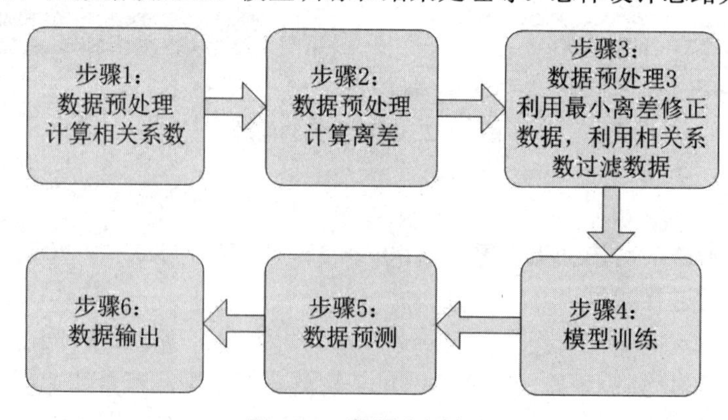

图 11-3　数据分析流程

步骤 1：计算相关系数，并将计算结果保存到临时文件中。

以测试数据集中的某一天作为参考对象，求训练数据集中相同星期、相同时间段数据的相关系数。

按观测点分开求，循环处理 10 个观测点，每个观测点生成一个临时文件，如图 11-4 所示。

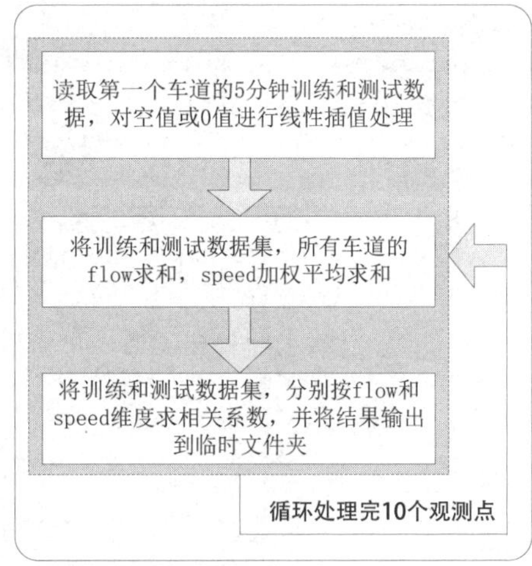

图 11-4　数据预处理：求相关系数

步骤 2：通过相关系数过滤数据并消除异常数据。

处理前的数据如图 11-5 所示。

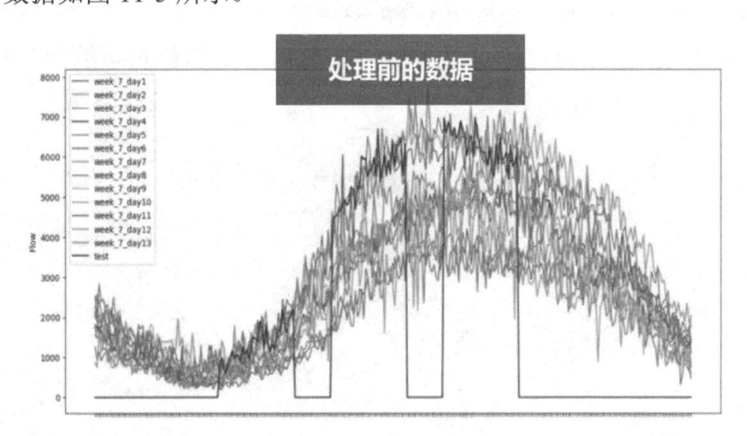

图 11-5　处理前的数据

处理后的数据如图 11-6 所示。

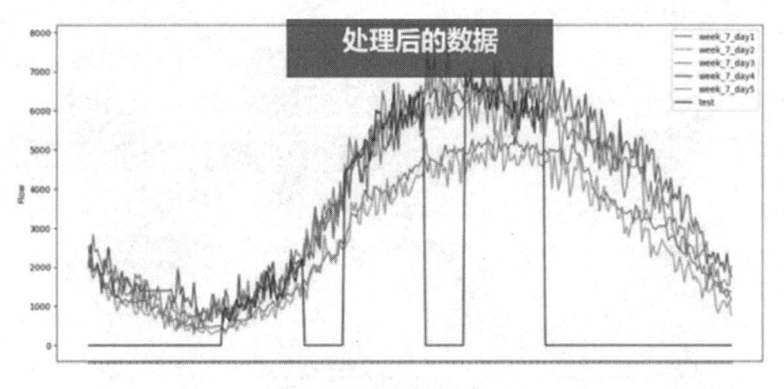

图 11-6　处理后的数据

步骤 3：计算训练数据集与测试数据集中相同星期、相同时间段数据的离差，并结果保存到文件中，如图 11-7 所示。

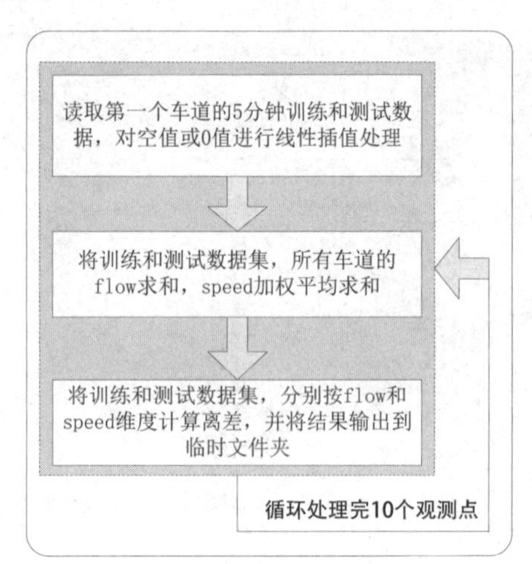

图 11-7　数据预处理：计算离差

以测试数据集中的某一天作为参考对象，求训练数据集中相同星期、相同时间段数据的离差。

不断调整训练数据的步调，得到移动后的离差，表格单元格表示某一天的离差总和。

步骤 4：找到最小离差对应的移动步调，通常用此步调修正训练数据集，如图 11-8 所示。

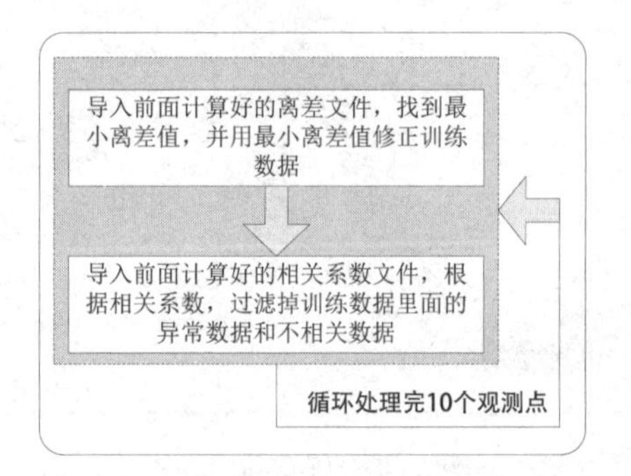

图 11-8　数据预处理：修正和过滤数据

处理前的数据如图 11-9 所示。

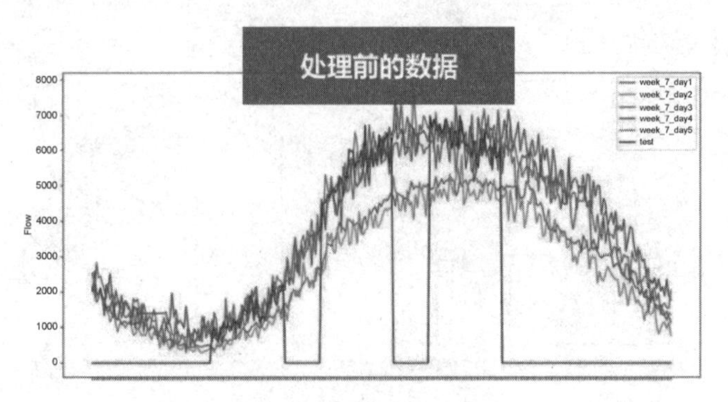

图 11-9　处理前的数据

处理后的数据如图 11-10 所示。

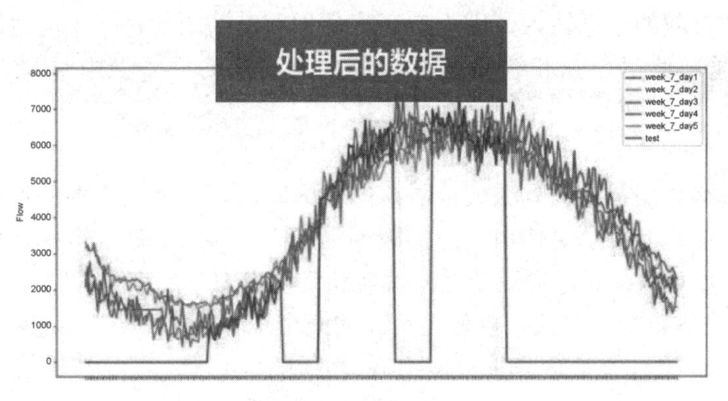

图 11-10　处理后的数据

步骤 5：模型训练准备，如图 11-11 所示。

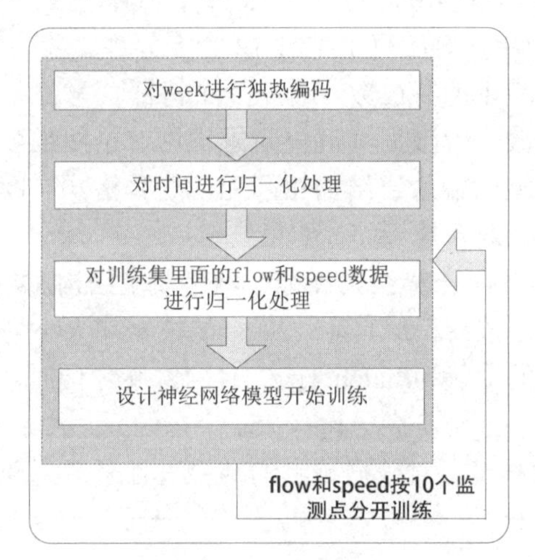

图 11-11　模型训练准备

对 week 进行独热编码，消除对后面模型训练的误导，如图 11-12 所示。

编码前的数据

Week
1
2
3
4
5
[illegible]
7

编码后的数据

Week_1.0	Week_2.0	Week_3.0	Week_4.0	Week_5.0	Week_6.0	Week_7.0
1	0	0	0	0	0	0
0	1	0	0	0	0	0
0	0	1	0	0	0	0
0	0	0	[illegible]	[illegible]	0	0
0	0	0	0	1	0	0
0	0	0	0	0	1	0
0	0	0	0	0	0	1

图 11-12　编码前后的数据对比

步骤 6：添加日期并进行变换处理，使其变成对后面模型有用的输入信号。以分钟为单位的时间不是有效的模型输入，因为交通流数据有其清晰的每日不同时间的周期性。我们可以将时间通过使用正弦和余弦变换，变换为清晰的“一天中时间”，来获得模型可用的信号。

步骤 7：对 flow 和 speed 数据进行归一化处理。

一些神经网络算法在处理具有大范围值的数据时，可能需要更多的迭代才能收敛到最优解。归一化可以帮助算法更快地收敛，因为它减少了参数更新的范围。归一化可以使模型更稳定地学习数据的分布，提高模型的性能和泛化能力。

步骤 8：改变数据集的格式，以便与后面的模型匹配。

改变数据结构的目的是适应神经网络模型的输入要求，以及数据的批处理。具体来说：数据被重塑成(samples, timesteps, rows, cols)的形状。其中：

- samples 是测试集中的样本数，对应 90 天。
- timesteps 是小样本数据量，对应每天 24 个小时。
- rows 是每个时间步，对应每个小时 12 个 5 分钟。
- cols 是每个时间步中的特征数，对应 9 个特征。

通过这种数据结构的改变，数据集被重新组织为一个四维数组，每个维度代表不同的信息，以便与神经网络模型的输入层结构相匹配。这种格式有助于数据的批处理，可以同时处理多个样本，提高训练效率。

步骤 9：基于 CNN-BiLSTM 算法设计神经网络模型结构及参数调优。使用一维卷积层对输入数据进行特征提取，该卷积层具有 128 个滤波器和大小为 8 的卷积核。激活函数为 Leaky ReLU()。输入数据的形状为(batch_size, 24, 12, 9)。同时，将卷积层的输出展平，为后续全连接层做准备。其中，全连接层具有 256 个神经元，激活函数为 Sigmoid()。

步骤 10：参考测试数据集，对数据预测的结果进行平滑处理，如图 11-13 所示。

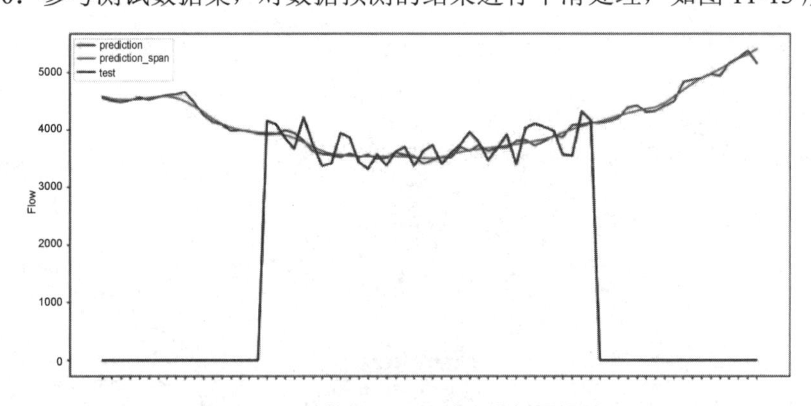

图 11-13　对数据预测的结果进行平滑处理

步骤 11：数据预测与输出。根据预测结果调整模型结构和参数，并输出结果文件。

任务 2：数据预处理

首先，配置环境，并需要导入所需要的库。

为了保证调试正常，请按照以下版本设置调试环境。将以下内容保存为 requirements.txt 文件：

```
statsmodels==0.14.1
tensorflow==2.16.1
keras==3.0.5
numpy==1.26.4
pandas==2.2.1
scikit-learn==1.4.1.post1
```

在 Python 环境下按照相关版本的文件导入所需的库。

```
pip install -r requirements.txt -i https://pypi.tuna.tsinghua.edu.cn/simple
```

代码 11-1　导入所需的库

```
# 代码 11-1 导入所需的库
import numpy as np
import pandas as pd
import statsmodels.api as sm
import copy
import datetime
import os
from keras import backend
from sklearn.preprocessing import MinMaxScaler
from keras.layers import Conv1D, Dense, TimeDistributed, Flatten,
Reshape, LSTM, Bidirectional
```

这里导入的相关库如下：

- NumPy：数学库，用于处理大型多维数组和矩阵，执行各种数学运算。
- Pandas：数据分析库，提供了易于使用的数据结构和数据分析工具。
- statsmodels：统计模型库，用于估计和测试统计假设。
- copy：内置模块，用于复制对象。
- datetime：内置模块，用于处理日期和时间。
- os：内置模块，提供了与操作系统交互的功能。
- Keras：深度学习库，可以构建和训练神经网络。
- sklearn.preprocessing：数据预处理模块，如特征缩放。
- keras.layers：包含了构建神经网络所需的各种层。

接下来，是准备数据预处理中的相关函数。

代码 11-2　找到列表中最接近零的数

```
# 代码 11-2：找到列表中最接近零的数，并返回这个数在原始列表中的索引
def find_closest_to_zero(data):
    closest_to_zero = data[0]  # 初始化最接近零的数为列表的第一个元素
    for num in data:  # 遍历列表中的所有数字
        if abs(num) < abs(closest_to_zero):  # 如果当前数字更接近零，则更新最接
# 近零的数
            closest_to_zero = num
    iloc = data[data == closest_to_zero].index[0]  # 获取最接近零的数在列表中
# 的索引
    return iloc
```

find_closest_to_zero()函数的目的是在一个给定的数据列表 data 中，找到最接近零的数，并返回这个数在列表中的索引。这个函数首先将列表的第一个元素设为当前最接近零的数，然后遍历整个列表，通过比较每个数的绝对值来找到最接近零的数。最后，它使用 iloc 来找到这个数在原始列表中的索引，并返回这个索引。

代码 11-3　使用 LOWESS 平滑方法对数据进行平滑处理

```
# 代码 11-3: 使用 LOWESS 平滑方法对数据进行平滑处理
def lowess_smoothing(x, y, span):
    lowess = sm.nonparametric.lowess(y, x, frac=span)  # 应用 LOWESS 平滑
    smoothed_y = lowess[:, 1]  # 获取平滑后的结果
    return smoothed_y
```

lowess_smoothing()函数使用了 LOWESS(局部加权回归平滑)方法对给定的数据点进行平滑处理。这个方法是统计学中常用的非参数回归技术，可以用来揭示数据中的局部趋势和模式，同时减少随机波动的影响。

代码 11-4　使用 data_handle()函数处理数据

```
# 代码 11-4: data_handle()函数用于处理数据，包括根据相关性系数调整数据点，并删除或
# 修改特定的数据行
def data_handle(data, name, LOOP, percentage, test):
    # 读取相关性数据和分散数据
    dispersion_data = pd.read_csv(f'temp/{name}_{LOOP}.csv')
    corrcoef = pd.read_csv(f'temp/corrcoef_{name}_{LOOP}.csv',
index_col=0)

    # 遍历不同的天数，根据相关性系数的分位数调整数据
    for days in range(1, 8):
        # 根据相关性系数筛选数据
        day = corrcoef[corrcoef["Week"] == days]
        test_day = test[test["Week"] == days]
        index_min = day[day[f"day_corrcoef_{name}"] <=
day[f'day_corrcoef_{name}'].quantile(percentage)].index
        index_max = day[day[f"day_corrcoef_{name}"] >=
day[f'day_corrcoef_{name}'].quantile(percentage)].index

        # 对于最大相关性系数的行，调整数据并添加测试数据
        for i in index_max:
            dispersion_zero = find_closest_to_zero(dispersion_data.loc[i + 1])
            data.loc[288 * (i):288 * (i + 1) - 1, name] += dispersion_data.loc[0,
dispersion_zero]
            for j in range(60, 96):
                data.loc[288 * (i) + j, name] = test_day.iloc[j -
60][[name]].values
            # ... (用类似的操作对其他时间范围的数据进行调整)

        # 对于最小相关性系数的行，删除对应的数据
        for i in index_min:
            rows_to_drop = list(range(288 * i, 288 * (i + 1)))
            data = data.drop(labels=rows_to_drop)
```

```
    return data
```

这个函数的主要目的是根据相关性系数调整数据，对于相关性系数高的行，增加分散性数据，并可能替换或添加测试数据；对于相关性系数低的行，直接删除。

代码 11-5　使用 correct_function()函数调整数据

```
# 代码 11-5 correct_function()函数用于根据校正数据调整原始数据
def correct_function(correct_data, name, train):
    train_correct = copy.copy(train)                    # 复制原始数据
    train_correct[name] = train[name] + correct_data    # 应用校正数据
    return train_correct
```

代码 11-6　使用 count_dispersion_function()函数计算分散数据

```
# 代码 11-6 count_dispersion_function()函数用于计算分散数据
def count_dispersion_function(train_copy,name,correct,test):
    # 计算并拼接分散数据
    day = train_copy.loc[0*288:288*(0+1)-1, ['Time','Week',name]]
    day.reset_index(drop=True,inplace=True)
    day_1 = day[60:96]
    day_2 = day[114:150]
    day_3 = day[168:204]
    day_data = pd.concat([day_1,day_2,day_3])
    day_data.reset_index(drop=True,inplace=True)
    test_day = test[test['Week'] ==
int(day.loc[1,'Week'])][['Time','Week',name]]
    test_day.reset_index(drop=True,inplace=True)
    dispersion_data_new =
pd.DataFrame([[correct],[sum(abs(day_data[name].values-
test_day[name].values))]],columns=[f'day_dispersion_{name}_sum'])
   ...
        dispersion_day = pd.DataFrame([[sum(abs(day_data[name].values-
test_day[name].values))]],columns=[f'day_dispersion_{name}_sum'])
        dispersion_data_new =
pd.concat([dispersion_data_new,dispersion_day])
    dispersion_data_new.reset_index(drop=True,inplace=True)
    return dispersion_data_new
```

代码 11-7　使用 day_corrcoef_function()函数计算相关性系数

```
# 代码 11-7 day_corrcoef_function()函数用于计算每天的相关性系数
def day_corrcoef_function(train_copy, name, test):
    # 计算并拼接每天的相关性系数
    day = train_copy.loc[0*288:288*(0+1)-1, ['Time','Week',name]]
    day.reset_index(drop=True,inplace=True)
    day_1 = day[60:96]
    day_2 = day[114:150]
    day_3 = day[168:204]
    day_data = pd.concat([day_1,day_2,day_3])
```

```
    day_data.reset_index(drop=Truc,inplace=True)
    test_day = test[test['Week'] ==
int(day.loc[1,'Week'])][['Time','Week',name]]
    test_day.reset_index(drop=True,inplace=True)
    dispersion_data_new =
pd.DataFrame([[np.corrcoef(day_data[name].values,test_day[name].values)
[0, 1],7]],columns=[f'day_corrcoef_{name}','Week'])

   ...
        dispersion_day =
pd.DataFrame([[np.corrcoef(day_data[name].values,test_day[name].values)
[0, 1],  7 if i % 7 == 0 else i %
7 ]],columns=[f'day_corrcoef_{name}','Week'])
        dispersion_data_new =
pd.concat([dispersion_data_new,dispersion_day])
    dispersion_data_new.reset_index(drop=True,inplace=True)
    return dispersion_data_new
```

任务 3：模型训练与数据预测

代码 11-8　使用 model_train()函数训练模型并进行预测

```
# 代码 11-8 model_train()函数用于训练模型并进行预测
def model_train(train1, LOOP, test):
    # 准备数据，包括计算流量和速度的总和，编码星期几，处理时间戳等
    # ... (调用数据处理过程)

    # 构建并训练流量预测模型
    # ... (构建和训练流量模型)

    # 构建并训练速度预测模型
    # ... (构建和训练速度模型)

    # 预测并处理结果
    # ... (预测和结果处理)

    return data
```

代码 11-9　main()主要执行函数

```
# 代码 11-9 main()函数是脚本的主要执行函数
def main():
    # 定义循环列表，读取数据，训练模型，生成预测结果
    LOOP_list = ["LOOP1", "LOOP2", "LOOP3", "LOOP4", "LOOP5", "LOOP6",
"LOOP7", "LOOP8", "LOOP9", "LOOP10"]
    data_Time = pd.read_csv('提交范例.csv')
    prediction_Time = data_Time[['Time', 'Week']]
    for LOOP in range(1, 11):
        train1 = pd.read_csv(f'train-5min/{LOOP}.csv')
```

```
        test = pd.read_csv(f'test-5min/{LOOP}.csv')
        LOOP_list[LOOP - 1] = model_train(train1,LOOP,test)
    all_LOOP = pd.concat([prediction_Time, LOOP_list[0], LOOP_list[1],
LOOP_list[2], LOOP_list[3], LOOP_list[4], LOOP_list[5], LOOP_list[6],
        LOOP_list[7], LOOP_list[8], LOOP_list[9]], axis=1)
    all_LOOP.to_csv('temp/temp.csv', index=False)
    temp = pd.read_csv('temp/temp.csv')
    flow_list = ["Flow", "Flow.1", "Flow.2", "Flow.3", "Flow.4", "Flow.5",
"Flow.6", "Flow.7", "Flow.8", "Flow.9"]
    speed_list = ["Speed", "Speed.1", "Speed.2", "Speed.3", "Speed.4",
"Speed.5", "Speed.6", "Speed.7", "Speed.8","Speed.9"]
    train_copy = copy.copy(temp)
    ...
    train_copy.to_csv('prediction.csv', index=False)
    print('prediction_result:prediction.csv')
```

代码 11-10　使用 XGXS()函数进行相关系数数据处理

```
# 代码 11-10 XGXS()函数用于执行步骤 1 的数据处理
def XGXS():
    # 读取数据，处理零值，插值，计算流量和速度的总和
    for LOOP in range(1,11):
        train = pd.read_csv(f'train-5min/{LOOP}.csv')
        test = pd.read_csv(f'test-5min/{LOOP}.csv')
        train[train == 0] = np.nan
        test[test == 0] = np.nan
        train.interpolate(inplace=True)
        test.interpolate(inplace=True)
        ...
        day_corrcoef_Speed = day_corrcoef_function(train,"Speed",test)
        day_corrcoef_Flow = day_corrcoef_function(train,"Flow",test)
        day_corrcoef_Speed.to_csv(f'temp/corrcoef_Speed_{LOOP}.csv')
        day_corrcoef_Flow.to_csv(f'temp/corrcoef_Flow_{LOOP}.csv')
    return 0
    # ... (数据处理过程)
    return 0
```

代码 11-11　使用 LCJS()函数进行离差计算数据处理

```
# 代码 11-11 LCJS()函数用于执行步骤 2 的数据处理
def LCJS():
    # 读取数据，进行校正，计算分散数据
    for LOOP in range(1,11):
        train = pd.read_csv(f'train-5min/{LOOP}.csv')
        test = pd.read_csv(f'test-5min/{LOOP}.csv')
        ...
        train.interpolate(inplace=True)
        test.interpolate(inplace=True)
        train_correct_Speed = correct_function(-60.1,"Speed",train)
```

```
        dispersion_data_Speed_sum = count_dispersion_function(train_
correct_Speed,"Speed",-60.1,test)
        ...
        for i in range(-3000,3000,50):
            train_correct_Flow = correct_function(i,"Flow",train)
            dispersion_data_Flow = count_dispersion_function(train_
correct_Flow,"Flow",i,test)
            dispersion_data_Flow_sum = pd.concat([dispersion_data_Flow_sum,
dispersion_data_Flow],axis=1)
        dispersion_data_Flow_sum.to_csv(f'temp/Flow_{LOOP}.csv',
index=False)
    return 0
```

代码 11-12　使用 create_file()函数创建文件夹

```
# 代码 11-12 create_file()函数用于创建文件夹
def create_file(folder_name):
    if not os.path.exists(folder_name):
        os.makedirs(folder_name)
    else:
        pass
```

任务 4：数据输出

代码 11-13　脚本的入口点

```
# 代码 11-13 脚本的入口点
if __name__ == "__main__":
    create_file('temp')                    # 创建临时文件夹
    print('start data handling, running time: 1 min ...')
    print("step 1 finish", XGXS())         # 执行步骤 1
    print('step 2 data handling, running time: 15 min ...')
    print("step 2 finish", LCJS())         # 执行步骤 2
    print('model train start')             # 开始模型训练
    print('model train finish', main()) # 完成模型训练
```

运行界面如图 11-14、图 11-15 所示。

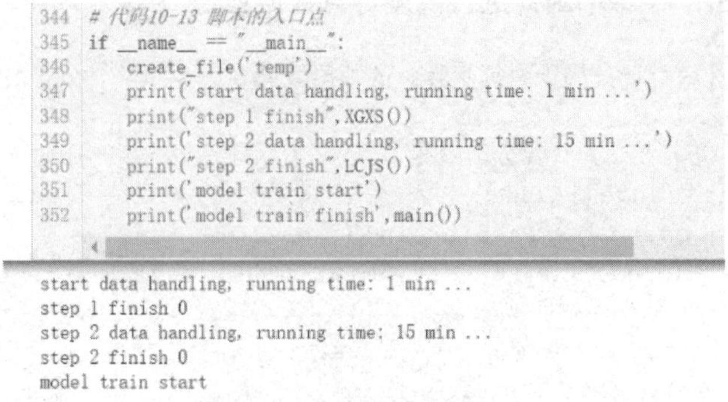

```
344  # 代码10-13 脚本的入口点
345  if __name__ == "__main__":
346      create_file('temp')
347      print('start data handling, running time: 1 min ...')
348      print("step 1 finish",XGXS())
349      print('step 2 data handling, running time: 15 min ...')
350      print("step 2 finish",LCJS())
351      print('model train start')
352      print('model train finish',main())

start data handling, running time: 1 min ...
step 1 finish 0
step 2 data handling, running time: 15 min ...
step 2 finish 0
model train start
```

图 11-14　测试运行界面(1)

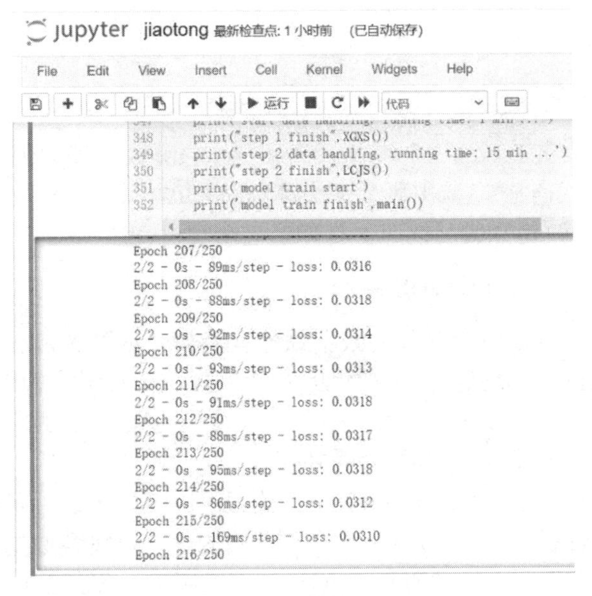

图 11-15 测试运行界面(2)

运行完成后，在 temp 目录下可以看到生成了预测数据的 temp.csv 文件。

课 后 拓 展

1. 查询最接近零的数的索引

代码 11-14 查询最接近零的数的索引

```
代码 11-14 查询最接近零的数的索引
def find_closest_to_zero(data):
    if not data:  # 检查列表是否为空
        return None  # 如果为空，则返回 None

    closest_to_zero = data[0]  # 初始化最接近零的数为列表的第一个元素
    closest_index = 0  # 初始化最接近零的数的索引为 0

    # 遍历列表中的所有数字，从索引 1 开始
    for index, num in enumerate(data[1:], start=1):
        if abs(num) < abs(closest_to_zero):  #如果当前数字更接近零，则更新索引
            closest_to_zero = num
            closest_index = index

    return closest_index

# 示例数据列表
data_list = [3.14, -2.71, 0.00, 2.72, -0.001, 1.41]

# 调用函数并打印结果
index_of_closest_to_zero = find_closest_to_zero(data_list)
print(f"The index of the number closest to zero is:
{index_of_closest_to_zero}")
```

输出结果：

```
The index of the number closest to zero is: 2
```

在这个例子中，首先定义了 find_closest_to_zero()函数，然后创建了一个包含浮点数的列表 data_list。在代码中，调用函数并传入 data_list，函数返回了最接近零的数的索引，这里是 2，对应的数是 0.00。同时，打印出这个索引。

2. 对给定的数据点应用 LOWESS 平滑方法

使用 LOWESS 平滑是一个有效的数据预处理步骤，可以改善后续分析的准确性和可靠性。lowess()函数返回一个包含两个数组的元组，第一个数组是输入的 x 值，第二个数组是平滑后的 y 值。这个函数可以用于各种数据分析场景，比如时间序列分析、信号处理或者任何需要减少噪声并突出数据趋势的情况。

在下面的代码中，x 是一个长度为 100 的一维数组，而 lowess()函数返回的是一个长度为 2 的二维数组。这通常是因为 lowess()函数返回的是一个包含原始数据点的数组，而不是仅仅包含平滑后的数据点。需要确保 lowess ()函数返回的平滑后的数据与原始的 x 数据点一一对应。

代码 11-15 绘制原始数据和平滑后的数据

```
#代码 11-15 绘制原始数据和平滑后的数据
import numpy as np
import matplotlib.pyplot as plt
import statsmodels.api as sm

# 创建一些模拟的时间序列数据
np.random.seed(0)  # 为了结果的可重复性，设置随机种子
x = np.linspace(0, 10, 100)  # 生成 100 个 0～10 的均匀分布的点作为时间点
y = np.sin(x * 2 * np.pi / 10)  # 生成正弦波数据

# 应用 LOWESS 平滑
span = 0.15  # 设置平滑参数，这个值可以根据数据进行调整
# 注意：这里使用的是 sm.nonparametric.lowess() 函数
smoothed_y = sm.nonparametric.lowess(y, x, frac=span)

# 绘制原始数据和平滑后的数据
plt.figure(figsize=(10, 5))
plt.plot(x, y, 'b-', label='Original Data')  # 原始数据
plt.plot(x, smoothed_y, 'r-', label='Smoothed Data')  # 平滑后的数据
plt.xlabel('Time')
plt.ylabel('Value')
plt.title('LOWESS Smoothing Example')
plt.legend()
plt.show()
```

运行结果如图 11-16 所示。

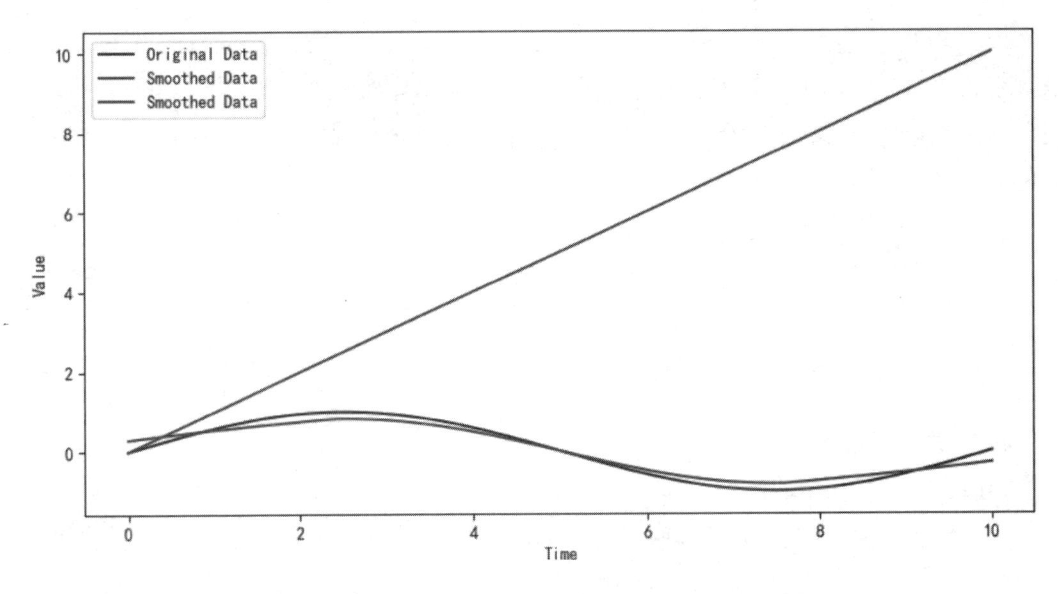

图 11-16　LOWESS 平滑实例

3. 对数据进行修正

这里定义了一个 correct_function()函数，该函数接受一个校正数据序列(correct_data)、一个列名(name)和一个训练数据集(train)，然后将校正数据添加到训练数据集中指定的列上。

代码 11-16　对数据进行修正

```
import copy
import pandas as pd

# 修正的correct_function()函数
def correct_function(correct_data, name, train):
    train_correct = copy.deepcopy(train)  # 使用深拷贝以确保完全独立的数据副本
    train_correct[name] = train[name] + correct_data
    return train_correct

# 假设的原始训练数据集
train_data = pd.DataFrame({
    'A': [1, 2, 3, 4, 5],
    'B': [5, 4, 3, 2, 1]
})

# 假设的校正数据
correct_data_series = pd.Series([0.5, 0.3, 0.2, 0.1, 0.4], name='A')

# 数据集名称
data_name = 'A'

# 调用修正后的correct_function()函数
corrected_train = correct_function(correct_data_series, data_name,
train_data)
```

```
# 查看校正后的数据
print(corrected_train)
```

执行这段代码将会输出校正后的数据集，其中列 A 的值已经被加上了校正数据系列中的值。输出结果为：

```
A  B
0  1.5  5
1  2.3  4
2  3.2  3
3  4.1  2
4  5.4  1
```

4. 数据分析报告的主要内容

数据分析报告的主要内容包括以下几项

(1) 研究目的。明确报告的研究目的和背景，解释为什么进行数据分析以及预期得出的结论。

(2) 数据收集。介绍数据收集的方法、样本大小和来源，说明数据的可靠性和有效性。

(3) 数据分析方法。描述应用的数据分析方法，例如描述统计、相关性分析、回归分析、分类分析等。

(4) 数据分析结果。以图表、图像等形式展示数据分析结果，总结主要发现和趋势。

(5) 结果解释和讨论。解释数据分析结果的含义，探讨可能的原因和影响因素，说明对业务或决策的意义。

(6) 结论和建议。提出从数据分析得出的结论和建议，为后续决策或行动提供指导。

在数据分析报告的撰写过程中，要清晰、准确地描述结果的含义，避免主观臆断或武断解释；探讨可能的原因和影响因素，提供合理的解释。同时，报告应该具有清晰的结构、合适的语言和易于阅读的格式，并注意逻辑的连贯性和布局的合理性，以便读者可以快速理解报告的内容。

本 章 小 结

本章选择交通大数据数据集，进行数据收集并分析实时的交通流量数据，如车流量、车速等，实时掌握道路的运行状态。利用大数据处理技术，可以快速地分析这些数据，发现交通拥堵的趋势和规律。通过全流程综合实训，灵活使用各种分析工具和分析方法，体验大数据分析的关键流程，掌握大数据分析的方法。此外，还讲解了数据分析报告的主要内容。

参考文献

[1] 陈晴光，龚秀芳，文燕平. 电子商务数据分析：理论、方法、案例(微课版)[M]. 北京：人民邮电出版社，2020.

[2] 何伟，张良均. Python 商务数据分析与实践[M]. 北京：人民邮电出版社，2022.

[3] 黄勉. 机器学习与 Python 实践[M]. 北京：人民邮电出版社，2020.

[4] 李建军.大数据应用基础(微课版)[M]. 北京：人民邮电出版社，2022.

[5] 彭文波，万建邦，刘耀宗.修炼之道：互联网产品从设计到运营[M]. 北京：清华大学出版社，2012.

[6] 中华人民共和国人力资源和社会保障部. 关于对拟发布机器人工程技术人员等职业信息进行公示的公告[EB/OL]. (2022-06-14). https://www.mohrss.gov.cn/.